●統計ライブラリー

# マルコフ連鎖モンテカルロ法

豊田秀樹
[編著]……………

朝倉書店

■編著者

豊田秀樹　早稲田大学文学学術院教授

■執筆者

室橋弘人　お茶の水女子大学大学院人間文化創成科学研究科
(第 2 章・第 3 章・第 5 章序論・5.3 節・5.8 節・5.16 節)

中村健太郎　埼玉学園大学経営学部経営学科
(第 1 章・5.6 節・5.7 節・5.15 節)

川端一光　早稲田大学文学学術院
(4.1 節・4.2 節・5.11 節・5.17 節・5.21 節・第 6 章)

福中公輔　早稲田大学大学院文学研究科
(4.3 節・4.4 節・5.26 節・5.28 節・5.30 節)

岩間徳兼　早稲田大学大学院文学研究科
(5.24 節・5.27 節・5.29 節)

堀辺千晴　早稲田大学大学院文学研究科
(5.18 節・5.19 節・5.31 節・7.1 節)

君島康昭　早稲田大学大学院文学研究科
(5.9 節・5.10 節・5.20 節・7.2 節)

久保沙織　早稲田大学大学院文学研究科
(5.2 節・5.12 節・5.23 節・第 6 章)

鈴川由美　早稲田大学大学院文学研究科
(5.13 節・5.14 節・5.25 節)

竹下　恵　早稲田大学大学院文学研究科
(5.1 節・5.22 節・5.32 節)

池原一哉　早稲田大学大学院文学研究科
(5.4 節・5.5 節)

秋山　隆　早稲田大学大学院文学研究科
(第 6 章)

# まえがき

本書は，マルコフ連鎖モンテカルロ法 (Markov chain Monte Carlo；MCMC) に関する入門書である．ベイズ統計学は，従来からその豊かな可能性を認識されていたにもかかわらず，シンプルなモデルを扱う際にも高次元の確率分布を積分する必要があり，その困難さゆえに，残念ながら長い間実用に供されなかった歴史がある．しかし MCMC の発展により，状況は一変した．事後分布を数値的にシミュレートして推定量の分布を直接調べることができるようになり，今日，応用問題における実際的な統計モデルは標準的にベイズ推定されるようになった．これは統計学における近年の目覚しい変化の１つである．

この変化は統計学全体における推定法の一大発展といっても過言ではなく，このため MCMC の重要性は広く認識され，名著と呼べる入門書がすでに我が国において複数公刊されている．しかし，それにもかかわらず，ここで我々が本書を世に問うのには２つの理由がある．１つはこれまでの入門書は，文系の研究者には敷居が高過ぎたことである．解説の式と式の間が簡潔すぎて，その間を埋めるのに多大な労力が必要であった．本書では文系の学部に所属する編者・執筆者が１つ１つの式の変形を納得できるように丁寧に展開した．このことにより，式の数は多くなってしまったが，少なくとも従来の教科書よりは，遥かにスモールステップな解説を提供している．

２つ目の理由は，たくさんの応用例とその具体的実行方法を同時に示したかったということである．理論的な理解は重要ではあるが，実用的な方法論としての統計学の理解は豊富な応用例を通じてはじめてその正しい姿が伝わる．本書では第５章において 30 以上の具体例を示した．その際，見やすさを優先して見開き４ページで１つの応用例が完結するように配慮した．また本書に登場するデータと R によるプログラムは，朝倉書店の Web サイト (http://www.asakura.co.jp/) のこの本の紹介ページから入手することが可能である．読者諸兄は，是非，追計算を試みられたい．

本書で紹介された応用例は従来の入門書とは異なり，構造方程式モデリング

(structural equation modeling；SEM) や項目反応理論 (item response theory；IRT) などの心理統計学分野の手法をも多く含ませている．それは，もちろん編者・執筆者の専門領域を反映してのことであるが，潜在変数を有するような複雑なモデルにこそ MCMC を適用する価値があること，文系の読者にも有益なモデルを紹介すること，という 2 つの目的に鑑みての選択である．読者諸兄からのご批判を切に請うものである．

2008 年 4 月

豊 田 秀 樹

［第 6 刷追記］

MCMC 利用の増加に伴い，OpenBUGS の R におけるインターフェースである BRugs は使い勝手が大幅に向上した．そこで R 3.1.0，OpenBUGS 3.2.3，BRugs 0.8-3 に基づき第 6 章の内容を更新した．

2014 年 6 月

# 分 布 一 覧

MCMC およびベイズ統計学はその性質上，さまざまな分布が登場する．ここでは本書で使用される分布を一覧表にしてまとめておくので，読者は必要があれば適宜参照されたい．

| 表記 | 分布名 | 関数 |
|---|---|---|
| B | ベルヌーイ分布 | $p^x(1-p)^{1-x}; \quad x=0,1$ |
| BIN | 2 項分布 | $\frac{n!}{x!(n-x)!}p^x(1-p)^{n-x}; \quad x=0,\ldots,n$ |
| Poi | ポアソン分布 | $e^{-\lambda}\frac{\lambda^x}{x!}; \quad x=0,1,\ldots$ |
| Multinomial | 多項分布 | $\frac{n!}{\prod_i x_i!}\prod_i p_i^{x_i}; \quad x_i=0,1,\ldots,n;$ $0<p_i<1; \quad \sum_i p_i=1$ |
| U | 一様分布 | $\frac{1}{b-a}; \quad a<x<b$ |
| N | 正規分布 | $\frac{1}{\sqrt{2\pi\sigma^2}}\exp\left[-\frac{(x-\mu)^2}{2\sigma^2}\right]; \quad -\infty<x<\infty$ |
| LogN | 対数正規分布 | $\frac{1}{x\sqrt{2\pi\sigma^2}}\exp\left[-\frac{1}{2}\frac{(\log x-\mu)^2}{\sigma^2}\right]; \quad x>0$ |
| MN | 多変量正規分布 | $(2\pi)^{-\frac{k}{2}}\lvert\boldsymbol{\Sigma}\rvert^{-\frac{1}{2}}\exp\left[-\frac{1}{2}(\boldsymbol{x}-\boldsymbol{\mu})'\boldsymbol{\Sigma}^{-1}(\boldsymbol{x}-\boldsymbol{\mu})\right];$ $-\infty<x<\infty$ |
| G | ガンマ分布 | $\frac{\beta^\alpha}{\Gamma(\alpha)}x^{\alpha-1}\exp(-\beta x); \quad x>0$ |
| IG | 逆ガンマ分布 | $\frac{\beta^\alpha}{\Gamma(\alpha)}x^{-(\alpha+1)}\exp(-\beta x^{-1}); \quad x>0$ |
| Exp | 指数分布 | $\beta\exp(-\beta x); \quad 0\leq x<\infty$ |
| $\chi^2$ | カイ 2 乗分布 | $2^{-\nu/2}\Gamma(\frac{\nu}{2})^{-1}x^{\frac{\nu}{2}-1}\exp(-\frac{x}{2}); \quad x>0$ |
| Inv$-\chi^2$ | 逆カイ 2 乗分布 | $2^{-\nu/2}\Gamma(\frac{\nu}{2})^{-1}x^{-(\frac{\nu}{2}+1)}\exp(-\frac{1}{2x}); \quad x>0$ |

| 表記 | 分布名 | 関数 |
|---|---|---|
| t | t 分布 | $\Gamma\left(\frac{\nu+1}{2}\right)\Gamma\left(\frac{\nu}{2}\right)^{-1}\Gamma\left(\frac{1}{2}\right)^{-1}(\nu\sigma^2)^{-\frac{1}{2}}$ $\times\left[1+\frac{1}{\nu}\frac{(x-\mu)^2}{\sigma^2}\right]^{-\frac{\nu+1}{2}};\quad -\infty < x < \infty$ |
| $\beta$ | ベータ分布 | $\frac{\Gamma(\alpha+\beta)}{\Gamma(\alpha)\Gamma(\beta)}x^{\alpha-1}(1-x)^{\beta-1};\quad 0 < x < 1$ |
| Dirich | ディリクレ分布 | $\frac{\Gamma\left(\sum_i \alpha_i\right)}{\Pi_i \Gamma(\alpha_i)}\prod_i p_i^{\alpha_i-1};\quad 0 < p_i < 1;\quad \sum_i p_i = 1$ |
| W | ウィッシャート分布 | $\frac{\lvert\boldsymbol{A}\rvert^{\frac{1}{2}(n-p-1)}\exp\left(-\frac{1}{2}\mathrm{tr}\boldsymbol{\Sigma}^{-1}\boldsymbol{A}\right)}{2^{pn/2}\pi^{p(p-1)/4}\lvert\boldsymbol{\Sigma}\rvert^{n/2}\prod_{i=1}^{p}\Gamma\left(\frac{n-i+1}{2}\right)};$ $\boldsymbol{A}, \boldsymbol{\Sigma}$は正値定符号対称行列 |
| IW | 逆ウィッシャート分布 | $\frac{\lvert\boldsymbol{\Sigma}^{-1}\rvert^{\frac{n}{2}}\lvert\boldsymbol{B}\rvert^{-\frac{1}{2}(n+p+1)}\exp\left(-\frac{1}{2}\mathrm{tr}\boldsymbol{\Sigma}^{-1}\boldsymbol{B}^{-1}\right)}{2^{np/2}\Gamma_p\left(\frac{n}{2}\right)};$ $\boldsymbol{B} = \boldsymbol{A}^{-1}$ |
| Weib | ワイブル分布 | $\frac{\gamma}{\phi}\left(\frac{x}{\phi}\right)^{r-1}\exp\left[-\left(\frac{x}{\phi}\right)^{r}\right];$ $\phi, \gamma > 0;\quad 0 \le x < \infty$ |

# 目　　次

# 1

# マルコフ連鎖モンテカルロ法入門

本書では，心理学をはじめとする社会・行動科学において有用な統計モデルのベイズ的枠組みによる分析を紹介する．ベイズ推測において従来困難であった複雑なモデルの推定は，マルコフ連鎖モンテカルロ (Markov chain Monte Carlo；MCMC) 法と呼ばれる方法によって実行可能となり，近年活発に利用されている．

本章ではまず，現在のベイズ的なアプローチにおいて必須の道具となっている MCMC の基礎について概説する[*1)]．そもそもモンテカルロ法とは，(擬似) 乱数を用いた手法の総称である．その乱数の発生にマルコフ連鎖を用いるのが MCMC である．マルコフ連鎖の性質を利用したアルゴリズムによって，推測の対象である未知母数の事後分布 (posterior distribution) が複雑な場合にも，これに従う乱数を発生させることが可能となる．

## 1.1 マルコフ連鎖

### 1.1.1 マルコフ連鎖とは

時間に従って確率的に状態が変化する系列を確率過程という．いま，自動販売機に競合する類似の商品 1 と商品 2 があり，毎回そのどちらか一方を購入する状況を考えよう．このとき，時点 (購入機会) を $t = 1, 2, \ldots$ で表し，時点 $t$ において状態 1，または 2 を実現値とする確率変数を $x^{(t)}$ とする．また，$x^{(t)}$ のとりうる状態の全てを含む集合を $S$ で表す．$S$ は状態空間と呼ばれ，ここでは $S = \{1, 2\}$ である．この自動販売機で何度か買い物をした結果は次のように

---

*1) ベイズ推測に関する基本的な導入については，第 2 章，第 7 章を参照されたい．

なるだろう.

$$\begin{array}{cccccccc} x^{(1)} & x^{(2)} & x^{(3)} & x^{(4)} & x^{(5)} & x^{(6)} & x^{(7)} & \cdots \\ 1 & 2 & 2 & 2 & 1 & 1 & 2 & \cdots \end{array}$$

時点 $t$ の変化に伴って確率的に状態が変化するこの列は，確率過程の一種である.

商品 1 と 2 は似通っているから，以前に 1 を購入したら，次も 1 を選びやすいかもしれない．あるいは逆に，次は別の物を買おうと考えて 2 を選びやすくなるかもしれない．これを，過去の状態の履歴が与えられた下での条件付確率として表現すると，$t$ において状態が $i$ $(i \in S)$ である人が次の $t+1$ において $j$ となる確率は

$$P(x^{(t+1)} = j | x^{(1)} = i_1, \ldots, x^{(t)} = i) \tag{1.1.1}$$

と表される．この条件付確率が

$$P(x^{(t+1)} = j | x^{(1)} = i_1, \ldots, x^{(t)} = i) = P(x^{(t+1)} = j | x^{(t)} = i) \tag{1.1.2}$$

という性質を全ての $t$ について満たすならば，その確率過程はマルコフ連鎖と呼ばれる．つまり，マルコフ連鎖では，未来の状態 $x^{(t+1)}$ は現在の状態 $x^{(t)}$ のみに依存し，$x^{(t)}$ が所与の下では，過去の状態の履歴 $x^{(1)}, \ldots, x^{(t-1)}$ と独立になる．もし，商品 1 を購入した次は商品 2 に 0.8 の確率で移り，商品 2 を買った次は 0.5 の確率で商品 1 に戻るというような規則があるならば，その購入履歴は常に現在の状態に依存して 1 と 2 を推移するためマルコフ連鎖となる.

### 1.1.2 時点ごとの推移と全体の分布

(1.1.2) 式に示されるように，マルコフ連鎖は時点 $x^{(t)}$ から $x^{(t+1)}$ に推移する際の条件付確率によって規定される．$P(x^{(t+1)} = j | x^{(t)} = i) = P_{ij}$ とすると，自動販売機の例では $P_{12} = 0.8$，$P_{21} = 0.5$ である．同じ状態に留まる確率も考慮し，$P_{ij}$ を行列 $\boldsymbol{P}$ の要素として配すると

$$\boldsymbol{P} = (P_{ij}) = \begin{pmatrix} 0.2 & 0.8 \\ 0.5 & 0.5 \end{pmatrix} \tag{1.1.3}$$

となる．現在の状態に留まる場合も含めていずれかの状態へと推移するから，どの $j$ についても必ず $\sum_j P_{ij} = 1$ である．この条件を満たし要素が非負である行列は推移確率行列 (transition probability matrix)，または推移行列と呼ばれ，マルコフ連鎖の推移を決定する中核となる．状態空間が連続的な場合も含めて一般的には，推移核 (transition kernel) と呼ばれる．

いま，はじめて自動販売機を利用する際の各商品への選好を初期状態の分布として考え，これをベクトル $\boldsymbol{\pi}^{(1)} = (\pi_1^{(1)}, \pi_2^{(1)})$ としよう．もし，確実に商品 1 を購入することを決めているのであれば，$\boldsymbol{\pi}^{(1)} = (1, 0)$ である．どちらの商品にするか決めかねている場合は，$\boldsymbol{\pi}^{(1)} = (0.5, 0.5)$ となる．次に $t = 2$ となったとき，$\boldsymbol{\pi}^{(2)}$ はどうなるだろうか．商品 1 の購入が決定している場合は，$x^{(1)} = 1$ であるから，$\boldsymbol{P}$ の 1 行目を見て $\pi^{(2)} = (0.2, 0.8)$ であることがわかる．つまり，次の時点でも $x^{(2)} = 1$ となる確率は 0.2 である．一方，$\boldsymbol{\pi}^{(1)} = (0.5, 0.5)$ の場合は，$x^{(1)} = 1$ かつ $x^{(2)} = 1$ である確率と $x^{(1)} = 2$ かつ $x^{(2)} = 1$ である確率の和 0.35 が $\pi_1^{(2)}$ であるから，$\boldsymbol{\pi}^{(2)} = (0.35, 0.65)$ となる．これは行列形式で

$$\boldsymbol{\pi}^{(1)} \boldsymbol{P} = \boldsymbol{\pi}^{(2)} \tag{1.1.4}$$

と求めることができる．(1.1.4) 式の逐次的な適用によって $t = 3$ の場合は

$$\boldsymbol{\pi}^{(2)} \boldsymbol{P} = \boldsymbol{\pi}^{(3)} \tag{1.1.5}$$

$$\boldsymbol{\pi}^{(1)} \boldsymbol{P} \boldsymbol{P} = \boldsymbol{\pi}^{(3)} \tag{1.1.6}$$

となる．$\boldsymbol{\pi}^{(1)} = (1, 0)$ の場合も同様に表記可能であり，推移行列に規定されたマルコフ連鎖の状態空間における確率分布は，一般的に

$$\boldsymbol{\pi}^{(t)} \boldsymbol{P} = \boldsymbol{\pi}^{(t+1)} \tag{1.1.7}$$

$$\boldsymbol{\pi}^{(1)} \boldsymbol{P}^t = \boldsymbol{\pi}^{(t+1)} \tag{1.1.8}$$

と表現される．ここで，$\boldsymbol{P}^t$ は $\boldsymbol{P}$ を $t$ 回乗じた行列である．

各 $t$ において推移行列に従って状態を変化させる乱数列が，全体としてどのような様相を分布として示すのかを具体的に検討するために，

$$
\boldsymbol{P} = \begin{pmatrix} 1/3 & 1/3 & 1/3 & 0 & 0 & 0 \\ 0 & 0 & 0 & 1/3 & 1/3 & 1/3 \\ 1/3 & 0 & 1/3 & 1/3 & 0 & 0 \\ 0 & 1/3 & 0 & 0 & 1/3 & 1/3 \\ 1/3 & 1/3 & 0 & 0 & 1/3 & 0 \\ 0 & 0 & 1/3 & 1/3 & 0 & 1/3 \end{pmatrix} \tag{1.1.9}
$$

によって表される各状態の条件付確率に従ってサイコロの目が観測されると仮定し，連鎖の過程をシミュレートしてみると，図 1.1 のとおりとなった．状態空間は $S = \{1, 2, 3, 4, 5, 6\}$ である．

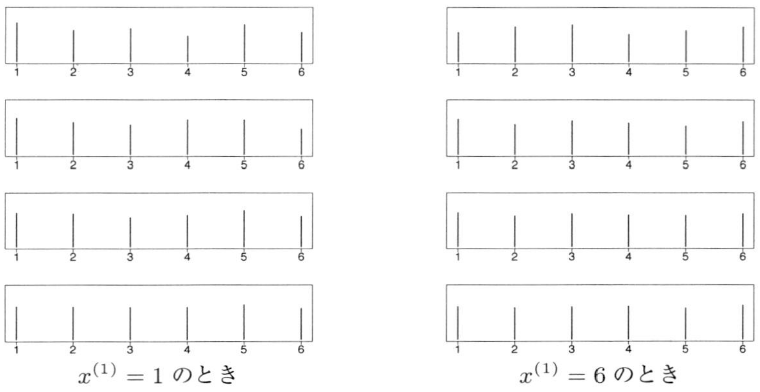


図 **1.1**　各時点までのサイコロの各目の相対度数

図 1.1 は，時点を 100，1000，5000，10000 としたときの，サイコロの各目の相対度数である．図の左側は，最初の状態を 1 とした場合，右側は 6 とした場合のマルコフ連鎖である．

図 1.1 から，$x^{(1)}$ の状態が異なっても，推移を長い時間繰り返した過程を全体として見ると，ある共通の分布を形成することがわかる．10000 回の推移後の各目の相対度数は，$x^{(1)}$ が 1 と 6 の双方でほぼ等しい 1/6 となった．(1.1.9) 式に従って確率的に推移し，微視的には $4, 5, 5, 2, 6, 6, 3, 3, 3, 3, \ldots$ のようなランダムな過程を示すマルコフ連鎖の状態は，後述する条件を満たしたとき，巨

視的にはある1つの分布に収束する．つまり $t$ によって区別する必要のない分布 $\boldsymbol{\pi}$ である．このとき (1.1.7) 式から

$$\boldsymbol{\pi P} = \boldsymbol{\pi} \tag{1.1.10}$$

が成立している．つまり，$\boldsymbol{P}$ に従って推移しても分布は変わらず $\boldsymbol{\pi}$ に留まる．この $\boldsymbol{\pi}$ を推移行列 $\boldsymbol{P}$ をもつマルコフ連鎖の不変分布 (invariant distribution), あるいは定常分布 (stationary distribution) と呼ぶ．

図1.1のサイコロの不変分布は状態空間 $S = \{1, 2, 3, 4, 5, 6\}$ に対して一様分布となっている．したがって，初期状態の影響がなくなり，不変分布に収束したと判断されるまで十分な推移を繰り返した後の乱数列は，1から6の離散型一様分布に従う．MCMCでは，マルコフ連鎖の不変分布が対象とする分布となるように推移行列 (核) を設計し，目的の乱数をサンプリングする．

### 1.1.3 マルコフ連鎖の性質と不変分布

マルコフ連鎖の状態 $i$ が，有限回の推移 $t$ で状態 $j$ に到達する確率が0でないとき，すなわち，$P_{ij}^{t} > 0$ であるとき，状態 $i$ は $j$ に到達可能であるといわれる．このとき $P_{ji}^{t'} > 0$ も成り立つならば，状態 $i$ と $j$ は互いに到達可能であるといわれる．マルコフ連鎖の状態空間 $S$ の要素全てが互いに到達可能であるとき，そのマルコフ連鎖は既約的 (irreducible) と呼ばれる．

マルコフ連鎖においては，状態 $i$ から状態 $j$ に到達する推移の回数に規則性があるかどうかで，その性質が分類され，状態空間が分割される．例えば，時点 $t$ の状態のみに依存してじゃんけんをする場合，3つの状態 $S = \{$ グー, チョキ, パー $\}$ に対して，グーの後には確率1でチョキ，チョキの後には必ずパー，パーの後には必ずグーを出す推移で与えられるマルコフ連鎖は，グ, チョ, パ, グ, チョ, パ, グ,$\cdots$ となる．このように連鎖の各状態が同一の繰り返しになる時点間の長さを周期 (period) と呼ぶ．この場合は，周期3の連鎖があることになる．全ての状態について，周期が1であるマルコフ連鎖は非周期的 (aperiodic) であるといわれる．

状態 $i$ から再び状態 $i$ となる最小の時間 (推移の回数) を $T_i$ とする．$P(T_i < \infty) = 1$ のとき，状態 $i$ は再帰的 (recurrent) と呼ばれる．有限回の推移で同一の状態に戻ってくることが確実であるということである．また，再帰的な状態

$i$ は $E[T_i] < \infty$ のとき，正再帰的であるといわれる．つまり，既約的なマルコフ連鎖が正再帰的であるとき，任意の状態は限りなく何度も訪問され，この状態に再び戻る時間は有限である．

既約的で，正再帰的，かつ非周期的なマルコフ連鎖は，エルゴード性 (ergodicity) を満たし，エルゴード的 (ergodic) であるといわれる．エルゴード的なマルコフ連鎖では，状態空間の部分集合における全ての $i$，$j$ に対して

$$\lim_{t \to \infty} P_{ij}^t = \pi(j) \tag{1.1.11}$$

が成立する．このとき，$\pi(\cdot)$ は不変分布である．すなわち，エルゴード的なマルコフ連鎖では，どの初期状態から出発しても，$t \to \infty$ のとき $\boldsymbol{\pi}^{(t)} = \boldsymbol{\pi}$ に収束する．

再帰性が満たされているから状態は対象とする集合の外へ漂移していくことなく，また，既約的であるから連鎖は不変分布に留まり続け，$\pi$ に従って状態間を推移し，部分集合の全ての要素に到達することが保証されている．つまり，エルゴード的なマルコフ連鎖では，ある期間の推移の後，不変分布への収束に至ってから得られる乱数は全て不変分布に従っている．図 1.1 において時点が 5000 回以降は分布の様相が変化していないのは，連鎖が均衡し，各状態が出現する相対頻度が不変分布を反映しているためである．

## 1.2 モンテカルロ法

MCMC の導入である本章では，一方の MC であるマルコフ連鎖について概説した．各状態の条件付分布に従って推移する乱数列が，推移を繰り返すと不変分布に従うという性質をもつマルコフ連鎖は，モンテカルロ法において乱数を生成したい分布が複雑な場合に効果を発揮する．

### 1.2.1 モンテカルロ積分と大数の法則

一般に，確率変数の列 $\{x^{(t)}\}$ $(t = 1, 2, \ldots)$ と確率変数 $x$ について，$\epsilon > 0$ に対して

$$\lim_{t \to \infty} P(|x_t - x| < \epsilon) = 1 \tag{1.2.1}$$

となるならば，$\{x^{(t)}\}$ は $x$ に確率収束するといわれる．

いま，平均 $\mu$，分散 $\sigma^2 < \infty$ をもつ分布に独立に従う確率変数列 $\{x^{(t)}\}$ があるとき，その標本平均 $\bar{x}^{(t)} = 1/t\sum_{i=1}^{t} x^{(i)}$ について

$$\lim_{t\to\infty} P(|\bar{x}^{(t)} - \mu| < \epsilon) = 1 \tag{1.2.2}$$

が成立する．大数の (弱) 法則と呼ばれるこの定理によって，期待値が標本平均で近似できることがわかる．また，任意の連続関数 $h(\cdot)$ によって $x$ を変換した場合にも，この定理は成立する．

本書においては，ベイズ推測における母数の推定値として，事後分布の期待値を計算する際などに，積分を求める必要がある．いま，積分の対象である関数を $h(\boldsymbol{x})$ とする．もし，独立に同一の分布 $p(\boldsymbol{x})$ に従う乱数 $\boldsymbol{x}^{(1)}, \ldots, \boldsymbol{x}^{(T)}$ を生成することができれば，積分は

$$\int h(\boldsymbol{x})p(\boldsymbol{x})d\boldsymbol{x} \approx \frac{1}{T}\{h(\boldsymbol{x}^{(1)}) + \cdots + h(\boldsymbol{x}^{(T)})\} \tag{1.2.3}$$

と近似できる．大数の法則から，$T \to \infty$ のとき平均による近似は対象の積分の値に確率収束することが保証される．このように，乱数を使って積分を数値的に求める方法はモンテカルロ積分と呼ばれる．

### 1.2.2　棄却サンプリング

乱数を生成したい対象となる目標分布 (target distribution) からはサンプリングを直接行うことが困難な場合でも，サンプリングしやすい分布から間接的に目標分布からの乱数を生成する方法が棄却サンプリング (rejection sampling)，あるいは受容棄却 (accept-rejection) サンプリングである．

$f(\boldsymbol{x}) = Cp(\boldsymbol{x})$ とする．ここで，$p(\boldsymbol{x})$ は確率分布 (密度) 関数を表し，$p(\boldsymbol{x})$ の合計が 1 となるようにしている規格化定数 (normalizing constant) $C$ は未知でよい．$f(\boldsymbol{x})$ からのサンプリングは困難であるとき，全ての $\boldsymbol{x}$ について $f(\boldsymbol{x})$ を覆うような定数 $M$ を見つけることができる，乱数の生成が容易なサンプリングのための分布 $g(\boldsymbol{x})$ があるならば，つまり $Mg(\boldsymbol{x}) \geq f(\boldsymbol{x})$ を満たす $M$ と $g(\boldsymbol{x})$ を見つけられるならば，次のように間接的に $f(\boldsymbol{x})$ からの乱数生成を行うことができる．

1) $g(\cdot)$ から乱数 $\boldsymbol{x}$ を生成する．

2) 比 $\alpha = f(\boldsymbol{x})/Mg(\boldsymbol{x})$ を計算する．

3) 区間 [0,1] 上の一様乱数 $u$ を発生させる．

4) $u < \alpha$ ならば $\boldsymbol{x}$ を採択し，そうでなければ 1) に戻る．

ここで，$g(\cdot)$ からサンプリングされた乱数が採択された場合に 1，棄却された場合に 0 となる指標関数 $I(u < \alpha)$ を考えると，

$$P(I(u<\alpha)=1) = \int P(I(u<\alpha)=1|\boldsymbol{x})g(\boldsymbol{x})d\boldsymbol{x}$$

[採用される確率は比 $\alpha$ なので]

$$= \int \frac{cp(\boldsymbol{x})}{Mg(\boldsymbol{x})}g(\boldsymbol{x})d\boldsymbol{x} = \frac{c}{M}\int p(\boldsymbol{x})d\boldsymbol{x} = \frac{c}{M} \tag{1.2.4}$$

となる．したがって，

$$p(\boldsymbol{x}|I(u<\alpha)=1) = \frac{cp(\boldsymbol{x})}{Mg(\boldsymbol{x})}g(\boldsymbol{x})/P(I(u<\alpha)=1) = p(\boldsymbol{x}) \tag{1.2.5}$$

となり，$g(\cdot)$ から間接的にサンプリングされた乱数は，$\alpha$ によって棄却されたり保持されたりすることで，目標の分布 $p(\boldsymbol{x})$ に従うことがわかる．しかし，目標分布が高次元であるような場合に，サンプリングのための分布を特定することは難しく，また，適切な $M$ を決めることは難しい．

### 1.2.3　重点的サンプリング

上述のように，各次元に一様に分布する乱数を用いて平均を計算しようとしても，対象とする分布の確率 (密度) が実質的に 0 となる領域では，サンプリングが無駄となり，効率が悪い．そこで，特定の領域から重点的にサンプリングし，効率を上げようとする方法が重点的サンプリング (importance sampling) である．対象の分布が高次元である場合には，確率の高い領域を選択的にサンプリングする方針が重要となる．

いま，$\boldsymbol{x}$ の関数 $h(\boldsymbol{x})$ の期待値

$$\mu = \int h(\boldsymbol{x})p(\boldsymbol{x})d\boldsymbol{x} \tag{1.2.6}$$

に関心があるものとする．重点的サンプリングでは，

- $g(\cdot)$ から乱数 $\boldsymbol{x}^{(1)}, \ldots, \boldsymbol{x}^{(T)}$ を生成する.
- 重要度の重み (importance weight) $w^{(t)} = p(\boldsymbol{x}^{(t)})/g(\boldsymbol{x}^{(t)}),\ t = 1, \ldots, T$ を計算する.
- $\mu$ を

$$\hat{\mu} = \frac{1}{T}\{w^{(1)}h(\boldsymbol{x}^{(1)}) + \cdots + w^{(T)}h(\boldsymbol{x}^{(T)})\} \tag{1.2.7}$$

によって近似する.

ここで，$g(\cdot)$ は $h(\boldsymbol{x})p(\boldsymbol{x})$ になるべく近く，サンプリングが可能な分布である．2 次元でも $g(\cdot)$ を見つけることは難しく，高次元になった場合は，さらに困難となる．また，棄却サンプリング，重点的サンプリングに共通するアルゴリズムの成否の重要な点は，目標分布となるべく近いサンプリングのための分布を探し出すことであるが，目標分布が複雑な場合にはこれもまた困難である.

## 1.3　マルコフ連鎖モンテカルロ法

不変分布が目標とする分布 (target distribution) であるようなエルゴード的なマルコフ連鎖を構成し，推移を繰り返せば，やがて目標分布を得ることができるというのが MCMC の概略である．目標分布が高次元な場合や，複雑な場合には従来のモンテカルロ法を適用するのは困難であった．一方，現在の状態に依存しながら徐々に状態空間内を推移するマルコフ連鎖の利用は，サンプリングが困難な目標分布からの乱数発生も可能とする．以下では，MCMC の代表的なアルゴリズムを紹介する.

### 1.3.1　メトロポリス・ヘイスティングスアルゴリズム

マルコフ連鎖が不変分布に収束するのに対して有用な十分条件が，詳細釣り合い条件 (detailed balance condition) と呼ばれる条件である．これは，状態空間に属する全ての $x$ について，

$$\pi(x^{(t)})p(x^{(t+1)}|x^{(t)}) = \pi(x^{(t+1)})p(x^{(t)}|x^{(t+1)}) \tag{1.3.1}$$

が満たされることをいう．このとき，ある状態 $x^{(t+1)}$ から状態 $x^{(t)}$ へ反転して推移する状況を全ての $x^{(t)}$ について足し上げる (積分する) と，その結果は 1 と

なるから，詳細釣り合い条件は

$$\int \pi(x^{(t)})p(x^{(t+1)}|x^{(t)})dx^{(t)} = \pi(x^{(t+1)}) \tag{1.3.2}$$

を意味している．すなわち，時点が $t$ から $t+1$ に更新されても，$x^{(t)}$ が従う分布 $\pi(\cdot)$ の様相は保持され，$x^{(t+1)}$ が従う分布もまた $\pi(\cdot)$ である．

メトロポリス・ヘイスティングス (Metropolis–Hastings；MH) アルゴリズムは，目標分布 $\pi(x)$ からのサンプリングが困難な場合に，サンプリングが容易な分布を提案分布 (proposal distribution) として採用し，目標分布と提案分布の違いを詳細つり合い条件が満たされるように修正する操作を含めることで，目標分布からのサンプリングを可能とするアルゴリズムである．

いま，提案分布を $q(x|x^{(t)})$ としよう．$x$ と $x^{(t)}$ は任意であるから一般性を損なうことなく，提案分布が詳細釣り合い条件を満たしていない状況は

$$\pi(x^{(t)})q(x|x^{(t)}) > \pi(x)q(x^{(t)}|x) \tag{1.3.3}$$

と仮定される．釣り合いが崩れているので，$x^{(t)}$ は候補の $x$ へと多く推移，転入するが，$x$ から $x^{(t)}$ へと推移することは少ない状況である．

この崩れを修正するために，$x^{(t)}$ から $x$ への推移の量を調節する確率 $\alpha(x|x^{(t)})$ を導入する．すなわち，$x^{(t)}$ から $x$ へ

$$p(x|x^{(t)}) = q(x|x^{(t)}) \times \alpha(x|x^{(t)}) \tag{1.3.4}$$

に従って推移する．この $p$ が詳細釣り合い条件を満たすようにするには，$x$ から $x^{(t)}$ への推移は少ないので，調節のために $\alpha(x^{(t)}|x)$ を最大値の 1 として

$$\begin{aligned}\pi(x^{(t)})q(x|x^{(t)})\alpha(x|x^{(t)}) &= \pi(x)q(x^{(t)}|x)\alpha(x^{(t)}|x)\\ &= \pi(x)q(x^{(t)}|x) \end{aligned} \tag{1.3.5}$$

とすればよい．すなわち，

$$\alpha(x|x^{(t)}) = \frac{\pi(x)q(x^{(t)}|x)}{\pi(x^{(t)})q(x|x^{(t)})} \tag{1.3.6}$$

である．以上から詳細釣り合い条件が満たされるようにするには，

$$\alpha(x|x^{(t)}) = \begin{cases} \min\left[\frac{\pi(x)q(x^{(t)}|x)}{\pi(x^{(t)})q(x|x^{(t)})}, 1\right] & \text{分母} > 0 \\ 1 & \text{分母} = 0 \end{cases} \tag{1.3.7}$$

のような採択確率 $\alpha(\cdot|\cdot)$ に従って提案分布からの候補を採用しながらサンプリングを行えばよい.

MH アルゴリズムにおいて $p(x|x^{(t)})$ は, 候補を提案する確率 (密度)$q(x|x^{(t)})$ と, その候補先に推移するかを決定する確率 $\alpha(x|x^{(t)})$ の 2 つの部分からなっている. これは $x \neq x^{(t)}$ である場合である. 一方, 推移先の値が同じ $x^{(t)}$ である確率を $r(x^{(t)})$ とすると,

$$r(x^{(t)}) = p(x^{(t)}|x^{(t)}) = 1 - \int q(x|x^{(t)})\alpha(x|x^{(t)})dx \tag{1.3.8}$$

と表される. 積分の項は $x^{(t)}$ から $x^{(t)}$ 以外の状態へ推移する全ての確率を表している. したがって, MH アルゴリズムの推移核 $p_{\mathrm{MH}}$ は, $x \in A$ である集合 $A$ に対して

$$p_{\mathrm{MH}}(A|x^{(t)}) = \int_A q(x|x^{(t)})\alpha(x|x^{(t)})dx + I(x^{(t)} \in A)r(x^{(t)}) \tag{1.3.9}$$

となる. ここで, $I(x^{(t)} \in A)$ は $x^{(t)}$ が $A$ に属する場合は 1, それ以外は 0 を返す指標関数である. (1.3.9) 式の第 1 項は推移先の $x$ が $A$ に属する確率であり, 第 2 項は, 時点 $t$ において $A$ に属し, かつ候補点 $x$ に推移しない (そこに留まる) 確率である.

この推移核に従うと, $x^{(t)}$ から $A$ に推移した場合の $A$ の分布はどうなるだろうか. この分布は, 全ての $x^{(t)}$ の状態について, $x^{(t)}$ の分布 $\pi(x^{(t)})$ と推移核の積の和 (積分) を考えればよいから,

$$\int \pi(x^{(t)})p_{\mathrm{MH}}(A|x^{(t)})dx^{(t)}$$

[(1.3.9) 式を代入して ]

$$= \int \left[\int_A p(A|x^{(t)})dx\right]\pi(x^{(t)})dx^{(t)} + \int I(x^{(t)} \in A)r(x^{(t)})\pi(x^{(t)})dx^{(t)}$$

[積分が交換でき, $p(A|x^{(t)})$ は詳細釣り合い条件を満たすように設計されているから]

$$=\int_A \left[\int p(x^{(t)}|A)dx\right]\pi(x)dx + \int I(x^{(t)} \in A)r(x^{(t)})\pi(x^{(t)})dx^{(t)}$$

$$\left[\begin{array}{l}\text{[ ] 内の積分は } A \text{ から } x^{(t)} \text{ に推移する確率 (ただし } x \notin A\text{) の全} \\ \text{てであるから，(1.3.8) 式より } 1 - r(A) \text{ と等しく，第 2 項では} \\ I(x^{(t)} \in A) \text{ によって積分範囲が } A \text{ に限定されるので}\end{array}\right]$$

$$=\int_A \pi(x)dx - \int_A r(A)\pi(x)dx + \int_A r(x^{(t)})\pi(x^{(t)})dx^{(t)}$$

$$=\pi(A) \tag{1.3.10}$$

となる．すなわち，推移先の $A$ も推移前の $x^{(t)}$ が従う分布 $\pi$ に従っており，MH アルゴリズムが不変分布を $\pi$ とするマルコフ連鎖を構成することが確認された．

**a. 提案分布の選択**

MH アルゴリズムの提案分布には，目標分布の台 (support) を覆う対称な分布か，クローズドフォームで得られる分布が用いられる．

酔歩過程 (random walk) を用いて $x = x^{(t)} + z$ のように候補点 $x$ を発生させる方法は酔歩連鎖と呼ばれる．$z$ の分布には正規分布や $t$ 分布 (目標分布が高次元の場合には多変量の正規分布や $t$ 分布) が用いられることが多い．

また，提案分布として $q(x|x^t) = q(x)$ の形をした独立連鎖 (independent chain) が用いられることもある．次の候補点 $x$ の生成が現在の状態 $x^{(t)}$ に依存しないという意味で独立連鎖と呼ばれる．もちろん，$x^{(t)}$ と $x^{(t+1)}$ は独立ではない．

ここでは，酔歩連鎖と独立連鎖を用いて MH アルゴリズムの実際を検討する．いま，2 重指数分布

$$\frac{1}{2b}\exp\left(\frac{-|x-\mu|}{b}\right) \tag{1.3.11}$$

から直接に乱数を生成することが困難であるものとし，MH アルゴリズムによるサンプリングを実行してみよう．ここでは，$\mu = 0$，$b = 3$ とする．2 重指数分布の平均と分散は解析的に得ることができ，それぞれ $\mu$ と $2b^2$ である．

酔歩連鎖の場合は，時点 $t$ において候補点 $x$ を $x = x^{(t)} + z$ と生成する．$z$ には平均 0，分散 $c_{\text{ran}}^2$ の正規分布を用いる．したがって，$x$ は $N(x^{(t)}, c_{\text{ran}}^2)$ からサンプリングすればよい．ここで，$c_{\text{ran}}^2$ は分析者が設定する調整母数 (tuning parameter) である．この値が大きすぎると，目標分布において密度の小さい候

補点が提案されやすく，現在の点に留まりやすくなる．一方，分散を小さくすると候補点の提案が，状態空間の一部に限られるので，全体からのサンプリングがなかなか進まない．

酔歩連鎖では提案分布が対称であるから，$q(x^{(t)}|x)$ と $q(x|x^{(t)})$ が等しいために約分され，候補点の採択確率は

$$\alpha(x|x^{(t)}) = \min\left[\frac{\pi(x)}{\pi(x^{(t)})}, 1\right] \tag{1.3.12}$$

となる．$\pi(x)$ はここでは 2 重指数分布であるので，採択確率は以下である．

$$\alpha(x|x^{(t)}) = \min\left[\exp\left\{-\frac{1}{3}\left(|x| - |x^{(t)}|\right)\right\}, 1\right] \tag{1.3.13}$$

一方，独立連鎖では，候補点は $N(0, c_{\mathrm{ind}}^2)$ から提案される．酔歩連鎖と異なり，$t$ 時点での状態 $x^{(t)}$ には依存しない．平均が 0 である正規分布において，異なる点 $x^{(t)}$ と $x$ の密度は当然異なるので，採択確率は酔歩連鎖のように単純化されることはなく，具体的には次のように構成される．

$$\alpha(x|x^{(t)}) = \min\left[\exp\left[-\frac{1}{3}\left(|x| - |x^{(t)}|\right) - \frac{1}{2}\left\{\left(\frac{x^{(t)}}{c_{\mathrm{ind}}}\right)^2 - \left(\frac{x}{c_{\mathrm{ind}}}\right)^2\right\}\right], 1\right] \tag{1.3.14}$$

上記の提案分布と採択確率に従って，それぞれ 10000 回サンプリングを行った．その際，調整母数を表 1.1 に示すようにそれぞれ 5 通りに設定した．

ただし，MCMC 全般において，初期状態 (初期値) の影響を受ける連鎖のはじめの $T'$ までの繰り返しは，推測に用いられない．この期間はバーンイン (burn-in) 期間と呼ばれる．表 1.1 においては，$T' = 1000$ として $t = 1001$ 時点目からのサンプリング結果を平均，分散の算出に用いた．

表 1.1 に見られるように，調整母数の値が非常に小さい場合，あるいは大きい場合は，近似の精度が悪いことがわかる．調整母数の値の設定と採択確率の高低は，対象とする課題に応じて検討する必要がある．

**b. 多重ブロック MH アルゴリズム**

MH アルゴリズムにおいて，サンプリングする対象が $K$ 次元の確率変数ベクトル $\boldsymbol{x}$ であるとしよう．多変量分布から容易にサンプリングできれば，MH アル

表 **1.1** 各提案分布のサンプリング結果

| | 平均 | 分散 | 採択率 |
|---|---|---|---|
| 解析解 | 0.00 | 18.00 | – |
| 酔歩連鎖 | | | |
| $c_{\mathrm{ran}} = 0.25$ | -2.40 | 27.12 | 0.97 |
| $c_{\mathrm{ran}} = 1$ | 0.55 | 19.63 | 0.88 |
| $c_{\mathrm{ran}} = 5$ | 0.11 | 17.43 | 0.57 |
| $c_{\mathrm{ran}} = 15$ | -0.07 | 17.81 | 0.28 |
| $c_{\mathrm{ran}} = 150$ | -0.02 | 20.06 | 0.03 |
| 独立連鎖 | | | |
| $c_{\mathrm{ind}} = 0.25$ | 0.10 | 0.35 | 0.37 |
| $c_{\mathrm{ind}} = 1$ | 0.64 | 4.03 | 0.56 |
| $c_{\mathrm{ind}} = 5$ | 0.00 | 18.10 | 0.76 |
| $c_{\mathrm{ind}} = 15$ | 0.10 | 18.48 | 0.31 |
| $c_{\mathrm{ind}} = 150$ | -0.27 | 14.62 | 0.03 |

ゴリズムをそのまま適用すればよい．しかし，困難な場合には，$\boldsymbol{x}$ をいくつかのまとまりに分割し (ブロック化 (blocking) と呼ばれる)，それぞれのブロックごとに MH アルゴリズムを適用する．これは，多重ブロック (multiple-block) MH アルゴリズムと呼ばれる．

まず，$K = 2$ の場合を考えよう．このとき，$\boldsymbol{x}^{(t)} = (x_1^{(t)}, x_2^{(t)})$ の $x_1^{(t)}$, $x_2^{(t)}$ それぞれに条件付提案分布 $q_1(x_1'|x_1^{(t)}, x_2)$, $q_2(x_2'|x_2^{(t)}, x_1)$ を考える．$q_2(x_2'|x_2^{(t)}, x_1)$ は，$x_2^{(t)}$ が所与の下で候補 $x_2'$ を提案する，もう一方の変数の現在の状態 $x_1$ による条件付確率密度である．

通常の MH アルゴリズムと同様に，それぞれのブロック (ここでは $x_1$ と $x_2$) において，採択確率を次のようにする．

$$\alpha(x_1'|x_1^{(t)}, x_2) = \min\left[\frac{\pi(x_1'|x_2)q_1(x_1'|x_1^{(t)}, x_2)}{\pi(x_1^{(t)}|x_2)q_1(x_1^{(t)}|x_1', x_2)}, 1\right] \tag{1.3.15}$$

$$\alpha(x_2'|x_2^{(t)}, x_1) = \min\left[\frac{\pi(x_2'|x_1)q_2(x_2'|x_2^{(t)}, x_1)}{\pi(x_2^{(t)}|x_1)q_2(x_2^{(t)}|x_2', x_1)}, 1\right] \tag{1.3.16}$$

したがって，$x_1^{(t)}$ から $x_1'$ へは $p(x_1'|x_1^{(t)}, x_2) = q(x_1'|x_1^{(t)}, x_2)\alpha(x_1'|x_1^{(t)}, x_2)$ に従って推移する．$x_2'$ についても同様である．ここから，$\boldsymbol{x}^{(t)}$ から $\boldsymbol{x}'$ への推移は，それぞれの積

$$p(\boldsymbol{x}'|\boldsymbol{x}^{(t)}) = p_1(x_1'|x_1^{(t)}, x_2)p_2(x_2'|x_2^{(t)}, x_1) \tag{1.3.17}$$

で表される．このとき

$$\int\int \pi(x_1^{(t)}, x_2^{(t)}) p(x_1'|x_1^{(t)}, x_2) p(x_2'|x_2^{(t)}, x_1) dx_1^{(t)} dx_2^{(t)} \tag{1.3.18}$$

$\left[\pi(x_1^{(t)}, x_2^{(t)}) = \pi_{1|2}(x_1^{(t)}|x_2^{(t)})\pi_2(x_2^{(t)})\right.$ より$\left.\right]$

$$= \int \pi_2(x_2^{(t)}) \left[\int \pi_{1|2}(x_1^{(t)}|x_2^{(t)}) p_1(x_1'|x_1^{(t)}, x_2) dx_1^{(t)}\right] p_2(x_2'|x_2^{(t)}, x_1) dx_2^{(t)} \tag{1.3.19}$$

［個々の推移において詳細釣り合い条件 $\pi_{1|2}(x_1'|x_2^{(t)}) = \int p_1(x_1'|x_1^{(t)}, x_2)\pi_{1|2}(x_1^{(t)}|x_2^{(t)})dx_1^{(t)}$ が成立するので］

$$= \int \pi_2(x_2^{(t)}) \pi_{1|2}(x_1'|x_2^{(t)}) p_2(x_2'|x_2^{(t)}, x_1) dx_2^{(t)} \tag{1.3.20}$$

［ベイズの定理から］

$$= \int \pi_2(x_2^{(t)}) \frac{\pi_{2|1}(x_2^{(t)}|x_1')\pi_1(x_1')}{\pi_2(x_2^{(t)})} p_2(x_2'|x_2^{(t)}, x_1) dx_2^{(t)} \tag{1.3.21}$$

$$= \pi_1(x_1') \int \pi_{2|1}(x_2^{(t)}|x_1') p_2(x_2'|x_2^{(t)}, x_1) dx_2^{(t)} \tag{1.3.22}$$

$$= \pi_1(x_1')\pi_{2|1}(x_2'|x_1') \tag{1.3.23}$$

$$= \pi(x_1', x_2') \tag{1.3.24}$$

であるので，多重ブロック MH アルゴリズムにおいても，不変分布 $\pi(\boldsymbol{x})$ であるマルコフ連鎖が構成される．

$K$ が 2 より大きい場合でも，同様に拡張できる．このとき，$\boldsymbol{x}$ を $\boldsymbol{x} = (x_1, \ldots, x_k, \ldots, x_K)$ のように $K$ 個のブロックに分け，それぞれに提案分布

$$q_k(x_k'|x_k^{(t)}, x_{-k})$$

を設定する．ここで，$-k$ は $k$ 以外の変数全てを表すものとする．なお，$K$ 次元を $K$ ブロックに分けたが，全てを 1 次元にする必要はなく，$K'$ 変量分布からサンプリング可能ならばその部分だけ $K'$ 次元ベクトルとしてブロック化すればよい．採択確率と組み合わせた $p_k(x_k'|x_k^{(t)}, x_{-k})$ に従って各ブロックを逐次的に更新する．サンプリング対象である $x_k$ 以外の全ての変数によって条件付けられた $p_k(x_k'|x_k^{(t)}, x_{-k})$ は，全条件付分布 (full conditional distribution) と呼ばれる．$x_k^{(t)}$ から $x_k^{(t+1)}$ に更新する際の $x_k$ 以外の変数の状態 $x_{-k}$ は，$x_{-k} = (x_1^{(t+1)}, \ldots, x_{k-1}^{(t+1)}, x_{k+1}^{(t)}, \ldots, x_K^{(t)})$ を表している．なお，ブロックを更

新する順序は任意であり，サンプリング内で一貫していれば，どのような順序でもよい．

各 $k$ について

$$\alpha_k(x_k|x_k^{(t)}, x_{-k}) = \min\left[\frac{\pi(x_k|x_{-k}^{(t+1)})q_k(x_k^{(t)}|x_k, x_{-k}^{(t+1)})}{\pi(x_k^{(t)}|x_{-k}^{(t+1)})q_k(x_k|x_k^{(t)}, x_{-k}^{(t+1)})}, 1\right] \quad (1.3.25)$$

のように採択確率を計算する．

### 1.3.2 ギブスサンプラー

#### a. ギブスサンプラー

MCMC において頻繁に利用されるアルゴリズムにギブスサンプラー (Gibbs sampler) がある．これは，上述の多重ブロック MH アルゴリズムにおいて，各ブロックの全条件付分布 (条件付提案分布) が条件付目標分布に一致しているサンプリング法である．すなわち，

$$q_k(x'_k|x_k^{(t)}, x_{-k}) = \pi(x'_k|x_{-k}) \quad (1.3.26)$$

$$q_k(x_k^{(t)}|x'_k, x_{-k}) = \pi(x_k^{(t)}|x_{-k}) \quad (1.3.27)$$

である．このため，採択確率は

$$\frac{\pi(x'_k|x_{-k})\pi(x_k^{(t)}|x_{-k})}{\pi(x_k^{(t)}|x_{-k})\pi(x'_k|x_{-k})} = 1 \quad (1.3.28)$$

となり，候補は常に採択される．

$K = 2$ の場合，ギブスサンプラーにおける推移は

$$p_{\mathrm{G}}(\boldsymbol{x}^{(t+1)}|\boldsymbol{x}^{(t)}) = \pi(x_1^{(t+1)}|x_2^{(t)})\pi(x_2^{(t+1)}|x_1^{(t+1)}) \quad (1.3.29)$$

に従い

$$\begin{aligned}&\int \pi(\boldsymbol{x}^{(t)})p_{\mathrm{G}}(\boldsymbol{x}^{(t+1)}|\boldsymbol{x}^{(t)})d\boldsymbol{x}^{(t)} \\ &\quad = \int\int \pi(x_1^{(t)}, x_2^{(t)})\pi(x_1^{(t+1)}|x_2^{(t)})\pi(x_2^{(t+1)}|x_1^{(t+1)})dx_1^{(t)}dx_2^{(t)}\end{aligned}$$

$$
\begin{aligned}
&= \pi(x_2^{(t+1)}|x_1^{(t+1)}) \int\int \pi(x_1^{(t)}, x_2^{(t)}) \pi(x_1^{(t+1)}|x_2^{(t)}) dx_1^{(t)} dx_2^{(t)} \\
&= \pi(x_2^{(t+1)}|x_1^{(t+1)}) \int \pi(x_1^{(t)}) \pi(x_1^{(t+1)}) dx_1^{(t)} \\
&= \pi(x_2^{(t+1)}|x_1^{(t+1)}) \pi(x_1^{(t+1)}) \int \pi(x_1^{(t)}) dx_1^{(t)} = \pi(x_2^{(t+1)}|x_1^{(t+1)}) \pi(x_1^{(t+1)}) \\
&= \pi(x_1^{(t+1)}, x_2^{(t+1)}) \qquad (1.3.30)
\end{aligned}
$$

となるため，ギブスサンプラーによって不変分布に従って推移が行われることがわかる．これは任意の $K$ ブロックにも当てはまる．

例として，相関 $\rho$ が既知で，平均，分散がそれぞれ 0 と 1 である 2 変量正規分布に従う乱数 $(x_1, x_2)$ を生成しよう．確率密度関数は

$$f(x_1, x_2) = \frac{1}{2\pi\sqrt{1-\rho^2}} \exp\left\{-\frac{x_1^2 - 2\rho x_1 x_2 + x_2^2}{2(1-\rho^2)}\right\} \qquad (1.3.31)$$

である．全条件付分布を求めるために，$x_2$ が所与の下での $x_1$ の分布を考えると，$\rho$ は既知であり，ギブスサンプラーにおいては MH アルゴリズムと同様に規格化定数は未知でもサンプリングが可能なので，$x_2$ を定数として扱い

$$f(x_1, x_2) \propto \exp\left\{-\frac{x_1^2 - x_1(2\rho x_2)}{2(1-\rho^2)}\right\} \exp\left\{-\frac{x_2^2}{2(1-\rho^2)}\right\} \qquad (1.3.32)$$

と表現できる．$\rho$ と $x_2$ のみの部分は定数と見なし，$x_1$ について平方完成すると

$$
\begin{aligned}
f(x_1|x_2) &\propto \exp\left\{-\frac{(x^2 - x_1(2\rho x_2)) + (\rho x_2)^2 - (\rho x_2)^2}{2(1-\rho^2)}\right\} \qquad (1.3.33) \\
&= \exp\left\{-\frac{(x_1 - \rho x_2)^2 - (\rho x_2)^2}{2(1-\rho^2)}\right\} \qquad (1.3.34) \\
&\qquad [\rho \text{ と } x_2 \text{ は定数とみなされるから}] \\
&\propto \exp\left\{-\frac{(x_1 - \rho x_2)^2}{2(1-\rho^2)}\right\} \qquad (1.3.35)
\end{aligned}
$$

と変形することができる．ここから，$x_1$ の全条件付分布は，平均が $\rho x_2$，分散が $1-\rho^2$ の正規分布であることがわかる．一方，$x_2$ に関する全条件付分布も同様にして，$N(\rho x_1, 1-\rho^2)$ の正規分布であることが導かれる．つまり，2 変量正規分布の問題は，ギブスサンプラーにおいて 1 変量の正規分布からの逐次

的なサンプリングに帰着される.

相関を $\rho = 0.7$ として実際にギブスサンプラーによって 10000 組の $(x_1, x_2)$ を発生させた. 初期値は $(-3, 3)$ である.

図 **1.2**　ギブスサンプラーによる 2 変量正規分布のサンプリング

図 1.2 左には, サンプリング回数が 10 の状況, 右には 100 回の状況を示した. 初期値は $(-3, 3)$ と標準正規分布では極端な値を設定したが, 2 変量正規分布の密度の高い付近を探索している様子がわかる.

サンプリングした全ての値から算出した $x_1$ の平均と分散は, それぞれ 0.03, 1.00 であり, $x_2$ は 0.02, 0.99 であった. また, 相関係数は 0.70 であった.

2 変量正規分布の例では, 全条件付分布はそれぞれ正規分布であり, 連続型の分布であった. ギブスサンプラーは, 連続型, 離散型, 両者の混合いずれの多変量分布にも適用可能である.

いま, $0 \leq x_1 \leq 1$, $x_2 = 0, 1, \ldots, n$ として

$$f(x_1, x_2) = \frac{\Gamma(\alpha+\beta)}{\Gamma(\alpha)\Gamma(\beta)}\binom{n}{x_2} x_1^{x_2+\alpha-1}(1-x_1)^{n-x_2+\beta-1} \tag{1.3.36}$$

で表される 2 変量分布からのサンプリングをギブスサンプラーによって実行しよう. なお, $n = 9$, $\alpha = 3$, $\beta = 6$ とする.

全条件付分布は, $x_2$ を所与とすると $\binom{n}{x_2}$ が定数となるから

$$f(x_1|x_2) \propto x_1^{x_2+\alpha-1}(1-x_1)^{n-x_2+\beta-1} \tag{1.3.37}$$

と表現できる. これは母数 $(x_2+\alpha, n-x_2+\beta)$ のベータ分布である. 一方, $x_1$ が与えられた下での全条件付分布は

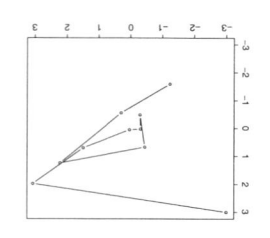

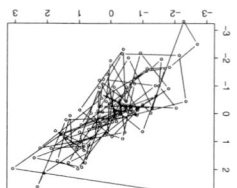

$$f(x_2|x_1) \propto x_1^{\alpha-1}(1-x_1)^{\beta-1}\binom{n}{x_2}x_1^{x_2}(1-x_1)^{n-x_2} \tag{1.3.38}$$

$$\propto \binom{n}{x_2}x_1^{x_2}(1-x_1)^{n-x_2} \tag{1.3.39}$$

と変形され，母数 $(n, x_1)$ の 2 項分布であることがわかる．したがって，ギブスサンプラーは，$x_2^{(t)}$ を所与として $x_1^{(t+1)}$ をこのベータ分布からサンプリングし，その $x_1^{(t+1)}$ を 2 項分布の (成功) 確率として $x_2^{(t)}$ をサンプリングすることを逐次的に繰り返す．

図 1.3 左は (1.3.36) 式に基づく分布であり，右はギブスサンプラーによる 10000 回のサンプリング結果を示したものである．理論的な分布とほぼ同一の分布が得られていることがわかる一方，10000 回のサンプリングではマルコフ連鎖が $x_2 = 9$ での探索を十分に行っていないこともうかがわれる．目標分布への収束を検討する方法については，第 3 章で詳述される．

ギブスサンプラーは，多次元の問題を少ない次元の問題の組み合わせに帰着させることができ，有用なアルゴリズムである．しかし，一部の全条件付分布が既知の分布にならず，サンプリングが困難な場合はどうしたらよいだろうか．これは，ギブスサンプラーが多重ブロック MH アルゴリズムの特別な場合であることを考慮すれば解決できる．すなわち，全条件付分布から直接サンプリング可能ならばギブスサンプラーを適用し，そうでなければ，その全条件付分布については MH アルゴリズムを適用すればよい．これは，Gibbs 内 Metropo-

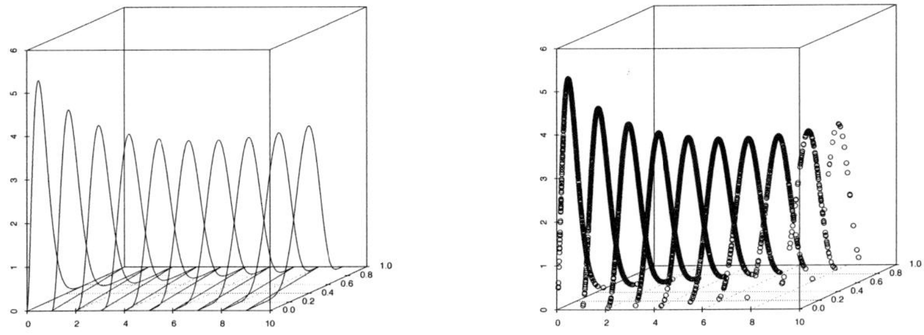

図 1.3　ギブスサンプラーによる連続–離散混合型分布のサンプリング

lis (Metropolis within Gibbs) アルゴリズム，複合 (Hybrid) MCMC などと呼ばれる．

### 1.3.3 データ補完アルゴリズム

データ補完 (data augmentation) アルゴリズム，あるいはデータ拡大アルゴリズムは，欠測値に対処する上で有効な方法である．本項では，次章より詳しく展開されるベイズ的枠組みによるデータ解析を考慮し，データから未知母数を推測する状況を扱う．

いま，全データセットを $\boldsymbol{X}$ とし，観測データを $\boldsymbol{X}_{\mathrm{obs}}$，欠測データを $\boldsymbol{X}_{\mathrm{mis}}$ として $\boldsymbol{X} = [\boldsymbol{X}_{\mathrm{obs}}, \boldsymbol{X}_{\mathrm{mis}}]$ である状況を考える．$\boldsymbol{X}$ の分布は未知の母数 $\theta$ によって規定されているものとする．興味の対象は，この未知母数 $\theta$ の事後分布 $p(\theta|\boldsymbol{X}_{\mathrm{obs}})$ である．

データ補完アルゴリズムは，観測データのみによる事後分布 $p(\theta|\boldsymbol{X}_{\mathrm{obs}})$ は複雑でサンプリングが困難であるが，完全データに基づく $p(\theta|\boldsymbol{X})$ は扱いが容易で，観測データに基づく欠測データの予測分布 (predictive distribution) を示す $p(\boldsymbol{X}_{\mathrm{mis}}|\boldsymbol{X}_{\mathrm{obs}})$ の形状も得られる状況を想定している．実際に，欠測値が既知であるとし，全てのデータが得られていると仮想的に考えることで，事後分布を扱いやすくできる状況は多い．また，実際の欠測値に対する分析以外にも，潜在変数がモデルに含まれる場合に，これを観測不能という意味で欠測データと考え補完する手法は，モデルの推定における困難を解決する上で極めて有効である．

まず，観測データによる事後分布は，サンプリングが容易な $p(\theta|\boldsymbol{X}_{\mathrm{obs}}, \boldsymbol{X}_{\mathrm{mis}})$ において欠測データを積分消去することで得られ

$$p(\theta|\boldsymbol{X}_{\mathrm{obs}}) = \int p(\theta|\boldsymbol{X}_{\mathrm{obs}}, \boldsymbol{X}_{\mathrm{mis}}) p(\boldsymbol{X}_{\mathrm{mis}}|\boldsymbol{X}_{\mathrm{obs}}) d\boldsymbol{X}_{\mathrm{mis}} \tag{1.3.40}$$

と表現できる．ここから，$p(\boldsymbol{X}_{\mathrm{mis}}|\boldsymbol{X}_{\mathrm{obs}})$ に従う乱数 $\boldsymbol{X}_{\mathrm{mis},j} (j = 1, \ldots, J)$ を発生させれば，その平均によって $p(\theta|\boldsymbol{X}_{\mathrm{obs}})$ を近似できる．

一方で，観測データから欠測データを求める予測分布 $p(\boldsymbol{X}_{\mathrm{mis}}|\boldsymbol{X}_{\mathrm{obs}})$ は，

$$p(\boldsymbol{X}_{\mathrm{mis}}|\boldsymbol{X}_{\mathrm{obs}}) = \int p(\boldsymbol{X}_{\mathrm{mis}}|\theta, \boldsymbol{X}_{\mathrm{obs}}) p(\theta|\boldsymbol{X}_{\mathrm{obs}}) d\theta \tag{1.3.41}$$

のように未知母数 $\theta$ を積分消去することで得られる．$p(\theta|\boldsymbol{X}_{\mathrm{obs}})$ の近似のため

の $p(\boldsymbol{X}_{\text{mis}}|\boldsymbol{X}_{\text{obs}})$ に $p(\theta|\boldsymbol{X}_{\text{obs}})$ 自身が要求されるため，逐次的なアルゴリズムが必要となる．

まず，初期値として $\boldsymbol{X}^{(1)}_{\text{mis},1},\ldots,\boldsymbol{X}^{(1)}_{\text{mis},J}$ を用意し，これによって最初の近似された分布

$$p^{(1)}(\theta|\boldsymbol{X}_{\text{obs}}) = \frac{1}{J}\sum_{j=1}^{J} p(\theta|\boldsymbol{X}_{\text{obs}},\boldsymbol{X}^{(1)}_{\text{mis},j}) \tag{1.3.42}$$

を準備する．時点 $t$ において

- $j=1,\ldots,J$ まで，$p^{(t)}(\theta|\boldsymbol{X}_{\text{obs}}) = \frac{1}{J}\sum_{j=1}^{J} p(\theta|\boldsymbol{X}_{\text{obs}},\boldsymbol{X}^{(t)}_{\text{mis},j})$ から $\theta_j^{(t+1)}$ をサンプリングし，$p(\boldsymbol{X}_{\text{mis}}|\boldsymbol{X}_{\text{obs}},\theta_j^{(t+1)})$ から $\boldsymbol{X}^{(t+1)}_{\text{mis},j}$ をサンプリングする．
- $p^{(t+1)}(\theta|\boldsymbol{X}_{\text{obs}}) = \frac{1}{J}\sum_{j=1}^{J} p(\theta|\boldsymbol{X}_{\text{obs}},\boldsymbol{X}^{(t+1)}_{\text{mis},j})$ として事後分布の近似を更新する．

上記の手順を十分大きな $T$ 回まで繰り返すことで，直接はサンプリングが困難であった $p(\theta|\boldsymbol{X}_{\text{obs}})$ に従う乱数を得ることができる．

(1.3.42) 式から，各 $t$ において $J=1$ としても

$$p(\theta|\boldsymbol{X}_{\text{obs}}) \approx \frac{1}{T}\sum_{t=1}^{T} p(\theta|\boldsymbol{X}_{\text{obs}},\boldsymbol{X}^{(t)}_{\text{mis}}) \tag{1.3.43}$$

のように近似される．これは，未知データ (欠測データ) による全条件付分布からの未知母数のサンプリングと，未知母数による全条件付分布からの未知データのサンプリングを交互に行う 2 つの要素をもつギブスサンプラーにほかならない．データ補完アルゴリズムでは，複雑な母数のみの事後分布 $\pi(\theta|\boldsymbol{X}_{\text{obs}})$ からサンプリングを行いたい場合に，この事後分布が周辺分布となるような扱いの容易な補完された同時分布 $\pi(\theta,\boldsymbol{X}_{\text{mis}})$ をあえて構成する．これによって，逐次的な全条件付分布 $\pi(\theta|\boldsymbol{X}_{\text{obs}},\boldsymbol{X}_{\text{mis}})$，$\pi(\boldsymbol{X}_{\text{mis}}|\boldsymbol{X}_{\text{obs}},\theta)$ からのサンプリングがギブスサンプラーを用いて実行可能となり，$\pi(\theta|\boldsymbol{X}_{\text{obs}})$ をシミュレートすることができる．

アルゴリズムの本質はギブスサンプラーと同等であるが，母数の事後分布に未知データを補完するという考え方は，第 4 章の構造方程式モデリングに対するベイズ推定において効力を発揮する．

# 2

# MCMCによる母数推定の実際

前章では，任意の分布を不変分布にもつようなマルコフ連鎖を構成することで，その分布からの擬似的な標本を得る技法であるMCMCの紹介を行った．続いて本章では，この手法を統計モデルの母数推定に応用する方法について論じていく．ただしMCMCを用いた母数推定を行うためには，前提としてベイズ統計の考え方が必要となる．そこで，まずはベイズ統計における母数推定の概略について解説を行い，続いてMCMCを用いた具体的な推定の方法を示す．

## 2.1　ベイズ推測におけるMCMCの利用

### 2.1.1　ベイズ統計とは

統計モデルの根本的な考え方は，ある事象のメカニズムが一定の数式によって近似可能であると仮定する点にある．この点については，実はベイズ統計学も従来の統計学も変わりはない．両者の違いは，仮定した統計モデルにおける母数の位置づけにある．

従来の統計学では，事象に固有の正しい母数の値が世界には存在しているはずだから，これを知ることができればよいと考える．しかし多くの場合において，我々は事象に関わる部分的な標本しか得ることができないため，母数の真値を知ることはできない．そこで限られた情報を元に，いかにして精度の高い推測を行えばよいのかというのが，従来の統計学における母数推定の根本的な動機となった．この考え方に基づくと，手元の標本から考えうる限り最も真値に近いであろうただ１つの値こそが，母数の推定値としてふさわしいことになる．

これに対してベイズ統計学では，あくまで我々が行うことができるのは推測のみである，という立場をとる．すなわち，確かに世界には事象を表す真なる母数の値が存在しているはずだが，それを厳密に知ることは原理的に不可能であるという発想が前提となる．このとき我々が得ることができるのは，どこまでいっても曖昧さを含んだ予測値でしかない．そこでベイズ統計に基づく統計モデルでは，母数の推定値を点推定値や区間推定値ではなく，推定値がその値である確率がどの程度見込まれるのかという確率分布の形で表現する．このように母数を分布するものとして扱うのが，従来の統計学と比べたベイズ統計学の最大の特徴である．

### 2.1.2 ベイズ推測の基本的な手続き

ベイズ統計学の理念に基づいて母数の推定を行う際に用いられる数学的な道具が，ベイズの定理 (Bayes' theorem) と呼ばれる公式である．ベイズの定理を母数を推定する状況に当てはめると，以下のような等式を得ることができる．

$$\pi(\boldsymbol{\theta}|\boldsymbol{x}) = \frac{\pi(\boldsymbol{x}|\boldsymbol{\theta})\pi(\boldsymbol{\theta})}{\pi(\boldsymbol{x})} \tag{2.1.1}$$

ここで $\boldsymbol{\theta}$ は推定したい母数を，$\boldsymbol{x}$ は問題としている事象から得られた標本を表している．したがって $\boldsymbol{\theta}$ は未知，$\boldsymbol{x}$ は既知というのが前提条件となる．このとき (2.1.1) 式左辺の $\pi(\boldsymbol{\theta}|\boldsymbol{x})$ は，既知の標本 $\boldsymbol{x}$ のみを材料として考えたときの未知母数 $\boldsymbol{\theta}$ の値の分布ととらえることができる．ところで前項において述べたとおり，ベイズ推定においては母数の推定値を分布という形で表現する．よって $\pi(\boldsymbol{\theta}|\boldsymbol{x})$ は，実はベイズ統計学において求めようとする母数の推定値そのものということになる．この分布を，(2.1.1) 式の右辺に基づいて 3 つの項の組み合わせによって求めるのが，ベイズ統計に基づく具体的な母数推定の手続きである．

まず右辺分子第 1 項の $\pi(\boldsymbol{x}|\boldsymbol{\theta})$ は，母数 $\boldsymbol{\theta}$ をもつ事象から標本 $\boldsymbol{x}$ が得られる条件付確率であり，尤度 (likelihood) 関数と呼ばれている．尤度関数は事象の背後に想定される統計モデルのメカニズムそのものを表しており，したがってその形は仮定する統計モデルを選択した時点で自動的に決定される．続いて分子第 2 項の $\pi(\boldsymbol{\theta})$ は，前提条件なしの単純な母数 $\boldsymbol{\theta}$ の分布を表したものであり，母数の事前分布 (prior distribution) と呼ばれる．事前分布は統計モデル (尤度関数) の選択とは別に，母数の値そのものに関する情報を表現するために分析者が決定する必要がある．具体的な事前分布の選択方法については，次節を参

照のこと．

最後に右辺分母の $\pi(\boldsymbol{x})$ は，データ $\boldsymbol{x}$ の分布を表したものである．ただしこれを定めることは難しいため，

$$\pi(\boldsymbol{x}) = \int \pi(\boldsymbol{x}|\boldsymbol{\theta})\pi(\boldsymbol{\theta})d\boldsymbol{\theta} \tag{2.1.2}$$

という形で，尤度関数から母数 $\boldsymbol{\theta}$ を積分消去することによって求めるのが一般的である．$\pi(\boldsymbol{x})$ は文字通り変数 $\boldsymbol{x}$ のみの関数であり，かつ母数推定を行う場面において標本 $\boldsymbol{x}$ は既知である．したがってこの項はデータが手元にあるとき値が完全に固定されるため，実質的には定数と見なして構わない．このため，$\pi(\boldsymbol{x})$ は規格化定数と呼ばれる．

これら 3 つの項を (2.1.1) 式の右辺に代入することにより，目的とする推定値 $\pi(\boldsymbol{\theta}|\boldsymbol{x})$ を求めることが可能になる．この最終的に得られる分布を，母数の事後分布 (posterior distribution) と呼ぶ．

### 2.1.3 ベイズ推定にまつわる困難とその解決

しかし，前項で述べたようなベイズ統計に基づく母数推定を実際に行うことは，必ずしも容易ではない．なぜなら複数の要因が関係する込み入った事象を近似するためには，多くの母数をもつ高次元の尤度関数や事前分布を仮定せざるをえない場合が多く，このとき (2.1.1) 式右辺の計算が困難になってしまうからである．中でも問題となるのは，規格化定数 $\pi(\boldsymbol{x})$ の計算である．関数の形状が複雑な場合，(2.1.2) 式の積分操作を代数的に行うことがほとんど不可能になってしまう．したがって数値積分による近似を利用せざるをえないが，高次元関数の数値積分は非常に計算量が多く，現実的には利用することが困難である．

また母数が多い場合，最終的な結論である事後分布も高次元の関数となってしまうため，これを解釈することも難しくなる．例えば $\pi(\boldsymbol{\theta}|\boldsymbol{x})$ が $\boldsymbol{\theta} = (\theta_1, \ldots, \theta_{30})'$ という 30 個の母数の同時分布として得られた場合に，単体の母数 $\theta_1$ のみの性質を知ることは容易ではない．したがって個々の母数の解釈を行うためには，事後分布から興味の対象ではない母数を一時的に積分消去する必要が出てくる．しかし，これを行うのにも規格化定数の計算と同様の問題がつきまとうことになる．

以上のような理由により，ベイズ推測が利用されるのは扱う統計モデルが単純なものであり，(2.1.1) 式右辺が代数的に解ける場合にとどまっていた．また，そのような場合であっても，できるだけ計算を簡単にするための工夫を凝らすのが常であった．例えば従来のベイズ統計において重要であった概念として，共役 (conjugate) な事前分布と呼ばれるものがある．これは，ある尤度関数に対して事前分布と事後分布が同じ分布属になるような事前分布のことである．事前分布が共役であれば事後分布が扱いやすい形になることが保証されるため，従来のベイズ推定においてはこのような事前分布を用いることが多かった[*1]．しかし，事前分布とは本来ならば母数の値に対する事前知識を反映させるためのものであり，その形状が計算上の困難さという非本質的な要請により制限されるのは望ましいことではない．こういった制限のために，これまではベイズ推測の枠組みが広く用いられることはなかった．

しかしこの問題は，MCMC を用いれば解決することができる．なぜならMCMC では，任意の分布を不変分布にもつようなマルコフ連鎖を発生させることが可能だからである．したがって事後分布 $\pi(\boldsymbol{\theta}|\boldsymbol{x})$ を目標分布として MCMC を行えば，規格化定数を求めるための困難な積分操作を経ずとも，事後分布からの擬似標本によって構成されたマルコフ連鎖を構築することができる．仮に母数の数が多かったとしても，どれか 1 つの母数の，その他の母数による条件付事後分布を目標分布とすれば，同様にして積分操作を避けることができる．あとは得られたマルコフ連鎖の要素を用い，大数の法則に基づいて事後分布における母数の性質を推測すればよい．このように MCMC という技法を利用すれば，ベイズ推測の利用可能性が大幅に拡大するのである．このため近年では，統計モデルの母数推定において MCMC が頻繁に利用されるようになった．

## 2.2　ギブスサンプラーによる回帰モデルの推定

### 2.2.1　ベイズ統計の枠組みに基づく回帰モデルの表現

本節および次節では，MCMC による実際の母数推定の手続きがどのようなものであるかについて，具体的な例を通じて詳しく解説を行っていく．まずは，

---

*1) こういった従来のベイズ統計の枠組みに基づくモデル推定の詳細については，第 7 章で詳しく取り上げているので，そちらを参照のこと．

回帰分析モデルを取り上げる．回帰分析とは，ある連続変数に対する別の連続変数からの影響を見積もりたいときに用いられる代表的な統計解析手法である．$K$ 個の独立変数 $x_k\,(k=1,\ldots,K)$ によって従属変数 $y$ を説明する回帰分析のモデル式は，以下のように表すことができる．

$$y_i = \beta_1 x_{1i} + \cdots + \beta_K x_{Ki} + \epsilon_i, \quad i = 1, \ldots, I \tag{2.2.1}$$

ただし添え字 $i$ は，標本の違いを表している．回帰分析を行う状況においては，式中に含まれる項のうち $y_i$ および $x_{ki}$ の値が既知であり，残りの項が推定対象となるのが普通である．これら未知母数のうち $\beta_k$ は回帰係数と呼ばれ，説明変数 $x_k$ から被説明変数 $y$ への影響を表している．また，全ての標本において値が 1 であるような $x_k$ からの回帰係数は，特に切片と呼ばれる．これに対して，$\epsilon_i$ は誤差項である．

(2.2.1) 式のような回帰モデルを MCMC によって推定するためには，モデルをベイズ統計の枠組みから捉え直すことが必要になる．標準的なベイズ統計による回帰分析では，まず誤差項 $\epsilon_i$ の分布が，$N(0,\sigma^2)$ に従うものと仮定する．このとき (2.2.1) 式の $y_i$ は，$\beta_1 x_{1i} + \cdots + \beta_K x_{Ki}$ の値にランダムな正規誤差 $\epsilon_i$ が加わって生成されるものと見なすことができる．したがって $y_i$ は，平均 $\beta_1 x_{1i} + \cdots + \beta_K x_{Ki}$，分散 $\sigma^2$ の正規分布に従うことになる．さらに標本同士が独立であることを仮定すれば，全ての標本に関する $y_i$ を並べたベクトル $\boldsymbol{y} = (y_1, \cdots, y_I)'$ の分布は，以下のような多変量正規分布に従うものと考えられる．

$$\boldsymbol{y} \sim MN(\boldsymbol{X\beta}, \sigma^2 \boldsymbol{I}_I) \tag{2.2.2}$$

ただし，$\boldsymbol{\beta}$ は全ての $\beta_k$ を順番に配したベクトル，$\boldsymbol{X}$ は $x_{ki}$ を行方向に $i$，列方向に $k$ について並べた行列，$\boldsymbol{I}_I$ は，次元数 $I$ の単位行列を，それぞれ示している．

以上の手続きにより導かれた (2.2.2) 式が，ベイズ統計の枠組みにおける回帰分析モデルの表現に相当する．式中に含まれる未知母数を先ほどの (2.2.1) 式と比べると，回帰係数 $\boldsymbol{\beta}$ は共通しているが，誤差については $\epsilon_i$ ではなく誤差項が従う分布の分散 $\sigma^2$ に集約されている点が異なっている．これらの母数の事後分布を推定するに当たって母数に関する事前分布という概念が導入されることは，前節において述べたとおりである．回帰分析モデルの場合，次のような事前分布を仮定すれば，共役な事前分布となることが知られている．

$$\boldsymbol{\beta}|\sigma^2 \sim MN\left(\boldsymbol{b}_0, \sigma^2\boldsymbol{B}_0\right), \quad \sigma^2 \sim IG\left(\frac{n_0}{2}, \frac{n_0 S_0}{2}\right) \tag{2.2.3}$$

ただし $IG(a,b)$ は，形状母数が $a$，尺度母数が $b$ であるような逆ガンマ分布の密度関数を表している．なお，本節では推定に MCMC を利用するので，必ずしも共役事前分布を用いる必要性はない．しかし，特にそれ以外の分布を事前分布とする積極的な理由もないため，従来のベイズ統計の理論を継承して共役事前分布を用いることにする．

(2.2.3) 式のような事前分布を仮定したとき，回帰分析モデルに含まれる未知母数の事後分布は，それぞれ次のとおりとなることが知られている．この詳しい導出過程については第 7 章で解説を行っているので，必要な場合はそちらを参照してほしい．

$$\left[\boldsymbol{\beta}|\sigma^2, \boldsymbol{X}, \boldsymbol{y}\right] \sim MN(\boldsymbol{b}_1, \sigma^2\boldsymbol{B}_1) \tag{2.2.4}$$

$$\boldsymbol{b}_1 = \boldsymbol{B}_1(\boldsymbol{B}_0^{-1}\boldsymbol{b}_0 + \boldsymbol{X}'\boldsymbol{y}), \quad \boldsymbol{B}_1^{-1} = \boldsymbol{B}_0^{-1} + \boldsymbol{X}'\boldsymbol{X} \tag{2.2.5}$$

$$[\sigma^2|\boldsymbol{\beta}, \boldsymbol{X}, \boldsymbol{y}] \sim IG\left(\frac{n_1}{2}, \frac{n_1 S_1}{2}\right) \tag{2.2.6}$$

$$n_1 = n_0 + I, \quad n_1 S_1 = n_0 S_0 + (\boldsymbol{y} - \boldsymbol{X}\boldsymbol{b}_1)'\boldsymbol{y} + (\boldsymbol{b}_0 - \boldsymbol{b}_1)'\boldsymbol{B}_0^{-1}\boldsymbol{b}_0 \tag{2.2.7}$$

(2.2.4), (2.2.6) 式を見るとわかるように，未知母数の事後分布は，いずれも推定対象である母数以外の全ての母数による条件付事後分布となっている．したがってこれらを用いてギブスサンプラーを行うことにより，回帰分析モデルの MCMC による推定が実行できることになる．

### 2.2.2　回帰分析モデルのためのギブスサンプラーの詳細

それでは，実際にギブスサンプラーの手続きを見ていくことにしよう．以下では例として，表 2.1 のような $I = 10$ という小さなデータを用いた場合を示す．このデータは $\beta_1 = 3$, $\beta_2 = -2$, $\sigma^2 = 2$ を真値として生成された架空データなので，推定結果はこれらの値に近いことが期待される．また，全ての $x_{1i}$ の値が 1 になっていることからわかるように，回帰係数 $\beta_1$ は切片に相当する．

表 2.1 回帰分析モデルの分析に使用するデータ

| $i$ | $x_{1i}$ | $x_{2i}$ | $y_i$ | $i$ | $x_{1i}$ | $x_{2i}$ | $y_i$ | $i$ | $x_{1i}$ | $x_{2i}$ | $y_i$ |
|---|---|---|---|---|---|---|---|---|---|---|---|
| 1 | 1 | -0.985 | 5.190 | 5 | 1 | -1.369 | 6.233 | 9 | 1 | -1.729 | 7.268 |
| 2 | 1 | 1.594 | -0.700 | 6 | 1 | 0.794 | 2.663 | 10 | 1 | 1.335 | 2.011 |
| 3 | 1 | -0.313 | 1.307 | 7 | 1 | -0.537 | 4.326 | | | | |
| 4 | 1 | 1.656 | -1.510 | 8 | 1 | -1.113 | 4.022 | | | | |

### a. 事前分布の母数の決定

まずは，(2.2.3) 式に示された事前分布の母数を決定する．もし推定を行う前に母数の値について何らかの知識が得られているならば，これを反映するような値を母数として用いればよい．例えば回帰係数の値が $\beta_1 = 5, \beta_2 = -3$ 程度であろうという見当が付いているならば，$\boldsymbol{\beta}$ が従う多変量正規分布の平均ベクトルを $\boldsymbol{b}_0 = (5, -3)'$ とする．しかし，こういった事前知識がない場合には，ほとんど情報として意味をもたないような事前分布を設定するのが一般的である．

例えば正規分布は極端に分散の値を大きく，逆ガンマ分布は形状母数と尺度母数の双方を小さくすることで，それぞれ密度関数の分布が広範囲に拡散するので，事前分布の情報量を少なくすることができる．また，特定の分布において母数の値を調整することで情報量を減少させるのではなく，事前情報がないことを明確に表現した分布を用いることもある．例えばジェフリーズ (Jeffreys) 型事前分布が有名である．厳密には後者のような事前分布を無情報事前分布 (noninformative prior distribution) と呼ぶが，実用場面においては前者のような分布も無情報事前分布とされることが多い．

以上を踏まえた上で，ここでは母数に関する事前知識がない状態を想定し，

$$\boldsymbol{\beta}|\sigma^2 \sim N\left(\begin{pmatrix} 0 \\ 0 \end{pmatrix}, \sigma^2 \begin{pmatrix} 1000 & 0 \\ 0 & 1000 \end{pmatrix}\right) \tag{2.2.8}$$

$$\sigma^2 \sim IG\,(0.001, 0.001) \tag{2.2.9}$$

という事前分布を設定することにする．これを (2.2.3) 式の記号に即して表現すると，次の通りである．

$$\boldsymbol{b}_0 = \begin{pmatrix} 0 \\ 0 \end{pmatrix}, \quad \boldsymbol{B}_0 = \begin{pmatrix} 1000 & 0 \\ 0 & 1000 \end{pmatrix}, \quad n_0 = 0.002, S_0 = 1 \tag{2.2.10}$$

**b. 未知母数の初期値の決定**

前章において述べたとおり，MCMC では母数の値を推定するために，不変分布が当該母数の事後分布であるようなマルコフ連鎖を発生させる．しかしマルコフ連鎖を構成する個々の要素の値は，連鎖における 1 個前の要素に依存して決定されるものである．したがって連鎖の起点となる最初の 1 個の要素については，ギブスサンプラーや MH アルゴリズムといったマルコフ連鎖の値を決定するための方法では定めることができない．そこで，この未知母数の初期値については，分析者が恣意的に定めるのが一般的となっている．

本節の回帰分析モデルの例の場合，母数に関する事前知識はまったくない状況を想定している．そこで初期値として，$\beta_1 = 0, \beta_2 = 0, \sigma^2 = 1$ を用いることにする．これらの値はまったく適当に決定されたものであり，特に積極的な意味はもたないので，異なる値を用いても何ら問題はない．ただし初期値として，本来その母数が取りえない値を設定することはできないという点には注意しなければならない．例えば $\sigma^2$ は正規分布の分散を表す値なので，これに対して $-2$ のような負の値を指定してはならない．

**c. マルコフ連鎖の発生**

1) マルコフ連鎖の発生は，同じ手続きを何度も繰り返すことによって行われる．そこで作業の繰り返し回数を 1 から数えはじめる記号 $t$ によって示し，連鎖の第 $t$ 番目の値を $\beta_1^{(t)}$ のように繰り返し回数を右肩に付置する形で区別するものとする．したがって $t = 1$ は，先の手続きにおいて設定した初期値を表すことになる．すなわち $\beta_1^{(1)} = 0, \beta_2^{(1)} = 0, \sigma^{2(1)} = 1$ である．

2) $\boldsymbol{\beta}^{(t+1)}$ の発生を行う．まずは (2.2.5) 式を用いて，$t$ 回目の繰り返しにおける $\boldsymbol{\beta}^{(t+1)}$ の事後分布の母数 $\boldsymbol{b}_1^{(t+1)}$, $\boldsymbol{B}_1^{(t+1)}$ を定める．例えば表 2.1 のデータを用いて連鎖の 2 個目の要素を発生させるならば，以下の通りとなる．

$$\boldsymbol{B}_1^{(2)} = \begin{pmatrix} 1000 & 0 \\ 0 & 1000 \end{pmatrix}^{-1} + \begin{pmatrix} 10.000 & -0.667 \\ -0.667 & 15.155 \end{pmatrix} = \begin{pmatrix} 0.100 & 0.004 \\ 0.004 & 0.066 \end{pmatrix} \tag{2.2.11}$$

$$\boldsymbol{b}_1^{(2)} = \begin{pmatrix} 0.100 & 0.004 \\ 0.004 & 0.066 \end{pmatrix} \left( \begin{pmatrix} 0.000 \\ 0.000 \end{pmatrix} + \begin{pmatrix} 30.810 \\ -32.237 \end{pmatrix} \right) = \begin{pmatrix} 2.947 \\ -1.997 \end{pmatrix} \tag{2.2.12}$$

母数が求まったら，これらによって定められる事後分布からの乱数を発生させることにより，マルコフ連鎖の新しい構成要素 $\boldsymbol{\beta}^{(t+1)}$ の候補を生成する．ただし (2.2.4) 式を見るとわかるように，多変量正規分布の共分散行列を定めるためには，$\boldsymbol{B}_1$ だけではなく，もう 1 つの未知母数である $\sigma^2$ の値も必要となる．これについては，$\sigma^2$ の値によって構成されているマルコフ連鎖の，現時点における最新の値 $\sigma^{2(t)}$ で代用する．このように，ある時点の値を定めるために 1 つ前の時点の値を利用するのが，マルコフ連鎖を用いる MCMC という手法の特徴である．例えば表 2.1 のデータにおける 2 番目の要素の発生を行う場合ならば，先ほど求めた母数 $\boldsymbol{b}_1^{(2)}$, $\boldsymbol{B}_1^{(2)}$ と $\sigma^{2(1)} = 1$ を用いることで，$MN(\boldsymbol{b}_1^{(2)}, 1 \times \boldsymbol{B}_1^{(2)})$ から乱数発生を行うことになる．

ところで前章において述べたとおり，ギブスサンプラーの場合，候補の採択確率は常に 1 である．したがって発生させた乱数は，そのまま母数 $\boldsymbol{\beta}$ の事後分布から (擬似的に) サンプリングされた値で構成されるマルコフ連鎖の，$t+1$ 個目の構成要素 $\boldsymbol{\beta}^{(t+1)}$ となる．乱数なので具体的な値は試行ごとに異なるが，仮に $MN(\boldsymbol{b}_1^{(2)}, 1 \times \boldsymbol{B}_1^{(2)})$ からの乱数発生により $\boldsymbol{\beta}^{(2)} = (3.253, -1.691)'$ という値が得られたならば，$\beta_1^{(2)} = 3.253$, $\beta_2^{(2)} = -1.691$ ということになる．

3) $\sigma^{2(t+1)}$ の発生を行う．先ほどの $\boldsymbol{\beta}^{(t+1)}$ の場合と同様に，まずは事後分布の母数を (2.2.7) 式から定める．引き続き表 2.1 のデータを用いて $\sigma^{2(2)}$ の発生を行うならば，以下の通りである．

$$n_1^{(2)} = 0.002 + 10 = 10.002, \quad n_1^{(2)} S_1^{(2)} = 0.002 + 13.914 + 0 = 13.915 \tag{2.2.13}$$

これにより母数の事後分布 $IG(n_1^{(t+1)}/2, n_1^{(t+1)} S_1^{(t+1)}/2)$ が定まるので，乱数発生により連鎖の $t+1$ 番目の要素 $\sigma^{2(t+1)}$ を決定する．例えば上で求めた値の場合，$IG(5.001, 6.9575)$ から生成した乱数の値を採用して，$\sigma^{2(2)}$ とすればよい．仮にこの値が 1.356 であったならば，$\sigma^{2(2)} = 1.356$

となる．

4) $t$ があらかじめ定めた繰り返し回数に達したなら，マルコフ連鎖の発生を終了する．そうでなければ $t$ を 1 増やし，手順 2 へ戻る．例えば $t = 1$ であったならば $t = 2$ とし，マルコフ連鎖の $t + 1 = 3$ 番目の要素の発生手続きに移る．

なお，ギブスサンプラーでは推定すべき母数が複数ある場合に，同サイクル内ならばどういった順番でマルコフ連鎖を生成しても構わないという性質がある．したがって，上では $\boldsymbol{\beta}, \sigma^2$ の順番で発生を行うという手順を示したが，これらは相前後しても構わない．また，分布からの乱数発生には既存の乱数発生器を用いることを前提とし，細かい方法について解説は行わなかった．ここで用いられている多変量正規分布，逆ガンマ分布といった分布は極めて基本的な確率分布であり，多くの計算言語・ソフトにおいてこれらの分布からの乱数を発生させるルーチンが存在している．具体的な方法については，個々の環境に応じて必要な資料を参照してほしい．

**d. 推定結果の算出**

ここまでの手続きにより，母数 $\beta_1, \beta_2, \sigma^2$ の各々の事後分布からの擬似的な標本によって構成された 3 本のマルコフ連鎖を得ることができる．後は大数の法則に基づき，これらの要素から計算される算術平均や分散といった基本的な記述統計量が，そのまま各母数の値や分散の推定値となる．例えば表 2.1 の値に基づいて 10000 回の発生を行ったマルコフ連鎖の，後半 5000 個分の要素に基づいて計算された標本平均は，$\hat{\beta}_1 = 2.950$, $\hat{\beta}_2 = -2.002$, $\hat{\sigma}^2 = 1.715$ となった．真値と比べると，かなり精度の高い推定結果が得られていることがわかる．

また，誤差変数の分散 $\sigma^2$ ではなく個々の標本における誤差項 $\epsilon_i$ の実際の値を知りたい場合には，回帰分析モデルを表す (2.2.1) 式に基づいて，

$$\hat{\epsilon}_i = y_i - \hat{\beta}_1 x_{1i} - \cdots - \hat{\beta}_K x_{Ki} \tag{2.2.14}$$

と逆算してやればよい．例えば表 2.1 の 1 番目の標本の誤差項の推定値は，$\hat{\epsilon}_1 = 5.190 - 2.950 \times 1 - (-2.002) \times (-0.985) = 0.26803$ となる．

## 2.3 複合 MCMC による項目反応モデルの推定

### 2.3.1 ベイズ統計の枠組みに基づく項目反応モデルの表現

学力のように直接的に測ることができない潜在的能力を，複数の項目を用いて間接的に測定することを目的とした理論に，項目反応理論がある．項目反応理論では項目の形式に合わせてさまざまなモデルが提案されているが，中でも代表的なモデルとして，項目への反応を 2 種類に分類可能なテスト (「正解」「不正解」や「はい」「いいえ」など) を対象とした 1 母数正規累積モデルが挙げられる．1 母数ロジスティックモデルでは，まず回答を値が 0 か 1 かの 2 値変数として符号化し，回答が 1 になる確率 $P$ を指数関数を用いて以下のようにモデル化する．

$$P_{ij} = \frac{1}{1+\exp\left[-1.7(\theta_i - \beta_j)\right]}, \qquad i=1,\ldots,I, \quad j=1,\ldots,J \tag{2.3.1}$$

ここで，添え字 $i$ は回答者を，$j$ は項目を表している．したがって回答が 1 になる確率 $P_{ij}$ は，回答者と項目の対だけ存在していることになる．式中に含まれる母数のうち，回答者ごとの母数である $\theta_i$ は被験者母数と呼ばれ，回答者の潜在的能力の高さを表すためのものである．対して項目ごとの母数である $\beta_j$ は困難度母数と呼ばれ，各項目の難しさを表している．なお，項目への回答は 2 通りしか存在しない状況を考えているので，1 と答える確率が $P_{ij}$ であるとき，0 と答える確率 $Q_{ij}$ は自動的に $Q_{ij} = 1 - P_{ij}$ となる．

本節では Patz & Junker (1999) に基づき，このモデルを MCMC によって解く方法を解説していく．まず，項目と回答者は互いに独立であることを仮定する．これにより，受験者 $i$ の項目 $j$ に対する回答を 2 値符号化した $x_{ij}$ を，行に回答者，列に項目を並べることで構成される回答パタン行列 $\boldsymbol{X}$ 全体を得る確率は，各回答者の個々の項目への回答確率の積に等しいことになる．すなわち，

$$\pi(\boldsymbol{X}|\boldsymbol{\theta},\boldsymbol{\beta}) = \prod_{i=1}^{I}\prod_{j=1}^{J} P_{ij}^{x_{ij}} Q_{ij}^{(1-x_{ij})} \tag{2.3.2}$$

である．これが 1 母数ロジスティックモデルの尤度関数に相当する．ただし $\boldsymbol{\theta}$ は全ての回答者の $\theta_i$ を，$\boldsymbol{\beta}$ は全ての項目の $\beta_j$ を，それぞれ順番に配したベク

トルである．ここで式を構成する母数のうち，テストへの回答である $\boldsymbol{X}$ は既知であり，残りの項目の難しさ $\boldsymbol{\beta}$ や回答者の能力である $\boldsymbol{\theta}$ が推定対象となるのが通常の状況である．したがってこれら未知母数の条件付事後分布を知ることが分析の目的となる．ただしすでに述べたとおり，回答者と項目は独立であることを仮定しているので，被験者母数の分布と困難度母数の分布も独立であると想定する方が自然である．そこで未知母数の事前分布を $\pi(\boldsymbol{\theta},\boldsymbol{\beta}) = \pi(\boldsymbol{\theta})\pi(\boldsymbol{\beta})$ と考えると，各母数の条件付事後分布は，分母の規格化定数を無視することで，それぞれ以下の通り導かれる．

$$\pi\left(\boldsymbol{\theta}|\boldsymbol{\beta},\boldsymbol{X}\right) = \frac{\pi(\boldsymbol{X}|\boldsymbol{\theta},\boldsymbol{\beta})\pi(\boldsymbol{\theta},\boldsymbol{\beta})}{\int \pi(\boldsymbol{X}|\boldsymbol{\theta},\boldsymbol{\beta})\pi(\boldsymbol{\theta},\boldsymbol{\beta})d\boldsymbol{\theta}} \propto \pi(\boldsymbol{X}|\boldsymbol{\theta},\boldsymbol{\beta})\pi(\boldsymbol{\theta}) \tag{2.3.3}$$

$$\pi\left(\boldsymbol{\beta}|\boldsymbol{\theta},\boldsymbol{X}\right) = \frac{\pi(\boldsymbol{X}|\boldsymbol{\theta},\boldsymbol{\beta})\pi(\boldsymbol{\theta},\boldsymbol{\beta})}{\int \pi(\boldsymbol{X}|\boldsymbol{\theta},\boldsymbol{\beta})\pi(\boldsymbol{\theta},\boldsymbol{\beta})d\boldsymbol{\beta}} \propto \pi(\boldsymbol{X}|\boldsymbol{\theta},\boldsymbol{\beta})\pi(\boldsymbol{\beta}) \tag{2.3.4}$$

前節の単回帰モデルの例では，未知母数の条件付事後分布を一般的な形の分布として定式化できたため，ギブスサンプラーを用いて事後分布からの擬似標本によるマルコフ連鎖を構築することができた．しかし本節で扱う条件付事後分布 (2.3.3), (2.3.4) 式は，母数の事前分布 $\pi(\boldsymbol{\theta})$, $\pi(\boldsymbol{\beta})$ の選択にかかわらず複雑な形状となるため，その密度関数を定式化することは困難である．そこで本節ではギブスサンプラーの代わりに，MH アルゴリズムを用いて条件付事後分布を近似するギブス内メトロポリスアルゴリズムを用いることにする．

まず母数の事前分布については，以下のように仮定する．

$$\theta_i \sim \text{i.i.d. } N(0,\sigma_\theta^2), \quad i=1,\ldots,I, \quad \beta_j \sim \text{i.i.d. } N(0,\sigma_\beta^2), \quad j=1,\ldots,J \tag{2.3.5}$$

ただし i.i.d. とは，複数の確率変数が互いに独立に同じ分布に従っている状態を表したものである．したがって (2.3.5) 式は，複数の被験者母数や困難度母数が，それぞれ共通の分散をもつ平均 0 の正規分布に従っている状況を想定していることになる．これは，項目反応理論の母数推定において一般的に用いられている仮定である．

続いて (2.3.3), (2.3.4) 式を近似するための MH アルゴリズムにおける提案分布としては，特定の分布を用いずに酔歩連鎖を利用して生成する．すなわち，マルコフ連鎖の第 $t+1$ 番目の要素を発生させる際の未知母数の値の候補 $\theta_i^*$,

$\beta_j^*$ は，現時点の連鎖要素に対し乱数を加えることによって定める．なお乱数としては，以下に示すような正規乱数を利用する．

$$\begin{aligned} \theta_i^* &= \theta_i^{(t)} + e_{\theta i}, \quad e_{\theta i} \sim \text{i.i.d. } N(0, \sigma_{e_\theta}^2) \\ \beta_j^* &= \beta_j^{(t)} + e_{\beta j}, \quad e_{\beta j} \sim \text{i.i.d. } N(0, \sigma_{e_\beta}^2) \end{aligned} \tag{2.3.6}$$

このような酔歩連鎖を用いる場合，$\theta$ の提案密度は次のとおり左右対称となる．

$$\begin{aligned} q(\theta_i^{(t)}|\theta_i^*) &= \frac{1}{\sqrt{2\pi}\sigma_{e_\theta}^2} \exp\left[-\frac{1}{2\sigma_{e_\theta}^2}(\theta_i^* - \theta_i^{(t)})^2\right] \\ &= \frac{1}{\sqrt{2\pi}\sigma_{e_\theta}^2} \exp\left[-\frac{1}{2\sigma_{e_\theta}^2}(\theta_i^{(t)} - \theta_i^*)^2\right] = q(\theta_i^*|\theta_i^{(t)}) \end{aligned} \tag{2.3.7}$$

よって詳細釣り合い条件を満たすためには，候補 $\theta^*$ の採択確率を

$$\begin{aligned} \alpha(\theta_i^*|\theta_i^{(t)}) &= \min\left[1, \frac{\pi(\boldsymbol{X}|\theta_i^*, \boldsymbol{\beta}^{(t)})\pi(\theta_i^*)q(\theta_i^{(t)}|\theta_i^*)}{\pi(\boldsymbol{X}|\theta_i^{(t)}, \boldsymbol{\beta}^{(t)})\pi(\theta_i^{(t)})q(\theta_i^*|\theta_i^{(t)})}\right] \\ &= \min\left[1, \frac{\pi(\boldsymbol{X}|\theta_i^*, \boldsymbol{\beta}^{(t)})\pi(\theta_i^*)}{\pi(\boldsymbol{X}|\theta_i^{(t)}, \boldsymbol{\beta}^{(t)})\pi(\theta_i^{(t)})}\right] \end{aligned} \tag{2.3.8}$$

とすればよいことがわかる．ただし $\pi(\theta_i)$ は，(2.3.5) 式において定めた事前分布の密度関数である．また $\pi(\boldsymbol{X}|\theta_i, \boldsymbol{\beta})$ は，被験者と項目の相互独立の仮定に基づき，尤度関数から $\pi(\boldsymbol{X}|\theta_i, \boldsymbol{\beta}) = \prod_{j=1}^J P_{ij}^{x_{ij}} Q_{ij}^{(1-x_{ij})}$ によって導かれる，特定の $i$ 番目の回答者の回答パタンを得る確率である．

なお，以上の導出は $\beta$ についてもほぼ同様に当てはめることが可能であり，(2.3.7) 式中の $\theta_i$ を $\beta_j$ に，$\sigma_{e_\theta}^2$ を $\sigma_{e_\beta}^2$ に置き換えれば，そのまま $\beta$ の提案密度となる．よって $\beta$ の採択確率は，次のとおり得ることができる．

$$\alpha(\beta_j^*|\beta_j^{(t)}) = \min\left[1, \frac{\pi(\boldsymbol{X}|\beta_j^*, \boldsymbol{\theta}^{(t)})\pi(\beta_j^*)}{\pi(\boldsymbol{X}|\beta_j^{(t)}, \boldsymbol{\theta}^{(t)})\pi(\beta_j^{(t)})}\right] \tag{2.3.9}$$

したがって，(2.3.6) 式のような酔歩連鎖によって得られた候補を (2.3.8) 式および (2.3.9) 式の採択確率に基づいて受容または棄却すれば，(2.3.3), (2.3.4) 式で示した事後分布を不変分布にもつマルコフ連鎖を構築できることになる．

### 2.3.2 項目反応モデルのためのギブス内メトロポリスアルゴリズムの詳細

本項では，表 2.2 のようなデータを用いた場合の分析例を示す．このデータは $\boldsymbol{\theta} = (\ -0.08, -0.22, 0.37, -0.88, 0.16, 0.64\ ), \boldsymbol{\beta} = (\ -1.00, 0.56, -2.38, -0.44, -1.13\ )$ を真値として生成された架空データである．したがって，回答者の数は $I = 6$，項目数は $J = 5$ ということになる．

表 2.2　項目反応モデルの分析に使用するデータ

| | 項目 | | | | | | 項目 | | | | |
|---|---|---|---|---|---|---|---|---|---|---|---|
| 回答者 | 1 | 2 | 3 | 4 | 5 | 回答者 | 1 | 2 | 3 | 4 | 5 |
| 1 | 1 | 0 | 1 | 1 | 1 | 4 | 1 | 0 | 0 | 1 | 1 |
| 2 | 0 | 0 | 1 | 0 | 1 | 5 | 1 | 1 | 1 | 1 | 0 |
| 3 | 1 | 1 | 1 | 1 | 1 | 6 | 1 | 0 | 1 | 1 | 1 |

**a. 事前分布の母数の設定**

まず最初に，被験者母数 $\theta_i$ および困難度母数 $\beta_j$ の事前分布の母数を決定する．すなわち，(2.3.5) 式に示した正規分布の分散の値を指定する．ここでは $\sigma_\theta^2 = 1.0, \sigma_\beta^2 = 2.0$ とする．これらは 1 母数ロジスティックモデルにおける両母数の標準的な分布の値である．

**b. 提案分布の母数の設定**

提案分布として (2.3.7) 式において示したような正規乱数に基づく酔歩連鎖を利用するので，乱数発生に用いる正規分布の分散 $\sigma_{\epsilon\theta}^2, \sigma_{\epsilon\beta}^2$ を決定する．この値は候補の採択確率に大きく影響するので，何度か試行錯誤を繰り返しながら最適な値を探らなければならない．ここでは $\sigma_{e\theta}^2 = 0.5, \sigma_{e\beta}^2 = 0.1$ とする．

**c. 未知母数の初期値の設定**

推定対象となる母数 $\theta_i, \beta_j$ の全てについて，マルコフ連鎖の初期値となる値を指定する．ここでは特に明確な事前仮説がない状況を想定し，全ての $\theta_i = 0.0$，全ての $\beta_j = 0.0$ と設定する．

**d. マルコフ連鎖の発生**

1) 前節と同様に，発生作業の繰り返し回数を 1 からはじまる $t$ によって表し，連鎖の $t$ 番目の値は右肩に $t$ を付す形で参照する．したがって $t = 1$ は各未知母数の初期値を表し，$\boldsymbol{\theta}^{(1)} = (0,0,0,0,0,0), \boldsymbol{\beta}^{(1)} = (0,0,0,0,0)$ である．

2) $\theta_i^{(t+1)}, i = 1, \ldots, I$ の発生を行う．まずは酔歩連鎖に基づいた候補を提案するために，$I$ 個の正規乱数 $e_{\theta i}$ を $N(0, \sigma_{e\theta}^2)$ から独立に発生させる．そしてこれらを用いて $\theta_i^* = \theta_i + e_{\theta i}$ とすることで，マルコフ連鎖の値の候補 $\theta_i^*$ を決定する．例えば表 2.2 のデータの場合，$I = 6$ 個の乱数を $N(0, 0.5)$ に基づいて生成する．これが仮に $\boldsymbol{e}_\theta = (0.18, 0.44, 0.16, -0.13, 0.06, 0.82)$ と求められたならば，被験者母数の初期値 $\boldsymbol{\theta}^{(1)} = (0, 0, 0, 0, 0, 0)$ と足し合わせることで，$\boldsymbol{\theta}^* = (0.18, 0.44, 0.16, -0.13, 0.06, 0.82)$ となる．

続いて (2.3.8) 式に基づいて，生成された候補 $\theta_i^*$ の採択確率 $\alpha(\theta_i^*|\theta_i^{(t)})$ を決定する．ただし採択確率の分母を構成する項のうち，$\pi(\boldsymbol{X}|\theta_i^{(t)}, \boldsymbol{\beta}^{(t)})$ は (2.3.2) 式を $\boldsymbol{\theta} = \theta_i^{(t)}$, $\boldsymbol{\beta} = \boldsymbol{\beta}^{(t)}$ において評価したもの，$\pi(\theta_i^{(t)})$ は被験者母数の事前分布 $N(0, \sigma_\theta^2)$ における $\theta_i^{(t)}$ の確率密度である．同様に分子については，$\pi(\boldsymbol{X}|\theta_i^*, \boldsymbol{\beta}^{(t)})$ が (2.3.2) 式を $\boldsymbol{\theta} = \theta_i^*$, $\boldsymbol{\beta} = \boldsymbol{\beta}^{(t)}$ において評価したもの，$\pi(\theta_i^*)$ は被験者母数の事前分布 $N(0, \sigma_\theta^2)$ における $\theta_i^*$ の確率密度である．実際に表 2.2 のデータにおいて，先ほど得られた $\boldsymbol{\theta}^*$ に対する採択確率を計算してみると，(2.3.8) 式右辺 $\min[\cdot]$ 内の分数部の計算結果は，$(1.47, 0.44, 1.86, 0.86, 1.16, 1.87)$ となる．これは，例えば 1 番目の回答者については，$\frac{\pi\left(\boldsymbol{X}|\theta_1^*, \boldsymbol{\beta}^{(1)}\right)\pi(\theta_1^*)}{\pi\left(\boldsymbol{X}|\theta_1^{(1)}, \boldsymbol{\beta}^{(1)}\right)\pi(\theta_1^{(1)})} = \frac{0.04665 \times 0.39253}{0.03125 \times 0.39894} = 1.47$ という形で求めた値を並べれば得ることができる．ただし採択確率は 1 を超えないので，$\alpha(\boldsymbol{\theta}^*|\boldsymbol{\theta}^{(1)}) = (1.00, 0.44, 1.00, 0.86, 1.00, 1.00)$ という結果になる．

最後に求めた採択確率を用いて，候補 $\theta_i^*$ を採択するかどうかを決定する．具体的な判定は，区間 (0, 1) の一様乱数 $b_{\theta i}$ を $I$ 個発生させ，対応する採択確率と比較することで行う．もし $b_{\theta i} \leq \alpha(\theta_i^*|\theta_i^{(t)})$ ならば候補を採択し，$\theta_i^{(t+1)} = \theta_i^*$ と決定する．逆に $b_{\theta i} > \alpha(\theta_i^*|\theta_i^{(t)})$ ならば候補を棄却し，$\theta_i^{(t+1)} = \theta_i^{(t)}$ と据え置く．例えば $t = 1$ 回目の発生において一様乱数が $(0.39, 0.35, 0.48, 0.88, 0.95, 0.46)$ と得られたならば，これを先ほどの採択確率 $\alpha(\boldsymbol{\theta}^*|\boldsymbol{\theta}^{(1)}) = (1.00, 0.44, 1.00, 0.86, 1.00, 1.00)$ と比較し，回答者 1 から順に，候補 $\theta_i^*$ を (受容，受容，受容，棄却，受容，受容) と判断する．よって最終的なマルコフ連鎖の値は，$\boldsymbol{\theta}^{(2)} = (0.18, 0.44, 0.16, 0.00, 0.06, 0.82)$ となる．候補値が非採択となった 4 番目の回答者の被験者母数のみ，値

が 0.00 のままになっている点に注意.

3) $\beta_j^{(t+1)}, j = 1, \ldots, J$ の発生を行う．手続きは基本的に $\theta_i$ の場合と同様だが，発生済みである $t+1$ 番目の $\theta_i$ の値 $\theta_i^{(t+1)}$ を用いる点のみが異なる.

まずは $J$ 個の正規乱数 $e_{\beta j}$ を $N(0, \sigma_{e\beta}^2)$ から独立に発生させ，$\beta_j^* = \beta_j + e_{\beta j}$ としてマルコフ連鎖の値の候補 $\beta_j^*$ を決定する．そしてこれらに対して (2.3.9) 式に基づき，採択確率 $\alpha(\beta_j^*|\beta_j^{(t)})$ を計算する．式中の各項は $\theta_i$ の発生において述べたものに準じるが，$\boldsymbol{\theta}^{(t)}$ だけは，すでに発生が完了している $\boldsymbol{\theta}^{(t+1)}$ に置き換えられる．例えば，引き続き表 2.2 のデータを分析する場合，$N(0, 0.1)$ に基づく 5 個の正規乱数が $(0.22, -0.30, 0.42, -0.08, -0.07)$ と求められたならば，これと初期値である $\boldsymbol{\beta}^{(1)} = (0, 0, 0, 0, 0)$ を足し合わせることで，項目母数の値の候補は $\boldsymbol{\beta}^* = (0.22, -0.30, 0.42, -0.08, -0.07)$ となる．さらに，これらの候補値に対して $\boldsymbol{\theta}^{(2)}$ を用いて採択確率を計算すると，$\alpha(\boldsymbol{\beta}^*|\boldsymbol{\beta}^{(1)}) = (0.42, 0.48, 0.16, 1.00, 1.00)$ と求められる.

最後に採択確率と $J$ 個の区間 (0, 1) の一様乱数 $b_{\beta j}$ とを比較し，もし $b_{\beta j} \leq \alpha(\beta_j^*|\beta_j^{(t)})$ ならば候補を採択して $\beta_j^{(t+1)} = \beta_j^*$，もし $b_{\beta j} > \alpha(\beta_j^*|\beta_j^{(t)})$ ならば候補を棄却して $\beta_j^{(t+1)} = \beta_j^{(t)}$ とする．例えば $t = 1$ 回目の発生において，仮に一様乱数が $(0.24, 0.70, 0.19, 0.00, 0.80)$ と得られたならば，これを先ほどの採択確率 $\alpha(\boldsymbol{\beta}^*|\boldsymbol{\beta}^{(1)})$ と比較することで，項目 1 から順に候補 $\beta_j^*$ を (受容，棄却，棄却，受容，受容) と判断する．よって最終的なマルコフ連鎖の値は，$\boldsymbol{\beta}^{(2)} = (0.22, 0.00, 0.00, -0.08, -0.07)$ となる.

4) $t$ があらかじめ定めた繰り返し回数に達したならば，マルコフ連鎖の発生を終了する．そうでなければ $t$ を 1 増やし，手順 2 へ戻る．例えば $t = 1$ であったなら $t = 2$ とし，マルコフ連鎖の $t + 1 = 3$ 番目の要素の発生手続きに移る.

なお，本節では 1 サイクル内において，まず $\theta_i$ の発生を行い，続いて $\beta_j$ の発生を行う方法を示した．しかし，これらはそれぞれ MH アルゴリズムによる近似を行っているものの，もともとはギブスサンプラーと同様の条件付事後分布を求める手続きである．よって前節と同様に，これらの発生順序がサイクル内で前後しても構わない．ただしその場合，推定式の中で発生済みの他の母数を参照する部分において $t$ 個目を用いるか $t+1$ 個目を用いるかは，連鎖の生成状況に応じて変化することになる．

また，採択確率 $\alpha(\cdot)$ の計算は 0 から 1 の間の値をとるような回答確率の積となるため，そのまま計算したのでは値が小さくなりすぎて，一般的なコンピュータの計算精度の範囲では値が不正確になってしまうことが多い．そこで項目反応モデルの推定を行う場合，実際には $\alpha(\cdot)$ ではなく $\log\alpha(\cdot)$ の計算を行うのが一般的である．このとき総積は総和に置き換えられるので，無闇に小数点以下の桁数が増えることがなくなる．対数をとって求めた採択確率は，最終的に $\exp[\log\alpha(\cdot)]$ とすれば，元の値に戻すことができる．

**e. 推定結果の算出**

以上の手続きにより，被験者母数 $\boldsymbol{\theta}$ および困難度母数 $\boldsymbol{\beta}$ の事後分布からの擬似標本によって構成されたマルコフ連鎖を構築することができる．例えば表 2.2 の値に基づき 1 万回の発生を行ったマルコフ連鎖の，後半 5000 個分の要素に基づいて推定された値は，$\hat{\boldsymbol{\theta}} = (0.58, -0.18, 1.18, 0.14, 0.76, 0.61)$，$\hat{\boldsymbol{\beta}} = (-0.71, 0.92, -0.63, -0.70, -0.69)$ となった．真値と比べるとかなり異なる値になっており，特に被験者母数の乖離が大きい．これは説明のために項目数，回答者数が少ないデータを例として用いたためである．

項目反応モデルは前節で取りあげた単回帰モデルに比べると推定する母数の数が大幅に多くなっているため，表 2.2 のような小規模なデータでは正確な推定値を得ることは難しい．項目数は $J=5$ 程度でも構わないが，回答者数については $I \geq 100$ のデータを用いるのが普通であり，そういった状況においては本節で論じた方法によって精度の高い推定値を得られることが確認されている．MCMC を用いるからといって必ずしも標本数が少なくてもよいわけではないことに注意が必要である．

# 3

# 収束判定およびモデルの妥当性の検討

前章までで，MCMC を用いて統計モデルの母数を推定する方法について一通りの解説を行ってきた．しかし実際の分析場面において MCMC を利用するためには単に推定値が得られるというだけでは不十分であり，推定が問題なく成功したのかどうか，あるいは推定したモデルはデータに照らし合わせて妥当なものであったのかといった，分析の正当性を検討する手続きが必要不可欠である．そこで本章では，MCMC を用いた推定の良し悪しについて判断を行うための技法を紹介する．

## 3.1　収束判定のための方法

MCMC においてマルコフ連鎖を利用するのは，連鎖を構成する要素がその不変分布からの無作為標本になっていると見なすことができるためである．しかし前節において述べたとおり，MCMC ではマルコフ連鎖の生成を行う際に，その初期値を分析者が恣意的に選ばなければならないという性質がある．こうして選ばれた値は連鎖の不変分布から抽出された確率標本ではないため，このような構成要素を用いて母数の推測を行ってしまうと，推定結果が悪影響を受けてしまうことは避けられない．

そこで MCMC を用いる場合，生成したマルコフ連鎖のうち，確かに不変分布からの確率標本になっていると考えられる部分のみを推定の材料とする必要がある．しかしマルコフ連鎖の値は系列における１つ前の値に依存して決定されるため，不変分布からの確率標本ではない値から生成を開始したマルコフ連鎖にはしばらくの間初期値の影響が残り，構成要素が不変分布からの無作為標本に近い状態になるためには値の推移が複数回繰り返されることが必要となる．この初期値の影響がなくなってマルコフ連鎖が不変分布に至ることを収束と呼ぶ．

したがって MCMC に基づく母数推定では，マルコフ連鎖が収束した以降の要素のみを母数推定に用いなければならない．これを行うため，発生させたマルコフ連鎖の初期の要素はバーンイン期間 (burn-in period) として破棄し，それ以降の要素のみを用いるのが一般的である．しかし現在の所，連鎖の発生に先立って適切なバーンイン期間の長さを決定する方法は見出されていない．そこで実際には，まず分析者が任意の長さのバーンイン期間を設定してマルコフ連鎖の初期要素を破棄し，残りの要素が確かに収束しているかどうかを検討することにより，推定に用いるマルコフ連鎖が不変分布に収束していることを事後確認する．この際にマルコフ連鎖の収束の有無を判断するために用いられるのが，各種の収束判定のための方法である．

ただし収束判定のための方法にはさまざまなものが提案されているが，いまだ連鎖が収束していることを明確に判定できる方法は知られておらず，連鎖が収束していないとは断言できないということを一定の見地から確認するという方法しか存在していない．したがって収束判定を行う際には複数の判定法を併用し，総合的に判断を行うのが一般的である．本節では数ある収束判定法のうち，利用される機会の多いいくつかの方法を取り上げて解説を行う．ここで挙げた以外の方法については，Robert & Casella (2004), Mengersen et al. (1999) などを参照のこと．また Cowles & Carlin (1996), Brooks & Roberts (1999) では，複数の収束判定法の比較検討を行っている．

### 3.1.1 時系列プロット・自己相関関数図

収束を判定する最も簡単な方法は，マルコフ連鎖を構成する要素の値そのものを時系列順に図示することである．すなわち，横軸にサンプリングの繰り返し回数，縦軸に連鎖要素の値を配したグラフを描けばよい．このようなグラフは，連鎖要素の時系列プロットと呼ばれる．

不変分布に収束したマルコフ連鎖の状態空間は，推移を何回重ねても同じ状態にとどまる．よってこのような連鎖の要素を描いた時系列プロットは，値の変動に系統的な偏りが存在せず，不変分布の最頻値近辺を行ったり来たりするような状態になることが期待される．図 3.1 は，任意の初期値から発生を開始

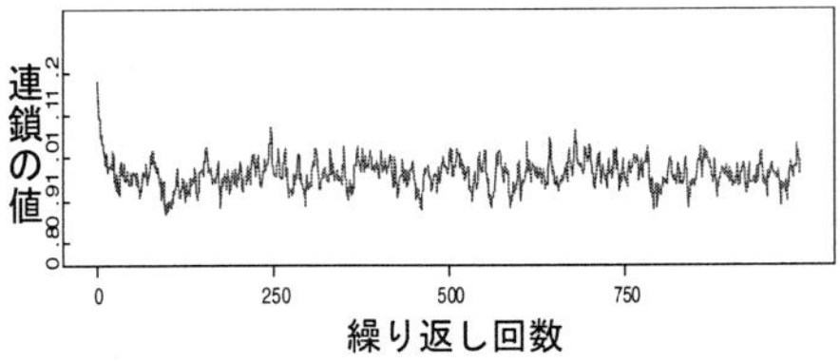


図 **3.1**　時系列プロットの一例

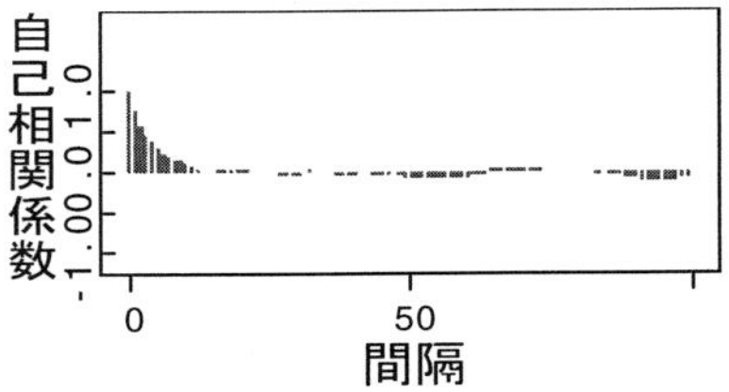


図 **3.2**　自己相関関数図の一例

したマルコフ連鎖の，最初から 1000 個の要素を時系列順に図示したものである．初期段階では初期値の影響により偏っている軌跡が，推移を重ねるにつれて一定の値の周辺に収束していく過程が見てとれる．したがって，図において値が安定した以降の要素のみを母数推定に用いるようにバーンイン期間を設定すれば，初期値設定の恣意性による悪影響を被らずにすむということになる．逆に，任意に決定したバーンイン期間以降の要素のみを用いて時系列プロットを描き，その系列に系統的な偏りが存在していないかどうかを目視確認することで，バーンイン期間の長さが適切であったかどうかを検討することもできる．

また時系列プロットのほかに，連鎖における前の時点の値との自己相関係数をさまざまな間隔で計算した自己相関関数図も，同様に収束判定のために利用されることが多い．マルコフ連鎖の値は直前の要素に依存して決定されるものなので，近い間隔の要素との自己相関係数が 0 になることはありえない．しかし一方で，MCMC において必要とされるマルコフ連鎖は目的分布からの無作為標本を再現するような要素によって構成されているものであり，したがってある程度以上間隔が離れている要素同士は独立性が高いことが望ましい．そこで自己相関関数図を描き，その値が比較的近い間隔において 0 近辺に収束しているかどうかを見ることによって，マルコフ連鎖の収束判定を行うことができる．図 3.2 は，図 3.1 と同じマルコフ連鎖の自己相関関数図である．かなり間隔が近い時点で自己相関係数が 0 に近くなっているので，この連鎖は不変分布に収束している可能性が高いと判断できる．

### 3.1.2 Geweke の方法

Geweke (1992) は，生成されたマルコフ連鎖を 2 つに分割し，両者に含まれる構成要素の値に差があるかどうかによって収束を判定する方法を提案した．もし連鎖が収束していれば，分割した系列は両方とも不変分布からの無作為標本に相当するので，両者の値には差が生じないはずである．よって，もし値が異なっているならば，まだマルコフ連鎖は収束していないと考えることができる．

いま，母数 $\theta$ の事後分布からの擬似標本によって構成された，全部で $T$ 個の要素を含むマルコフ連鎖 $\theta^{(1)}, \theta^{(2)}, \ldots, \theta^{(T)}$ が得られているものとする．この連鎖のうち，最初の $m$ 回分をバーンイン期間として破棄することが適当であるかどうかを Geweke の方法によって判定するためには，残りの $T-m$ 個の要素から，$n_A$ 個からなる $A$ 群と $n_B$ 個からなる $B$ 群の 2 つを，構成要素が重複しないようにして取り出すことを行う．したがって Geweke の方法を用いるためには，仮定するバーンイン期間の長さ $m$ と，連鎖のうちどの部分を $A, B$ 群に振り分けるかを指定しなければならない．

以上が定まったとき，両群における構成要素の平均値 $\bar{\theta}_A, \bar{\theta}_B$ を求めることができる．そして，もし両群が等しく不変分布に収束しているならば，$A$ 群に含まれる要素と $B$ 群に含まれる要素は同じ分布から得られた無作為標本になっているはずである．したがって要素数 $n_A, n_B$ が十分に大きければ，

$$Z = \frac{\bar{\theta}_A - \bar{\theta}_B}{\sqrt{\widehat{\mathrm{Var}}(\bar{\theta}_A) + \widehat{\mathrm{Var}}(\bar{\theta}_B)}} \sim N(0,1) \tag{3.1.1}$$

となることが期待できる．ただし $\widehat{\mathrm{Var}}(\bar{\theta}_.)$ は，系列要素の分散の平均の推定値である．

この $Z$ 得点の値を用いて検定を行うことでマルコフ連鎖の収束の有無を判定するのが，Geweke の方法の骨子である．検定の帰無仮説は「マルコフ連鎖は収束している」というものであり，この帰無仮説が棄却されなければ，当該連鎖が収束していないという明確な結論は得られなかったという理由により，連鎖は収束したと見なすことを行う．例えば検定の有意水準を 5%とするならば，$Z$ の絶対値が 1.96 よりも小さければ連鎖が収束していることが示唆されたと解釈する．ただし (3.1.1) 式のように $Z$ が標準正規分布に従うためには，要素数 $n_A, n_B$ が大きいことのほかに，群間の標本相関が 0 であることが必要であ

る．しかし，もし $A$ 群と $B$ 群が隣接するように分割を行ってしまうと，マルコフ連鎖の性質上 $B$ 群の最初の要素は $A$ 群の最後の要素に依存してしまうため，この条件を満たすことができない．そこで Geweke (1992) では，バーンイン期間分を破棄した $T-m$ 個の要素のうち，最初の $0.1(T-m)=n_A$ 個を $A$ 群, 最後の $0.5(T-m)=n_B$ 個を $B$ 群とすることが提案されている．

### 3.1.3　Gelman & Rubin の方法

Gelman & Rubin (1992), Gelman (1996) では，異なるマルコフ連鎖同士の分散を比較することで収束を判定する方法を提案した．したがってこの方法を用いるためには，1 つの母数を推定するために複数のマルコフ連鎖が構築されていることが必要となる．もともと Gelman & Rubin (1992) において想定されていたのは，初期値選択の恣意性を排除するために同じ母数に対して異なる初期値をもつ複数のマルコフ連鎖を構築する，多重連鎖と呼ばれる推定を行う状況である．しかし 1 本のマルコフ連鎖しか発生を行っていない，いわゆる単一連鎖を利用している場合でも，Geweke の方法のように得られた要素を複数の連鎖に分割すれば，Gelman & Rubin の方法を利用することが可能になる．

いま，母数 $\theta$ の事後分布からの擬似標本によって構成された長さ $T$ のマルコフ連鎖が $K$ 本得られている状況を考え，これらを

$$\{\theta_k^{(1)}, \theta_k^{(2)}, \ldots, \theta_k^{(T)}\}, \quad k=1,\ldots,K \tag{3.1.2}$$

と区別することにする．これらの連鎖から，共通に最初の $m$ 回分をバーンイン期間として破棄することが適当であるかどうかを Gelman & Rubin の方法によって判定するためには，異なるマルコフ連鎖間における $\theta$ の値のばらつき $\mathrm{Var}_B(\theta)$ と，1 本のマルコフ連鎖内における値のばらつき $\mathrm{Var}_W(\theta)$ の推定値を，それぞれ以下のようにして求める．

$$\widehat{\mathrm{Var}}_B(\theta) = \frac{T-m}{K-1}\sum_{k=1}^{K}(\overline{\theta}_k^{(\cdot)} - \overline{\theta}_{\cdot}^{(\cdot)})^2 \tag{3.1.3}$$

$$\widehat{\mathrm{Var}}_W(\theta) = \frac{1}{K(T-m-1)}\sum_{k=1}^{K}\sum_{t=1}^{T-m}(\theta_k^{(t)} - \overline{\theta}_k^{(\cdot)})^2 \tag{3.1.4}$$

ただし，$\overline{\theta}_k^{(\cdot)}$ は $k$ 番目の連鎖に含まれる全ての要素の平均を，$\overline{\theta}_{\cdot}^{(\cdot)}$ は全ての連鎖に含まれる全ての要素の平均を，それぞれ表している．

これら $\widehat{\mathrm{Var}}_B(\theta)$, $\widehat{\mathrm{Var}}_W(\theta)$ を用いて，不変分布における母数 $\theta$ の真の分散 $\mathrm{Var}(\theta)$ を推測することを考える．まず1つ目の方法として挙げられるのは，

$$\widehat{\mathrm{Var}}(\theta) = \frac{T-m-1}{T-m}\widehat{\mathrm{Var}}_W(\theta) + \frac{1}{T-m}\widehat{\mathrm{Var}}_B(\theta) \tag{3.1.5}$$

という形で推定を行う方法である．この推定量は各連鎖が不変分布に収束していれば，不偏推定量となることが知られている．しかし，もし1本でも収束していないマルコフ連鎖があったならば，要素の値に連鎖間でズレが生じるため，$\widehat{\mathrm{Var}}_B(\theta)$ が大きくなってしまう．このためマルコフ連鎖が非収束である場合，(3.1.5) 式の値は本来の $\mathrm{Var}(\theta)$ よりも大きなものになってしまうと考えられる．

これに対してもう1つの $\mathrm{Var}(\theta)$ の推測法として，$\widehat{\mathrm{Var}}_W(\theta)$ をそのまま利用することが考えられる．なぜなら $K$ 本のマルコフ連鎖が全て同一の不変分布に収束していれば，全ての連鎖における要素の分散は真の分散 $\mathrm{Var}(\theta)$ に等しくなるからである．しかし連鎖が不変分布に収束していない場合は，マルコフ連鎖が目的分布の全域を完全に被覆することができていないために，推定値 $\widehat{\mathrm{Var}}_W(\theta)$ は真値 $\mathrm{Var}(\theta)$ よりも小さな値となってしまう．

Gelman & Rubin の方法では，以上2つの分散の推定値の比

$$R = \sqrt{\frac{\widehat{\mathrm{Var}}(\theta)}{\widehat{\mathrm{Var}}_W(\theta)}} \tag{3.1.6}$$

を用いることで，マルコフ連鎖の収束の有無を判断する．もし全てのマルコフ連鎖が完全に収束しているならば，(3.1.6) 式右辺の分母と分子はともに $\mathrm{Var}(\theta)$ に一致するので，$R=1$ となる．したがって $R$ が1に近ければ収束，そうでなければ非収束とするのが，Gelman & Rubin の方法に基づく結果の解釈ということになる．Gelman (1996) では，$R$ が 1.2 ないしは 1.1 よりも小さければ収束したと判断するという基準を提唱している．なお指標値 $R$ は，EPSR (estimated potential scale reduction) 値と呼ばれることもある．

### 3.1.4 Heidelberger & Weltch の方法

Heidelberger & Weltch (1983) は，確率過程の観点からマルコフ連鎖を検討し，最初の何個の要素をバーンイン期間として破棄すれば連鎖が収束したと見なすことができるかを検討する方法を提案した．またこの方法では，バーンイ

ン期間分を破棄した残りの要素を用いて母数推定を行ったときに，必要な推定精度を確保することができるかどうかも，合わせて検討することが可能である．

Heidelberger & Weltch の方法では，まず発生済みであるマルコフ連鎖の要素のうち，最初の何個をバーンイン期間として破棄すれば収束が確認できるかを，確率過程の 1 種であるブラウン橋を用いることで検討する．ただし要素 1 個ごとに収束の確認を行ったのでは効率が悪いため，連鎖を全要素のおおむね 1/10 程度の長さのブロックに分割し，このブロック単位で長さを変更しながら検討を行う．そしてマルコフ連鎖が十分に収束したと考えられるバーンイン期間の長さが推定されたならば，続いて，その分を取り除いた残りの要素のみをもつ連鎖に基づいて推定される母数が，十分な精度をもっているかを検討する．このために Heidelberger & Weltch の方法では，まず母数の推定値の信頼区間を構築する．そして信頼区間幅と母数の推定値を比較した相対的な推定値の区間幅 (estimated relative halfwidth；ERHW) を求め，これが一定の基準よりも小さければ，現在の要素数で十分マルコフ連鎖は収束したものと判断する．

したがって Heidelberger & Weltch の方法を用いるには，母数の推定精度を検討する際に利用する信頼区間の区間幅と，許容する ERHW の大きさ $\epsilon$ を指定する必要がある．一般的には，推定値の 95%信頼区間に基づく ERHW が，$\epsilon = 0.1$ 以下であることが望ましいとされている．例えば次ページの出力は，4 つの母数について各々要素数 25000 のマルコフ連鎖を発生させたものを，上述の設定で Heidelberger & Weltch の方法により分析した結果である．なお分析には，Smith (2005) による BOA (Bayesian output analysis) というソフトを利用した．

出力のうち上半分は，各マルコフ連鎖の収束性に関する判定を行っている部分である．得られた連鎖要素のうち最初の `Discard` 個をバーンイン期間として破棄し，残りの `Keep` 個を用いたときに連鎖が収束していると見なすことができるかどうかが，`Stationarity Test` に示されている．この場合，母数 `lambda[3, 1]` については連鎖のうち最初の 1 万個を破棄しなければならないが，残りの 3 つについては全要素を用いても構わないということになる．また，`C-von-M` は収束の可否を検定するために用いられている Cramer-von Mises 統計量と呼ばれる値を示している．

続いて出力の下半分は，上半分で推定されたバーンイン期間分を破棄した残

```
              Stationarity Test  Keep Discard    C-von-M
lambda[3,1]              passed 15000    10000 0.37837645
lambda[3,2]              passed 25000        0 0.31805188
lambda[4,1]              passed 25000        0 0.09087634
lambda[4,2]              passed 25000        0 0.12825241
              Halfwidth Test        Mean   Halfwidth
lambda[3,1]          passed  1.4303276 0.017058159
lambda[3,2]          passed  2.1101427 0.011087335
lambda[4,1]          passed  2.8985835 0.004744005
lambda[4,2]          passed  2.6444549 0.005353155
```

りの要素に基づく推定値が，所定の精度を達成しているかどうかを検討している部分になる．Mean が推定値を，Halfwidth がそれに対応する ERHW の大きさを表しており，ERHW が指定した $\epsilon$ よりも小さいかどうかの最終的な判定結果が Halfwidth Test に示されている．この場合，全ての母数について十分な精度が得られていると判断できる．

### 3.1.5 Raftery & Lewis の方法

Raftery & Lewis (1992a) は，サンプリングされた擬似標本が目標分布を近似したものになっているかどうかを標本百分位数を元に検討し，一定の近似精度を得るために必要なマルコフ連鎖の長さとバーンイン期間の長さを逆算する方法を提案した．まず，目標分布である母数 $\theta$ の事後分布に含まれる全ての値を $\theta_1,\ldots,\theta_N$ とすると，この母集団における真の第 $q$ 百分位数は，

$$q = P(\theta_n \le \theta_q), \quad n = 1,\ldots,N \tag{3.1.7}$$

を満たすような $\theta_q$ のことを指している．しかし MCMC を用いた推定においては，全ての $\theta_1,\ldots,\theta_N$ を知ることができるわけではない．実際に得ることができるのは事後分布からの擬似標本によって構成された有限の長さ $T$ のマルコフ連鎖 $\theta^{(1)},\theta^{(2)},\ldots,\theta^{(T)}$ のみであり，これが $\theta_1,\ldots,\theta_N$ の全てを網羅しているという保証はない．したがって，母集団における第 $q$ 百分位数を擬似標本に当てはめたときに求められる

$$\hat{q} = P(\theta^{(t)} \le \theta_q), \quad t = 1,\ldots,T \tag{3.1.8}$$

は，必ずしも $q$ と一致するとは限らない．しかしマルコフ連鎖がきちんと目標分布に収束しているならば，$q$ と $\hat{q}$ は十分に近い値になるはずである．そこで Raftery & Lewis の方法では，両者の差が

$$P(|\hat{q}-q| \leq r) = s \tag{3.1.9}$$

を満たすためには，どれだけの長さのマルコフ連鎖を発生させ，さらにそのうち最初の何個をバーンイン期間として破棄すればよいのかを推定する．したがってこの方法を用いるためには，対象とする分位数 $q$，推定する許容誤差 $r$，構築する信頼区間の確率幅 $s$ を決定する必要がある．また，推定計算の一部は漸近的な値に基づいて行われるために，漸近計算の収束精度 $\epsilon$ も指定しなければならない．なお Raftery & Lewis (1992a) では，$q = 0.025$ または 0.975，$r = 0.005$, $s = 0.95$, $\epsilon = 0.001$ とすることが推奨されている．

Raftery & Lewis の方法による推定結果は，マルコフ連鎖の要素数 $T$，バーンイン期間として破棄すべき要素数 $m$，そして間引き間隔 $k$ という 3 つの値として得られる．これらは，まず要素数が $T$ のマルコフ連鎖を発生させ，次にその要素を $k$ 個おきに拾った新たな連鎖を作成し，そのうち最初の $m$ 個を破棄すれば，百分位数のズレが指定した精度に収まるような擬似標本を構成できることを示している．したがってこれらの値に基づいて再度マルコフ連鎖を発生させれば，収束している可能性の高い連鎖を得られることになる．例えば以下は，4 つの母数について各々要素数 25000 のマルコフ連鎖を発生させたものを，Raftery & Lewis (1992a) が推奨した設定に基づき Raftery & Lewis の方法によって分析した結果である．なお分析には，前項と同様に BOA を利用した．

```
              Thin Burn-in  Total Lower Bound Dependence Factor
lambda[3,1]      5      15  22025        3746          5.879605
lambda[3,2]      6      18  24456        3746          6.528564
lambda[4,1]      3       9  12747        3746          3.402830
lambda[4,2]      2       6   8502        3746          2.269621
```

出力中の Thin は $k$，Burn-in は $m$，Total は $T$ に対応している．したがって，例えば母数 lambda[3,1] については，まず全部で 22025 個の要素からなるマルコフ連鎖を発生させ，その要素を 5 個置きに間引いたものから最初の 15 個をバーンイン期間として破棄すれば，不変分布に収束するのに十分な要素をも

つであろう連鎖を構築できると考えられる．なお Raftery & Lewis の方法は，発生済みの要素をあくまで適切な連鎖長やバーンイン期間を決定するための材料として扱うので，その推定結果として示唆される連鎖の長さが検討に用いたマルコフ連鎖よりも長くなる場合もある．よって可能ならば，まずは Raftery & Lewis の方法を用いて必要な連鎖の長さなどに当たりを付け，その後実際に生成した連鎖の収束をその他の方法によって確認するというのが，連鎖の収束性を重視するならば望ましい手続きとなる．

また，Raftery & Lewis の方法によって副次的に得られる指標として，依存性指数 (dependence factor) がある．これはマルコフ連鎖が目標分布に収束する速さを表す数値であり，値が 1 よりも大きければ大きいほど連鎖要素間の相関が高く，マルコフ連鎖が目標分布からの擬似的な無作為標本へなかなか収束しないことを表している．上述した出力中の `Dependence Factor` は，この依存性指数の値を示したものである．また，`Bound` は当該連鎖が収束するために最低限必要だと考えられる要素数であり，依存性指数はこの値と `Total` との比率として計算されている．Raftery & Lewis (1992b) では，この指標を連鎖構築に用いた提案分布の良し悪しを判断するために用いることを提案しており，依存性指数が 5 以上であれば提案分布の形を見直して採択確率を高めることが必要であるとしている．したがって例の場合，母数 `lambda[3,1]` および `lambda[3,2]` の発生については，手続きの改善を検討する必要があると考えられる．

## 3.2 モデルの良さを検討するための方法

MCMC を用いた母数推定を行う場合，同じデータに対してさまざまな統計モデルを当てはめることが可能となる．しかし実際のデータを分析する際に，どの統計モデルが正しいのかがあらかじめわかっていることはまずない．したがって推定を行った後で，選んだ統計モデルがデータをよく説明できているかどうかを判断したり，あるいは複数の候補となるモデルのうちどれが最もよくデータに合っているのかを検討することが必要となる．そこで本節では，こういったモデルの妥当性判定やモデル間比較を行う方法をいくつか取り上げ，解説を行う．

### 3.2.1　ベイズファクター

ベイズファクター (Bayes factor) は，推定結果を確率分布として評価するというベイズ的アプローチの発想をモデル比較課題に当てはめたときに得られる指標であり，ベイズ統計において異なるモデルを比較する際の基本的な道具として用いられている．その定義は非常に単純であり，あるデータの背後にどのような統計モデルの存在を仮定するのが妥当であるかは，モデルが所与のときにそのデータが得られる確率の大きさを比べて判断するという発想が基本となる．いま仮に，手元にあるデータ $\boldsymbol{Y}$ に対してモデル $M_0$ と $M_1$ のどちらを当てはめるべきかを検討したいとすると，この2つのモデルを比べたベイズファクター $B_{10}$ は，以下の通り定められる．

$$B_{10} = \frac{p(\boldsymbol{Y}|M_1)}{p(\boldsymbol{Y}|M_0)} \tag{3.2.1}$$

上式の定義より，ベイズファクターの値は分子側のモデル $M_1$ の方が分母側のモデル $M_0$ よりもデータ $\boldsymbol{Y}$ にふさわしければ1よりも大きく，逆に $M_1$ よりも $M_0$ の方が当てはまりが良ければ1よりも小さくなることがわかる．ただしベイズファクターは，定義そのままの形では絶対値が大きな値になってしまうことが多く扱いにくいため，対数関数を用いて $2\log B_{10}$ という変換を行ったうえで用いることも多い．これらの値の解釈として，Kass & Raftery (1995) は表3.1のような目安を示している．

ベイズファクターは2つのモデルのうちどちらがより優れているかを検討しているだけであり，仮にどちらのモデルともデータに対して正しい統計モデルではなかったとしても，比較的当てはまりの良い方を選んでくれることが期待できる．また，比べるモデル同士がネストの関係にある必要もない．これらの特徴は，従来用いられてきた統計的仮説検定の枠組みに則った方法に比したと

**表 3.1**　ベイズファクター解釈の目安

| $B_{10}$ | $2\log B_{10}$ | $M_0$ と比べた $M_1$ に対する判断 |
|---|---|---|
| $<1$ | $<0$ | $M_0$ の方が良い |
| $1\sim3$ | $0\sim2$ | かろうじて優れている |
| $3\sim12$ | $2\sim5$ | 優れている |
| $12\sim150$ | $5\sim10$ | かなり優れている |
| $>150$ | $>10$ | 非常に優れている |

きの，ベイズファクターの利点である．しかし，ベイズファクターに欠点が存在しないというわけではない．

ベイズファクターを実際に用いる際に最も問題となるのは，その算出の困難さである．(3.2.1) 式にはモデルが所与のときにデータを得る確率が含まれているが，これを直接的に定式化することは不可能に近い．そこで普通は，

$$p(\boldsymbol{Y}|M_h) = \int p(\boldsymbol{Y}|\boldsymbol{\theta}_h, M_h)p(\boldsymbol{\theta}_h|M_h)d\boldsymbol{\theta}_h \tag{3.2.2}$$

という形で，任意のモデル $M_h$ に含まれうる全てのパラメータ $\boldsymbol{\theta}_h$ を積分消去する形で求めることを行う．しかしこの積分を解析的に解けることは少ないので，数値積分を利用せざるをえない場合がほとんどである．したがってモデルが複雑でパラメータ数が多いほど，ベイズファクターの計算負荷は大きくなる．

また積分中に含まれる $p(\boldsymbol{\theta}_h|M_h)$ は，特定のモデル $M_h$ について考えるときパラメータに関する事前分布となる．この事前分布が導出式に含まれていることも，ベイズファクターの算出にまつわる大きな問題となっている．事前分布は分析者の恣意性に基づいて設定されてしまうものであるにもかかわらず，これが客観的にモデルを比較するためのベイズファクターの算出に反映されてしまうこと自体が，そもそも望ましいことではない．また実際の解析場面では，事前分布に非正則な分布を仮定することも多い．しかしこのとき，最終的にベイズファクターが確率密度の比として計算されることを考慮すると，その算出過程において規格化定数部を省略することができなくなる．このため，元々大きくなりがちなベイズファクターの計算負荷が，さらに増大してしまうことになる．

こういった問題を回避するために，ベイズファクターを推定するためのさまざまな方法が提案されてきた．中でも古くから用いられてきたものとして，ベイズ情報量基準 (Bayes information criterion；BIC) がある．BIC は Schwarz (1978) が提案した手法で，モデル $M_h$ について

$$\mathrm{BIC}_h = -2\log p(\boldsymbol{Y}|\tilde{\boldsymbol{\theta}}_h, M_h) + K_h \log I \tag{3.2.3}$$

と定義されている．ただし $\tilde{\boldsymbol{\theta}}_h$ はモデル $M_h$ のもとでのパラメータの最尤推定値，$K_h$ はパラメータの数，$I$ はサンプルサイズを表している．2 つのモデル $M_0$, $M_1$ について求めた BIC の差 $\mathrm{BIC}_0 - \mathrm{BIC}_1$ が，ベイズファクター $2\log B_{10}$ の

近似となることが知られている．BIC による近似には常に誤差が含まれてしまうという性質があるが，大標本下では最尤推定値とベイズ推定値が似通った値になることを利用して (3.2.3) 式中の最尤推定値をベイズ推定値で代用すれば，非常に簡単に計算することができるため，広く利用されている．

また，より正確な近似が可能になる技法として，さまざまなサンプリング技法を併用する推定法が提案されている．代表的な手法としては importance sampling (Geweke, 1989), bridge sampling (Meng & Wong, 1996), path sampling (Gelman & Meng, 1998) などがある．これらはいずれも，(3.2.2) 式の積分を何らかの道具的分布から抽出した標本を利用したモンテカルロ積分によって近似する方法であり，中でも path sampling の精度が高いことが知られている (DiCiccio et al., 1997).

### 3.2.2　情報量基準

情報量基準とはデータの適合を検討するために利用される統計量の中でも，モデルによるデータの近似精度とモデルの複雑さの双方を考慮するように設計されたものの総称である．情報量基準は特にベイズ統計に特有の概念というわけではないが，ベイズ推定を行った場合のモデル選択にも情報量基準を利用することが可能である．実は前項において示した BIC も，モデルのデータに対する近似度に相当する対数尤度関数 $-2\log p(\boldsymbol{Y}|\tilde{\boldsymbol{\theta}}_h, M_h)$ に対してパラメータ数 $K_h$ やサンプルサイズ $I$ による補正をかけたものと考えれば，情報量基準の一種に他ならない．

BIC 以外に用いられることの多い情報量基準として，赤池情報量基準 (Akaike information criterion；AIC) や DIC (deviance information criterion) などがある．これらの定義は，それぞれ以下の通りである．

$$\mathrm{AIC}_h = -2\log p(\boldsymbol{Y}|\tilde{\boldsymbol{\theta}}_h, M_h) + 2K_h \tag{3.2.4}$$

$$\mathrm{DIC}_h = -\frac{2}{T}\sum_{t=1}^{T}\log \pi(\boldsymbol{Y}|\boldsymbol{\theta}_h^{(t)}, M_h) + 2K_h \tag{3.2.5}$$

ただし $\boldsymbol{\theta}_h^{(t)}$ は，パラメータ $\boldsymbol{\theta}$ の事後分布から得られた $T$ 個の無作為標本を表している．AIC の計算には BIC と同様に最尤推定量が必要となるため，MCMC による推定を行った場合にはこれをベイズ推定量で置き換えてしまうことが多い．これに対して DIC の場合は，推定式に含まれる $\boldsymbol{\theta}_h^{(t)}$ に構築したマルコフ連鎖の連鎖要素をそのまま利用することができるため，非常に MCMC との相性が良い．なお，情報量基準はいずれもモデル同士を比較する場合にのみ用いるものであり，値が小さいモデルほどデータに対する当てはまりが良いと解釈する．

### 3.2.3 事後予測 $p$ 値

これまでに論じたベイズファクターと情報量基準は，いずれもモデル同士の比較を行うためのものであった．したがってこれらは，単体のモデルの絶対的な良し悪しを判断するために用いることはできない．このような場合に利用可能な指標としては，事後予測 $p$ 値 (posterior predictive $p$-value) がある．事後予測 $p$ 値とは，頻度論に基づく従来の統計学において用いられてきた $p$ 値を，ベイズ統計の文脈において再解釈し拡張した概念である (Rubin, 1984; Meng, 1994).

データ $\boldsymbol{Y}$ に対して統計モデル $M_h$ を当てはめてベイズ推定を行ったとき，推定結果としてモデル $M_h$ に含まれる母数 $\boldsymbol{\theta}_h$ の事後分布 $p(\boldsymbol{\theta}_h|M_h, \boldsymbol{Y})$ を得ることができる．この事後分布を用いれば，逆に，推定された母数 $\boldsymbol{\theta}_h$ をもつようなモデル $M_h$ に従う標本を生成することが可能になる．このような仮想的な標本を $\boldsymbol{Y}_h^{rep}$ と表すことにすると，$\boldsymbol{Y}_h^{rep}$ の分布は以下のように導くことができる．これを $\boldsymbol{Y}_h^{rep}$ の事後予測分布と呼ぶ．

$$p(\boldsymbol{Y}_h^{rep}|M_h, \boldsymbol{Y}) = \int p(\boldsymbol{Y}_h^{rep}|M_h, \boldsymbol{\theta}_h) p(\boldsymbol{\theta}_h|M_h, \boldsymbol{Y}) d\boldsymbol{\theta}_h \tag{3.2.6}$$

ここで，もし仮定したモデル $M_h$ が正しいならば，推定に用いたデータ $\boldsymbol{Y}$ の分布と仮想データ $\boldsymbol{Y}_h^{rep}$ の事後予測分布は，互いに近いものになることが予想される．したがって，データの特徴を縮約して記述するような任意の統計量 $T(\cdot)$ を用いると，$p(T(\boldsymbol{Y}_h^{rep}) \geq T(\boldsymbol{Y}))$ は 0.5 に近くなることが期待できる．なぜなら $p(\boldsymbol{Y})$ と $p(\boldsymbol{Y}_h^{rep})$ が等しければ，$T(\boldsymbol{Y})$ と $T(\boldsymbol{Y}_h^{rep})$ の差は完全にランダムな誤差によってしか生じないはずだからである．この確率を

$$p\left(T(\boldsymbol{Y}_h^{rep}) \geq T(\boldsymbol{Y})|M_h, \boldsymbol{Y}\right) = \int p\left(T(\boldsymbol{Y}_h^{rep}) > T(\boldsymbol{Y})|M_h, \boldsymbol{\theta}_h\right) p(\boldsymbol{\theta}_h|M_h, \boldsymbol{Y}) d\boldsymbol{\theta}_h \tag{3.2.7}$$

という形で求めたものが事後予測 $p$ 値である．したがって，この確率が 0.5 に近ければモデルのデータへの当てはまりが良く，逆に 0.0 や 1.0 といった極端な値に近いほど当てはまりが悪いと解釈することができる．

従来の統計学において利用されてきた $p$ 値は，帰無仮説の下での分布が既知であるような統計量を利用して算出を行うため，極めて限られた帰無仮説に対してしか適用できないという欠点があった．しかしベイズ統計学に基づく事後予測 $p$ 値は，どんなモデル $M_h$ が正しいという状況を帰無仮説として設定しても，その仮説が正しい状況における仮想データ $\boldsymbol{Y}_h^{rep}$ を生成できるため，ほぼどのような帰無仮説に対しても適用できるという特徴がある．また検定統計量の選択の自由度も高く，データのみから求められる統計量ではなく，データと母数とを比較するような任意の乖離度関数を用いて $p$ 値を求めることが可能になる．さらに MCMC 推定において事後予測 $p$ 値を求める場合，推定過程において発生させたマルコフ連鎖の要素を，そのまま (3.2.7) 式右辺の $\boldsymbol{\theta}$ による積分を計算するために利用できるという利点もある．

ただし (3.2.7) 式左辺を見るとわかるように，事後予測 $p$ 値はモデルだけではなく分析に利用したデータ $\boldsymbol{Y}$ にも依存したものとして求められる．これはその計算過程において，母数の推定と確率幅の算出との 2 回に渡って同じデータが使い回されているためである．このため事後予測 $p$ 値には，モデルのデータへの当てはまりを不当に良いものと判断しがちであるという性質がある．よって実際に事後予測 $p$ 値を用いる際には，ベイズファクターなどを補完するものと位置付けるのが無難である．

また，従来の統計学における $p$ 値は 5%や 1%といったカットオフ点を設定し，その点を超えるか否かというネイマン＝ピアソン流の明確な意志決定を行うために利用されるのが一般的であった．しかしベイズ統計学における事後予測 $p$ 値は，このような用い方はしないのが普通であり，むしろ事後予測分布と手元のデータの分布とを総合的に比較するための一手法として位置付けられている．したがって詳細にモデルのデータへの当てはまりを検討するためには，分布を図示するなどのさまざまな方法を併用することが望ましい．こういったアプローチは，Gelman et al. (1996) において詳しく取り上げられている．

# 4

# SEMにおけるベイズ推定

構造方程式モデリング (structural equation modeling ; SEM) とは，従来の多変量解析手法の多くをその下位モデルとして実行できる非常に汎用性の高い統計手法であり，人文・社会科学領域を中心に近年急速に浸透している．SEMはその理論的基礎を因子分析 (factor analysis) においていることから，複数の観測変数で定義される構成概念を因果モデルや予測・説明モデルに柔軟に導入することができる．例えば構成概念間のパス解析や分散分析のように，因子分析モデルと他の統計解析手法を併合したモデルを構築することが可能である．

より発展的には，未知の多母集団の混合，縦断的測定，多段標本抽出，多相評定，欠側値，順序カテゴリカルデータ・打ち切りデータといった，特殊な測定形式で得られた変数に対するSEMのモデルが考案されている．

しかしその汎用性ゆえにSEMで表現する統計モデルの規模が大きくなるという傾向がある．従来の方法で規模の大きなモデルの母数を安定的に求めるためには非常に多くの標本数と，膨大な計算時間を要する場合が多い．この問題に対処するためにはモデルを単純化すればよいと思われるが，それによってデータに対する有益な考察を犠牲にする場合や，誤った解釈をする場合もありうるため，できる限りデータの測定状況や研究者の仮説を反映したモデルを分析すべきである．

以上の問題点に対する1つの解決策はMCMCを併用したベイズ推定の利用である．本章では一般的なSEM，順序カテゴリカルSEM，SEMによる混合分布モデル，欠測値を伴うSEMに関してその詳細を論ずる．

## 4.1 一般的な SEM のベイズ推定

一般的な SEM では，モデルに含まれる母数の推定に際して，観測変数が従う多変量確率分布の正規性が仮定される．この仮定の下，最尤推定量 (ML)，一般化最小 2 乗推定量 (GLS) といった SEM における代表的な推定量の漸近的性質を利用することができる．しかし確率分布の正規性が疑われる場合や，標本数が少ないために推定量の漸近的性質を利用できない場合には，SEM による推論には少なからずバイアスが混入する．

ML 推定量や GLS 推定量といった代表的な推定量の問題に関して，ベイズ推定法は以下の 3 点について優れている．これは (1) 標本共分散行列 $\boldsymbol{S}$ を経由した推定手法でないことから，$\boldsymbol{S}$ が定義する確率分布の正規性が問題にならない，(2) 事前情報の適切な利用により，推定値を ML，GLS 以上の精度で求めることが可能で，例えば小標本状況下で，より妥当な推定値を与える，(3) データ補完法 (Tanner & Wong, 1987) の利用により，潜在変数・欠損値の統一的処理・推測が可能である，というものである．本節では基本的な SEM のベイズ推定に必要な事前分布の定義，そして各母数の条件付事後分布の導出について，Lee & Song (2004a), Lee (2007) での議論に基づき説明する．

### 4.1.1 モデルと表記

本節では LISREL (Jöreskog & Sörborm, 1996) 表記を用いて，SEM の測定方程式・構造方程式を表現する．本節で用いられるモデルと表記を以下に示す．

**測定方程式**

測定方程式を以下として定義する．

$$\boldsymbol{y}_i = \boldsymbol{\mu} + \boldsymbol{\Lambda}\boldsymbol{\omega}_i + \boldsymbol{\epsilon}_i, \quad i = 1, \cdots, I \tag{4.1.1}$$

ここで添え字 $i$ はオブザベーションを表現する．$\boldsymbol{y}_i$ は各オブザベーション毎に定義されるサイズ $K \times 1$ の観測変数ベクトルであり，$\boldsymbol{\epsilon}_i$ はサイズ $K\,(=1, \cdots, k, \cdots, K) \times 1$ の測定誤差ベクトルである．また $\boldsymbol{\omega}_i$ はサイズ $Q \times 1$ の因子スコアベクトルであり，$\boldsymbol{\Lambda}$ はサイズ $K \times Q$ の因子負荷行列である．$K$ は観測変数の数を，$Q$ は因子数をそれぞれ表現する．$\boldsymbol{\omega}_i$ と $\boldsymbol{\epsilon}_i$ の間には独立性が仮定されるほか，$\boldsymbol{\epsilon}_i$ は $N(\mathbf{0}, \boldsymbol{\Psi}_\epsilon)$ に従うと仮定される．$\boldsymbol{\Psi}_\epsilon$ は観測変数の誤差分散で構成される対角行列である．

さらに $\boldsymbol{Y} = [\boldsymbol{y}_1, \cdots, \boldsymbol{y}_I]$, $\boldsymbol{\Omega} = [\boldsymbol{\omega}_1, \cdots, \boldsymbol{\omega}_I]$ と定義する．

**構造方程式**

構造方程式を以下として定義する．

$$\boldsymbol{\eta}_i = \boldsymbol{\Pi}\boldsymbol{\eta}_i + \boldsymbol{\Gamma}\boldsymbol{\xi}_i + \boldsymbol{\delta}_i, \quad i = 1, \cdots, I \tag{4.1.2}$$

ここで $\boldsymbol{\omega}_i = (\boldsymbol{\eta}_i', \ \boldsymbol{\xi}_i')'$ であり，$\boldsymbol{\eta}_i$ はサイズ $Q_1 \times 1$ の内生的潜在変数ベクトル，$\boldsymbol{\xi}_i$ はサイズ $Q_2 \times 1$ の外生的潜在変数である．したがって因子数 $Q$ は，$Q = Q_1 + Q_2$ と表現できる．$\boldsymbol{\Pi}, \boldsymbol{\Gamma}$ は，サイズ $Q_1 \times Q_1$，$Q_2 \times Q_2$ のパス係数行列であり，$\boldsymbol{\delta}_i$ はサイズ $Q_1 \times 1$ の誤差変数ベクトルである．ただし $|\boldsymbol{I} - \boldsymbol{\Pi}|$ が $\boldsymbol{\Pi}$ に対して独立な正則行列であることが求められる．

$\boldsymbol{\xi}_i$ と $\boldsymbol{\delta}_i$ に独立性が仮定されるほか，$\boldsymbol{\xi}_i \sim N(\mathbf{0}, \boldsymbol{\Phi})$, $\boldsymbol{\delta}_i \sim N(\mathbf{0}, \boldsymbol{\Psi}_\delta)$ がそれぞれ仮定される．ここで $\boldsymbol{\Phi}$ は $\boldsymbol{\xi}_i$ の因子間共分散行列であり，$\boldsymbol{\Psi}_\delta$ は $\boldsymbol{\eta}_i$ に関する誤差分散で構成される対角行列である．さらに $\boldsymbol{\omega}_i \sim N(\boldsymbol{\mu}_\omega, \boldsymbol{\Sigma}_\omega)$ が仮定される．

後のために測定方程式，構造方程式に含まれる未知母数 $\boldsymbol{\mu}, \boldsymbol{\Lambda}, \boldsymbol{\Psi}_\epsilon$, $\boldsymbol{\Sigma}_\omega$, $\boldsymbol{\Pi}$, $\boldsymbol{\Gamma}$, $\boldsymbol{\Psi}_\delta$ をひとまとめにして $\boldsymbol{\theta}$ と定義する．また測定方程式に含まれる母数 $\boldsymbol{\mu}$, $\boldsymbol{\Lambda}$, $\boldsymbol{\Psi}_\epsilon$ を $\boldsymbol{\theta}_y$, 構造方程式に含まれる母数 $\boldsymbol{\Pi}$, $\boldsymbol{\Gamma}$, $\boldsymbol{\Sigma}_\omega$, $\boldsymbol{\Psi}_\delta$ を $\boldsymbol{\theta}_\omega$ と表記する．

### 4.1.2　ギブスサンプラーのアルゴリズム

一般的な SEM では，モデルに含まれる母数に関してギブスサンプラーを主として利用することができる．アルゴリズムの更新順序は以下である．

ステップ 1：$\boldsymbol{\Omega}^{(t+1)}$ を $p(\boldsymbol{\Omega}|\boldsymbol{\theta}^{(t)}, \boldsymbol{Y})$ から発生させる
ステップ 2：$\boldsymbol{\theta}^{(t+1)}$ を $p(\boldsymbol{\theta}|\boldsymbol{\Omega}^{(t+1)}, \boldsymbol{Y})$ から発生させる

事後分布の導出過程を考慮すると，例えばステップ 1 において，誤差分散，パス係数，切片の順でアルゴリズムは順次更新されるが，更新回数が十分大きい状況では更新順序は問題とならない．

### 4.1.3　$p(\boldsymbol{\Omega}|\boldsymbol{\theta}, \boldsymbol{Y})$ の導出

上述したアルゴリズムの実行には，まず $\boldsymbol{\Omega}$ の条件付事後分布が必要となる．以下にこれを導出する．

$\boldsymbol{\omega}_i$ は互いに独立であり，かつ $\boldsymbol{y}_i$ は $(\boldsymbol{\omega}_i, \boldsymbol{\theta})$ が与えられた下で独立であると仮定する．このとき $\boldsymbol{\Omega}$ の条件付事後分布 $p(\boldsymbol{\Omega}|\boldsymbol{\theta}, \boldsymbol{Y})$ は以下のように表現できる．

$$p(\boldsymbol{\Omega}|\boldsymbol{\theta}, \boldsymbol{Y}) \propto \prod_{i=1}^{I} p(\boldsymbol{\omega}_i|\boldsymbol{\theta}) p(\boldsymbol{y}_i|\boldsymbol{\omega}_i, \boldsymbol{\theta}) \tag{4.1.3}$$

尤度と事前分布の具体的な形状はそれぞれ，$p(\boldsymbol{y}_i|\boldsymbol{\omega}_i, \boldsymbol{\theta}) \sim N(\boldsymbol{\mu} + \boldsymbol{\Lambda}\boldsymbol{\omega}_i, \boldsymbol{\Psi}_\epsilon)$，$p(\boldsymbol{\omega}_i|\boldsymbol{\theta}) \sim N(\boldsymbol{0}, \boldsymbol{\Sigma}_\omega)$ となる．以上から以下が成り立つ．

$$\begin{aligned}
&p(\boldsymbol{\omega}_i|\boldsymbol{y}_i, \boldsymbol{\theta}) \\
&\quad \propto \prod_{i=1}^{I} \left[ |\boldsymbol{\Psi}_\epsilon|^{-1/2} \exp\left( -\frac{1}{2} (\boldsymbol{y}_i - \boldsymbol{\mu} - \boldsymbol{\Lambda}\boldsymbol{\omega}_i)' \boldsymbol{\Psi}_\epsilon^{-1} (\boldsymbol{y}_i - \boldsymbol{\mu} - \boldsymbol{\Lambda}\boldsymbol{\omega}_i) \right) \right] \\
&\qquad \times \left[ |\boldsymbol{\Sigma}_\omega|^{-1/2} \exp\left( -\frac{1}{2} \boldsymbol{\omega}_i' \boldsymbol{\Sigma}_\omega^{-1} \boldsymbol{\omega}_i \right) \right]
\end{aligned}$$

［exp 内の 2 次形式について，Lindley & Smith (1972) に証明されている lemma を用いて，$\boldsymbol{\omega}_i$ についてまとめる．］

$$\propto |\boldsymbol{\Sigma}_\omega|^{-I/2} |\boldsymbol{\Psi}_\epsilon|^{-I/2} \exp\left[ -\frac{1}{2} (\boldsymbol{\omega}_i - \boldsymbol{B}\boldsymbol{b})' \boldsymbol{B}^{-1} (\boldsymbol{\omega}_i - \boldsymbol{B}\boldsymbol{b}) \right] \tag{4.1.4}$$

ここで $\boldsymbol{B} = (\boldsymbol{\Sigma}_\omega^{-1} + \boldsymbol{\Lambda}'\boldsymbol{\Psi}_\epsilon^{-1}\boldsymbol{\Lambda})^{-1}$, $\boldsymbol{b} = \boldsymbol{\Lambda}'\boldsymbol{\Psi}_\epsilon^{-1}(\boldsymbol{y} - \boldsymbol{\mu})$ である*1)．以上より $\boldsymbol{\omega}_i$ の条件付事後分布は次のように定義される．

$$\begin{aligned}
&[\boldsymbol{\omega}_i|\boldsymbol{y}_i, \boldsymbol{\theta}] \\
&\quad \sim N\left[ (\boldsymbol{\Sigma}_\omega^{-1} + \boldsymbol{\Lambda}'\boldsymbol{\Psi}_\epsilon^{-1}\boldsymbol{\Lambda})^{-1} \boldsymbol{\Lambda}'\boldsymbol{\Psi}_\epsilon^{-1} (\boldsymbol{y}_i - \boldsymbol{\mu}),\ (\boldsymbol{\Sigma}_\omega^{-1} + \boldsymbol{\Lambda}'\boldsymbol{\Psi}_\epsilon^{-1}\boldsymbol{\Lambda})^{-1} \right]
\end{aligned} \tag{4.1.5}$$

---

*1)　以下は Lindley & Smith(1972) で証明される 2 次形式の lemma である．

$$\begin{aligned}
&(\boldsymbol{y} - \boldsymbol{A}_1\boldsymbol{\theta}_1)'\boldsymbol{C}_1^{-1}(\boldsymbol{y} - \boldsymbol{A}_1\boldsymbol{\theta}_1) + (\boldsymbol{\theta}_1 - \boldsymbol{A}_2\boldsymbol{\theta}_2)'\boldsymbol{C}_2^{-1}(\boldsymbol{\theta}_1 - \boldsymbol{A}_2\boldsymbol{\theta}_2) \\
&\quad = (\boldsymbol{\theta}_1 - \boldsymbol{B}\boldsymbol{b})'\boldsymbol{B}^{-1}(\boldsymbol{\theta}_1 - \boldsymbol{B}\boldsymbol{b}) + \left\{ \boldsymbol{y}'\boldsymbol{C}_1^{-1}\boldsymbol{y} + \boldsymbol{\theta}_2'\boldsymbol{\Lambda}_2'\boldsymbol{C}_2^{-1}\boldsymbol{\Lambda}_2\boldsymbol{\theta}_2 - \boldsymbol{b}'\boldsymbol{B}\boldsymbol{b} \right\}
\end{aligned}$$

ただし $\boldsymbol{B} = (\boldsymbol{C}_2^{-1} + \boldsymbol{A}_1'\boldsymbol{C}_1^{-1}\boldsymbol{A}_1)^{-1}$, $\boldsymbol{b} = \boldsymbol{A}_1'\boldsymbol{C}_1^{-1}\boldsymbol{y} + \boldsymbol{C}_2^{-1}\boldsymbol{A}_2\boldsymbol{\theta}_2$ である．

### 4.1.4 $p(\boldsymbol{\theta}_y|\boldsymbol{\Omega},\boldsymbol{Y})$ の導出

$\boldsymbol{\theta}_y$ と $\boldsymbol{\theta}_\omega$ の条件付事後分布は，両者の事前分布の独立性の仮定から

$$p(\boldsymbol{\theta}_y,\boldsymbol{\theta}_\omega|\boldsymbol{Y},\boldsymbol{\Omega}) \propto [p(\boldsymbol{\theta}_y|\boldsymbol{\Omega},\boldsymbol{Y})][p(\boldsymbol{\theta}_\omega|\boldsymbol{\Omega})] \tag{4.1.6}$$

のように，2 つの条件付事後分布の積として表現される．まず $p(\boldsymbol{\theta}_y|\boldsymbol{\Omega},\boldsymbol{Y})$ の導出を行う．

**事前分布**

条件付事後分布に対する共役事前分布を以下に定義する．まず $\psi_{\epsilon k}$ を $\boldsymbol{\Psi}_\epsilon$ における第 $k$ 番目の対角要素とする．また $\boldsymbol{\Lambda}'_k$ を $\boldsymbol{\Lambda}$ の第 $k$ 行目のベクトル，$\mu_k$ を $\boldsymbol{\mu}$ に含まれる第 $k$ 番目の観測変数の切片とする．すべての $k \neq h$ に対して $(\psi_{\epsilon k},\boldsymbol{\Lambda}_k)$ の事前分布は $(\psi_{\epsilon h},\boldsymbol{\Lambda}_h)$ の事前分布と独立であると仮定する．このとき事前分布は各母数ごとに以下のように定めることができる．

$$\begin{aligned}&\psi_{\epsilon k}^{-1} \sim G(\alpha_{0\epsilon k},\beta_{0\epsilon k}), \quad \boldsymbol{\Lambda}_k|\psi_{\epsilon k} \sim N(\boldsymbol{\Lambda}_{0k},\psi_{\epsilon k}\boldsymbol{H}_{0yk})\\ &\boldsymbol{\mu} \sim N(\boldsymbol{\mu}_0,\boldsymbol{\Sigma}_0), \quad \boldsymbol{\Sigma}_\omega \sim IW_Q(\boldsymbol{R}_0^{-1},\rho_0)\end{aligned} \tag{4.1.7}$$

ここでガンマ分布の形状母数と位置母数はそれぞれ $\alpha > 0$，$\beta > 0$ を満たす値である．$IW_Q$ は $Q$ 次元の逆ウィッシャート分布を示している．事前分布の母数 $\alpha_{0\epsilon k}$，$\beta_{0\epsilon k}$，$\boldsymbol{\Lambda}_{0k}$，$\boldsymbol{H}_{0yk}$(正定値行列)，$\boldsymbol{R}_0$，$\rho_0$，$\boldsymbol{\mu}_0$，$\boldsymbol{\Sigma}_\omega$ は超母数であり，これらの値は先行研究などの事前情報を踏まえた上で分析者によって任意に決定される．

$\boldsymbol{\theta}_y$ の条件付事後分布は以下のように略記される．

$$\begin{aligned}p(\boldsymbol{\theta}_y|\boldsymbol{\Omega},\boldsymbol{Y}) &\propto p(\boldsymbol{\Omega},\boldsymbol{Y}|\boldsymbol{\theta}_y)p(\boldsymbol{\theta}_y) = p(\boldsymbol{Y}|\boldsymbol{\theta}_y,\boldsymbol{\Omega})p(\boldsymbol{\Omega}|\boldsymbol{\theta})p(\boldsymbol{\theta}_y)\\ &\qquad [\boldsymbol{\mu},\ \boldsymbol{\Lambda},\ \boldsymbol{\Psi}_\epsilon \text{ の事前分布と，} \boldsymbol{\Sigma}_\omega \text{ の事前分布に独立性を仮定すると}]\\ &= [p(\boldsymbol{Y}|\boldsymbol{\mu},\boldsymbol{\Lambda},\boldsymbol{\Psi}_\epsilon,\boldsymbol{\Omega})p(\boldsymbol{\mu},\boldsymbol{\Lambda},\boldsymbol{\Psi}_\epsilon)]\,[p(\boldsymbol{\Omega}|\boldsymbol{\Sigma}_\omega)p(\boldsymbol{\Sigma}_\omega)]\end{aligned} \tag{4.1.8}$$

(4.1.8) 式の 1 つ目の括弧が $\boldsymbol{\mu},\boldsymbol{\Lambda},\boldsymbol{\Psi}_\epsilon$ の条件付事後分布を，2 つ目の括弧が $\boldsymbol{\Sigma}_\omega$ の条件付事後分布をそれぞれ示していることに注意されたい．(4.1.7) 式と (4.1.8) 式を利用することで $p(\boldsymbol{\theta}_y|\boldsymbol{\Omega},\boldsymbol{Y})$ を具体的に導出することができる．

**条件付事後分布**

事前分布が定義されたので，これに対して共役な条件付事後分布をそれぞれ

導出する．まず $\psi_{\epsilon k}^{-1}$ と $\boldsymbol{\Lambda}_k$ の条件付事後分布を定義する．

この分布は (4.1.4) 式の尤度 $p(\boldsymbol{y}_i|\boldsymbol{\omega}_i,\boldsymbol{\theta})$ と，それぞれの事前分布の積で定義される．具体的には以下である．

$$
\begin{aligned}
&p(\boldsymbol{\Lambda}_k,\psi_{\epsilon k}^{-1}|\boldsymbol{Y},\boldsymbol{\Omega})\\
&\quad\propto|\boldsymbol{\Psi}_\epsilon|^{-I/2}\exp\left[-\frac{1}{2}\sum_{i=1}^{I}(\boldsymbol{y}_i-\boldsymbol{\mu}-\boldsymbol{\Lambda\omega}_i)'\boldsymbol{\Psi}_\epsilon^{-1}(\boldsymbol{y}_i-\boldsymbol{\mu}-\boldsymbol{\Lambda\omega}_i)\right]\\
&\qquad\times\nu_k^{\alpha0k-1}\exp(-\beta_{0k\nu_k})\times\nu_k^{Q/2}\exp\left[-\frac{1}{2}(\boldsymbol{\Lambda}_k-\boldsymbol{\Lambda}_{0k})'\boldsymbol{H}_{0yk}^{-1}(\boldsymbol{\Lambda}_k-\boldsymbol{\Lambda}_{0k})\right]
\end{aligned}
\tag{4.1.9}
$$

ただし $\nu_k=\psi_{\epsilon k}^{-1}$ である．これを整理することで次の条件付事後分布を得る．

$$
\begin{aligned}
[\psi_{\epsilon k}^{-1}|\boldsymbol{\mu},\boldsymbol{Y},\boldsymbol{\Omega}]&\sim G(I/2+\alpha_{0\epsilon k},\beta_{\epsilon k})\\
[\boldsymbol{\Lambda}_k|\boldsymbol{\mu},\boldsymbol{Y},\boldsymbol{\Omega},\psi_{\epsilon k}^{-1}]&\sim N(\boldsymbol{a}_k,\psi_{\epsilon k}\boldsymbol{A}_k)
\end{aligned}
\tag{4.1.10}
$$

ここで $\boldsymbol{A}_k=(\boldsymbol{H}_{0yk}^{-1}+\boldsymbol{\Omega\Omega}')^{-1}$，$\boldsymbol{a}_k=\boldsymbol{A}_k(\boldsymbol{H}_{0yk}^{-1}\boldsymbol{A}_{0k}+\boldsymbol{\Omega V}_k)$，$\beta_{\epsilon k}=\beta_{0\epsilon k}+2^{-1}(\boldsymbol{V}_k'\boldsymbol{V}_k-\boldsymbol{a}_k'\boldsymbol{A}_k^{-1}\boldsymbol{a}_k+\boldsymbol{\Lambda}_{0k}'\boldsymbol{H}_{0yk}^{-1}\boldsymbol{\Lambda}_{0k})$ と定義される．また $\boldsymbol{V}$ は $\boldsymbol{Y}$ の偏差行列であり，$\boldsymbol{V}_k$ は $\boldsymbol{V}$ の $k$ 行目のベクトルである．

次に $\boldsymbol{\mu}$ の条件付事後分布を定義する．尤度と $\boldsymbol{\mu}$ の事前分布の積は次のようになる．

$$
\begin{aligned}
p(\boldsymbol{\mu}|\boldsymbol{\Lambda},\boldsymbol{\Psi}_\epsilon,\boldsymbol{Y},\boldsymbol{\Omega})&\propto\prod_{i=1}^{I}p(\boldsymbol{y}_i|\boldsymbol{\omega}_i,\boldsymbol{\theta})p(\boldsymbol{\mu})\\
&\propto|\boldsymbol{\Psi}_\epsilon|^{-I/2}\exp\left\{\left[\Sigma_{i=1}^{I}(\boldsymbol{y}_i-\boldsymbol{\Lambda\omega}_i)-I\boldsymbol{\mu}\right]'\boldsymbol{\Psi}_\epsilon^{-1}\left[\Sigma_{i=1}^{I}(\boldsymbol{y}_i-\boldsymbol{\Lambda\omega}_i)-I\boldsymbol{\mu}\right]\right\}\\
&\qquad\times|\boldsymbol{\Sigma}_0|^{-k/2}\exp\left[(\boldsymbol{\mu}-\boldsymbol{\mu}_0)'\boldsymbol{\Sigma}_0^{-1}(\boldsymbol{\mu}-\boldsymbol{\mu}_0)\right]
\end{aligned}
\tag{4.1.11}
$$

2 次形式の公式より $\boldsymbol{\mu}$ の条件付事後分布は以下となる．これは正規分布で表現される尤度と事前分布の積であり以下のように定義される．

$$
\begin{aligned}
&[\boldsymbol{\mu}|\boldsymbol{\Lambda},\boldsymbol{\Psi}_\epsilon,\boldsymbol{Y},\boldsymbol{\Omega}]\\
&\quad\sim N[(\boldsymbol{\Sigma}_0^{-1}+I\boldsymbol{\Psi}_\epsilon^{-1})^{-1}(I\boldsymbol{\Psi}_\epsilon^{-1}\bar{\boldsymbol{Y}}+\boldsymbol{\Sigma}_0^{-1}\boldsymbol{\mu}_0),(\boldsymbol{\Sigma}_0^{-1}+I\boldsymbol{\Psi}_\epsilon^{-1})^{-1}]
\end{aligned}
\tag{4.1.12}
$$

ここで $\bar{\boldsymbol{Y}}=\Sigma_{i=1}^{I}(\boldsymbol{y}_i-\boldsymbol{\Lambda\omega}_i)/I$ である．

最後に $\boldsymbol{\Sigma}_\omega$ の条件付事後分布を導出する．これは $\boldsymbol{\Sigma}_\omega$ の事前分布であるウィッシャート分布と，$\boldsymbol{\omega}_i$ が従う正規分布の積で定義されるもので，次のようになる．

$$\begin{aligned} p(\boldsymbol{\Sigma}_\omega|\boldsymbol{Y},\boldsymbol{\Omega}) &\propto \left[|\boldsymbol{\Sigma}_\omega|^{-(\rho_0+Q+1)/2}\exp\left(-\frac{1}{2}\mathrm{tr}[\boldsymbol{R}_0^{-1}\boldsymbol{\Sigma}_\omega^{-1}]\right)\right] \\ &\quad \times \left[|\boldsymbol{\Sigma}_\omega|^{-I/2}\exp\left(-\frac{1}{2}\sum_{i=1}^{I}(\boldsymbol{\omega}_i-\boldsymbol{\mu}_\omega)'\boldsymbol{\Sigma}_\omega^{-1}(\boldsymbol{\omega}_i-\boldsymbol{\mu}_\omega)\right)\right] \\ &= |\boldsymbol{\Sigma}_\omega|^{-(I+\rho_0+Q+1)/2}\exp\left\{-\frac{1}{2}\mathrm{tr}\left[\boldsymbol{\Sigma}_\omega^{-1}\left(\boldsymbol{\Omega}^*\boldsymbol{\Omega}^{*T}+\boldsymbol{R}_0^{-1}\right)\right]\right\} \end{aligned} \tag{4.1.13}$$

ここで $\boldsymbol{\Omega}^*$ は $(\boldsymbol{\omega}_i-\boldsymbol{\mu}_\omega)$ で定義される偏差行列である．最後の式は逆ウィッシャート分布であり，条件付事後分布は以下のように定義される．

$$[\boldsymbol{\Sigma}_\omega|\boldsymbol{Y},\boldsymbol{\Omega}] \sim IW_Q(\boldsymbol{\Omega}^*\boldsymbol{\Omega}^{*T}+\boldsymbol{R}_0^{-1},\ I+\rho_0) \tag{4.1.14}$$

### 4.1.5 $p(\boldsymbol{\theta}_\omega|\boldsymbol{\Omega})$ の導出

次に $p(\boldsymbol{\theta}_\omega|\boldsymbol{\Omega})$ の導出を行う．これは $p(\boldsymbol{\theta}_\omega|\boldsymbol{\Omega}) = p(\boldsymbol{\Omega}|\boldsymbol{\theta}_\omega)p(\boldsymbol{\theta}_\omega)$ であり，さらに次の 2 つの周辺条件付事後分布の積として定義される．

$$p(\boldsymbol{\Omega}|\boldsymbol{\theta}_\omega)p(\boldsymbol{\theta}_\omega) = [p(\boldsymbol{\Omega}_\eta|\boldsymbol{\Omega}_\xi,\boldsymbol{\Pi},\boldsymbol{\Gamma},\boldsymbol{\Psi}_\delta)p(\boldsymbol{\Pi},\boldsymbol{\Gamma},\boldsymbol{\Psi}_\delta)][p(\boldsymbol{\Omega}_\xi|\boldsymbol{\Phi})p(\boldsymbol{\Phi})] \tag{4.1.15}$$

上式中, 1 つ目の括弧は $\boldsymbol{\Pi},\boldsymbol{\Gamma},\boldsymbol{\Psi}_\delta$ の条件付事後分布を，2 つ目の括弧は $\boldsymbol{\Phi}$ の条件付事後分布をそれぞれ表現している．また以後の導出に際して，簡単のために (4.1.2) 式の構造方程式を $\boldsymbol{\eta}_i = \boldsymbol{\Lambda}_\omega\boldsymbol{\omega}_i+\boldsymbol{\delta}_i$ と定義する．ここで $\boldsymbol{\Lambda}_\omega = (\boldsymbol{\Pi},\boldsymbol{\Gamma})$ である．

事前分布

共役事前分布を以下に定義する．まず $\psi_{\delta k}$ を $\boldsymbol{\Psi}_\delta$ における第 $k$ 番目の対角要素とする．また $\boldsymbol{\Lambda}'_{\omega k}$ を $\boldsymbol{\Lambda}_\omega$ の第 $k$ 行目のベクトルとする．すべての $k \neq h$ に対して $(\psi_{\delta k},\boldsymbol{\Lambda}_k)$ の事前分布は $(\psi_{\delta h},\boldsymbol{\Lambda}_h)$ の事前分布と独立であると仮定する．このとき事前分布は各母数ごとに以下のように定めることができる．

$$\begin{aligned} &\psi_{\delta k}^{-1} \sim G(\alpha_{0\delta k},\beta_{0\delta k}), \quad \boldsymbol{\Lambda}_{\omega k}|\psi_{\delta k} \sim N(\boldsymbol{\Lambda}_{0\omega k},\psi_{\delta k}\boldsymbol{H}_{0yk}) \\ &\boldsymbol{\Phi} \sim IW_Q(\boldsymbol{R}_0^{-1},\rho_0) \end{aligned} \tag{4.1.16}$$

ここで事前分布の母数 $\alpha_{0\delta k}, \beta_{0\delta k}, \boldsymbol{\Lambda}_{0\omega k}, \boldsymbol{H}_{0yk}$ (正定値行列), $\boldsymbol{R}_0, \rho_0$, は超母数であり，これらの値は先行研究などの事前情報を踏まえた上で分析者によって任意に決定される．

条件付事後分布

事後分布の導出は $\boldsymbol{\theta}_y$ で定義されたものに準ずるので，ここでは詳細を省略する．$\psi_{\delta k}^{-1}$ と $\boldsymbol{\Lambda}_{\omega k}$ の条件付事後分布は以下である．

$$[\psi_{\delta k}^{-1}|\boldsymbol{\mu}, \boldsymbol{Y}, \boldsymbol{\Omega}] \sim G(I/2 + \alpha_{0\epsilon k}, \beta_{\delta k})$$
$$[\boldsymbol{\Lambda}_{\omega k}|\boldsymbol{\mu}, \boldsymbol{Y}, \boldsymbol{\Omega}, \psi_{\delta k}^{-1}] \sim N(\boldsymbol{a}_{\omega k}, \psi_{\delta k}\boldsymbol{A}_{\omega k}) \tag{4.1.17}$$

ここで $\boldsymbol{A}_{\omega k} = (\boldsymbol{H}_{0\omega k}^{-1} + \boldsymbol{\Omega}\boldsymbol{\Omega}')^{-1}$, $\boldsymbol{a}_{\omega k} = \boldsymbol{A}_{\omega k}(\boldsymbol{H}_{0\omega k}^{-1}\boldsymbol{A}_{0\omega k} + \boldsymbol{\Omega}\boldsymbol{V}_{\eta k})$, $\beta_{\delta k} = \beta_{0\delta k} + 2^{-1}(\boldsymbol{\omega}_{\eta k}'\boldsymbol{\omega}_{\eta k} - \boldsymbol{a}_{\omega k}'\boldsymbol{A}_{\omega k}^{-1}\boldsymbol{a}_{\omega k} + \boldsymbol{\Lambda}_{0\omega k}'\boldsymbol{H}_{0\omega k}^{-1}\boldsymbol{\Lambda}_{0\omega k})$ と定義される．ただし $\boldsymbol{\omega}_{\eta k}$ は $\boldsymbol{\Omega}_\eta$ の $k$ 行目を取り出したベクトルである．

$\boldsymbol{\Phi}$ の条件付事後分布は以下である．

$$[\boldsymbol{\Phi}|\boldsymbol{\omega}_\xi] \sim IW_{Q_2}(\boldsymbol{\Omega}_\xi\boldsymbol{\Omega}_\xi' + \boldsymbol{R_0}^{-1},\ I + \rho_0) \tag{4.1.18}$$

### 4.1.6 無情報事前分布に対する条件付事後分布

母数に関して事前情報がない場合には，無情報事前分布を利用したベイズ推定を行う必要がある．このためには超母数 $\boldsymbol{H}_{0yk}^{-1*}$, $\boldsymbol{R}^{-1}$, $\rho_0$, $\alpha_{0\epsilon k}$, $\beta_{0\epsilon k}$, $\boldsymbol{\mu}_0$, $\boldsymbol{\Sigma}_0$ が，それぞれ母数に関して情報をもたない状況 (平均を 0 にする，分散を極端に大きくとる，無相関を仮定するなど) を考えることになる．例えば (4.1.10) 式に含まれる超母数は以下であるが，

$$\boldsymbol{A}_k = (\boldsymbol{H}_{0yk}^{-1} + \boldsymbol{\Omega}\boldsymbol{\Omega}')^{-1}, \quad \boldsymbol{a}_k = \boldsymbol{A}_k(\boldsymbol{H}_{0yk}^{-1}\boldsymbol{A}_{0k} + \boldsymbol{\Omega}\boldsymbol{V}_k)$$
$$\beta_{\epsilon k} = \beta_{0\epsilon k} + 2^{-1}(\boldsymbol{V}_k'\boldsymbol{V}_k - \boldsymbol{a}_k'\boldsymbol{A}_k^{-1}\boldsymbol{a}_k + \boldsymbol{\Lambda}_{0k}'\boldsymbol{H}_{0yk}^{-1}\boldsymbol{\Lambda}_{0k})$$

無情報事前分布に対する超母数は $\boldsymbol{H}_{0yk}^{-1*}$, $\boldsymbol{R}^{-1}$ (分散共分散行列の逆行列), $\rho_0$ (相関), $\beta_{0\epsilon k}$ (位置母数) を 0 へと近づけることを考えるならば，

$$\boldsymbol{A}_k = (\boldsymbol{\Omega}_k\boldsymbol{\Omega}_k')^{-1}, \quad \boldsymbol{a}_k = (\boldsymbol{\Omega}_k\boldsymbol{\Omega}_k')^{-1}\boldsymbol{\Omega}_k\boldsymbol{V}_k$$
$$\beta_{\epsilon k} = 2^{-1}\boldsymbol{V}_k'\left[\boldsymbol{I}_I - \boldsymbol{\Omega}_k'(\boldsymbol{\Omega}_k\boldsymbol{\Omega}_k')^{-1}\boldsymbol{\Omega}_k\right]\boldsymbol{V}_k$$

と表現される．以上を考慮すると無情報事前分布を考慮した条件付事後分布は

以下として定義される．

$$[\psi_{\epsilon k}^{-1}|\boldsymbol{\mu},\boldsymbol{Y},\boldsymbol{\Omega}] \sim G\left[(I-r_k)/2,\ 2^{-1}\boldsymbol{V}_k'\left(\boldsymbol{I}_I-\boldsymbol{\Omega}_k'(\boldsymbol{\Omega}_k\boldsymbol{\Omega}_k')^{-1}\boldsymbol{\Omega}_k\right)\boldsymbol{V}_k\right]$$
$$[\boldsymbol{\Lambda}_k|\boldsymbol{Y},\boldsymbol{\mu},\boldsymbol{\Omega},\psi_{\epsilon k}^{-1}] \sim N\left[(\boldsymbol{\Omega}_k\boldsymbol{\Omega}_k')^{-1}\boldsymbol{\Omega}_k\boldsymbol{V}_k,\ \psi_{\epsilon k}(\boldsymbol{\Omega}_k\boldsymbol{\Omega}_k')^{-1}\right]$$
$$[\boldsymbol{\mu}|\boldsymbol{\Lambda},\boldsymbol{\Psi}_\epsilon,\boldsymbol{Y},\boldsymbol{\Omega}] \sim N[(I\boldsymbol{\Psi}_\epsilon^{-1})^{-1}(I\boldsymbol{\Psi}_\epsilon^{-1}\bar{\boldsymbol{Y}}),(I\boldsymbol{\Psi}_\epsilon^{-1})^{-1}]$$
$$[\boldsymbol{\Sigma}_\omega|\boldsymbol{Y},\boldsymbol{\Omega}] \sim IW_Q\left(\boldsymbol{\Omega}\boldsymbol{\Omega}',I\right)$$

ここで $\bar{\boldsymbol{Y}}=\Sigma_{i=1}^I(\boldsymbol{y}_i-\boldsymbol{\Lambda}\boldsymbol{\omega}_i)/I$ である．またガンマ分布の超母数 $\alpha_{0\epsilon k}$ が $-r_k/2$ となることに注意されたい．

以上は $\boldsymbol{\theta}_y$ に含まれる母数の無情報事前分布の定義であったが，$\boldsymbol{\theta}_\omega$ に含まれる母数に対しても，同様の手続きで無情報事前分布と対応する条件付事後分布を定義できる．

### 4.1.7　分　析　例

冒頭で述べたように，SEM における代表的な推定量である最尤推定量や一般化最小 2 乗推定量の漸近的性質は，小標本状況下で利用できない．このような状況で求められた SEM の解には，外生変数の分散が負になる，対数尤度関数の行列式が負になるといった不適解 (improper solution) が生じることが多い．この点に関して MCMC を利用したベイズ推定は小標本状況下において，従来の方法よりもより妥当な推定値を与えることが知られている (Lee & Song, 2004a)．ここでは簡単なシミュレーションによって小標本状況下におけるベイズ推定値の有効性を確認する．利用するモデルは以下である．

**測定方程式・構造方程式 (因子間での回帰分析モデル)**

$$y_{ik}=\mu_k+\lambda_k\eta_i+\epsilon_k,\quad k=1,2,3.$$
$$y_{ik}=\mu_k+\lambda_k\xi_i+\epsilon_k,\quad k=4,5,6.$$
$$\eta_i=\gamma\xi_i+\delta_i$$

**事前分布**

$$\mu_k\sim N(0,100),\quad \boldsymbol{\Lambda}_k|\psi_{\epsilon k}\sim N(\boldsymbol{0},\psi_{\epsilon k}\boldsymbol{I}),\quad \gamma\sim N(0,\psi_\delta),\quad \xi_i\sim N(0,\phi)$$
$$\psi_{\epsilon k}^{-1}\sim G(10^{-2},10^{-2}),\quad \psi_\delta^{-1}\sim G(10^{-2},10^{-2})$$
$$\phi^{-1}\sim G(10^{-2},10^{-2})$$

以上の条件の下，表 4.1 に示される真値をもつモデルから，1 セット 20 標本のシミュレートデータを生成した．ギブスサンプリングは，30000 回のバーンイン期間の後，40000 回の更新を行った．Geweke の収束判定基準から全ての母数において連鎖の収束が確認された．

表 4.1 には最尤法とベイズ推定法による推定値が，真値とあわせて記載されている．特に最尤法において $\psi_{\epsilon 4}$ が負値であり不適解の様相を示しているが，ベイズ推定値にはそのような傾向は見られない．誤差分散の事前分布として負値の領域で定義されない確率分布を指定したことによって，不適解が回避されたと考えることができる．また真値と推定値の乖離度について，差の 2 乗和の平均を算出するとベイズ推定法において 0.346，最尤法において 0.957 であり，ベイズ推定法の相対的な有効性が支持される結果となっている．

**表 4.1** 両手法における推定値の比較

| 母数 | $\mu_1$ | $\mu_2$ | $\mu_3$ | $\mu_4$ | $\mu_5$ | $\mu_6$ | $\gamma$ | $\lambda_1$ | $\lambda_2$ |
|---|---|---|---|---|---|---|---|---|---|
| 真値 | 2.000 | 1.000 | 1.000 | 3.000 | 2.000 | 1.000 | 0.500 | 0.600 | 0.700 |
| ベイズ推定 | 2.679 | 1.904 | 2.323 | 2.961 | 1.969 | 1.380 | 0.309 | 1.830 | 1.201 |
| 最尤推定 | 2.689 | 1.920 | 2.334 | 2.964 | 1.972 | 1.380 | 0.34 | 2.700 | 1.992 |
| $\lambda_3$ | $\lambda_4$ | $\psi_{\epsilon 1}$ | $\psi_{\epsilon 2}$ | $\psi_{\epsilon 3}$ | $\psi_{\epsilon 4}$ | $\psi_{\epsilon 5}$ | $\psi_{\epsilon 6}$ | $\psi_{\delta}$ | $\phi$ |
| 0.400 | 0.700 | 0.840 | 1.116 | 1.016 | 0.864 | 1.155 | 1.084 | 0.932 | 0.961 |
| 0.956 | 0.539 | 1.901 | 1.492 | 2.290 | 2.169 | 1.742 | 1.045 | 0.514 | 0.561 |
| 0.308 | 0.081 | 0.572 | 0.810 | 0.149 | -1.356 | 1.020 | 1.584 | 0.288 | 2.345 |

## 4.2 順序カテゴリカル SEM のベイズ推定

行動科学・社会科学といった領域では，アンケートや学力テストに含まれるような，順序カテゴリカル変数 (orderd categorical variable) を扱う機会が多い．順序カテゴリカル変数で定義される分布には，カテゴリ数が少ないため正規性が仮定できない，実際の能力値の分布に対して打ち切り (censoring) が生じるといった性質があるため，順序カテゴリカル変数に対して，観測変数の正規性を必要とする連続型 SEM を適用するのは明らかな誤用である．

順序カテゴリカル変数に対応した SEM における母数推定の定石は，変数間のポリコリック相関 (polychoric correlation) あるいはポリシリアル相関 (polyserial correlation) を算出し，この相関に基づきGLSによってモデル中の母数を推定するという多段階推定法の利用である．しかしこの方法には順序カテゴリカル変数間の相関の計算の際には多重積分が必要であり，カテゴリ数が増えるほど急速に計算量が増えるという問題や，積分の計算法が異なるためにソフトウェア間で解が一致しないという問題がある．

上記の問題を補いつつもさらに柔軟なモデリングを可能にする方法として，MCMCを利用した順序カテゴリカルSEMのベイズ推定法が考案されている．前節で述べたように連続型変数を扱う一般的SEMのベイズ推定に関しては，モデル中に含まれる母数の条件付事後分布がよく知られた確率分布であるから，ギブスサンプラーによるMCMC標本のサンプリングが可能である．しかし順序カテゴリカル変数を含めたベイズ推定の際には，複雑な形状の確率分布からのサンプリングが必要な母数も登場するため，1.2節で説明したMHアルゴリズムを併用した複合MCMCを利用する必要がある．

本節では前節の議論に続き，順序カテゴリカルSEMに必要とされる母数の条件付事後分布の導出と，複合MCMCの詳細を述べる．

### 4.2.1 モデルと表記

前節での議論に順序カテゴリカル変数にまつわるモデルと表記を追加する．

前節で定義した $\boldsymbol{Y} = (\boldsymbol{y}_1, \cdots, \boldsymbol{y}_I)$ は連続型データ行列であった．本節では順序カテゴリカルデータ行列 $\boldsymbol{Z} = (\boldsymbol{z}_1, \cdots, \boldsymbol{z}_I)$ を新たに導入する．そして $\boldsymbol{Y}$ と $\boldsymbol{Z}$ を併合したサイズ $K \times I$ の行列を $\boldsymbol{X} = (\boldsymbol{Y}, \boldsymbol{Z})'$ とする．$\boldsymbol{X}$ の部分行列である $\boldsymbol{Y}$ のサイズは $M\,(= 1, \cdots, m, \cdots, M) \times I$ であり，$\boldsymbol{Z}$ のサイズは $R\,(= 1, \cdots, r, \cdots, R) \times I$ である．したがって観測変数の総数 $K$ について，$K = M + R$ が成り立つ．

オブザベーション $i$ における第 $r$ 番目の観測変数への反応は，$\boldsymbol{z}_{ir} = (z_{ir,1}, \cdots, z_{ir,l}, \cdots, z_{ir,L})'$ と表現される．ここで $L+1$ は当該変数の総カテゴリ数であり，$z_{ir,l}$ は0から $L$ までの整数をとる．

以上の定義から，(4.1.1) 式で定義した測定方程式は次のように表現される．

$$\boldsymbol{x}_i = \boldsymbol{\mu} + \boldsymbol{\Lambda}\boldsymbol{\omega}_i + \boldsymbol{\epsilon}_i, \quad i = 1, \cdots, I \tag{4.2.1}$$

### 順序カテゴリカルデータの発生機構

順序カテゴリカルデータ $z_{ir,l}$ の背後に潜在的連続変数 $u_{ir}$ を仮定する．詳細は後述するが，$u_{ir}$ は正規分布に従うと仮定される．$z_{ir,l}$ の発生機構は以下である．

$$z_{ir,l} = \left\{ \tau_{r,z_l} < u_{ir} \leq \tau_{r,z_l+1}, \quad \tau_{r,z_0} < \cdots < \tau_{r,z_l} < \cdots < \tau_{r,z_L+1} \right. \tag{4.2.2}$$

ここで $\tau_{r,z_l}$ は潜在的連続変数 $u_{ir}$ 上に定義される閾値である．ただし $\tau_{r,z_0} = -\infty$, $\tau_{r,z_L+1} = \infty$ である．例えば区間 $(\tau_{r,z_l}, \tau_{r,z_l+1}]$ 内に $u_{ir}$ が位置するならば，観測される順序カテゴリカル反応は $z_{ir,l}$ となる．後のために，$\tau_{r,z_l}$ を要素として持つサイズ $L \times R$ の行列を $\boldsymbol{T}$ と定義する．また $r$ 番目の順序カテゴリカル変数に対応する閾値ベクトルを $\boldsymbol{T}_r$ と定義する．さらに $u_{ir}$ を要素としてもつサイズ $R \times I$ の行列を $\boldsymbol{U}$ と定義しておく．

順序カテゴリカル変数に対する分析は $\boldsymbol{z}_i$ ではなく $\boldsymbol{u}_i$ について行われる．したがってその測定方程式は次のように定義される．

$$\boldsymbol{u}_i = \boldsymbol{\mu}_u + \boldsymbol{\Lambda}_u \boldsymbol{\omega}_i + \boldsymbol{\epsilon}_{ui}, \quad i = 1, \cdots, I \tag{4.2.3}$$

この測定方程式は，(4.2.1) 式の $\boldsymbol{z}_i$ に関する部分ベクトル・行列から構成されている．

### 4.2.2　複合 MCMC アルゴリズム

順序カテゴリカル SEM のベイズ推定では，条件付同時事後分布 $p(\boldsymbol{T}, \boldsymbol{\theta}, \boldsymbol{\Omega}, \boldsymbol{U}|\boldsymbol{X})$ からの MCMC 標本の抽出が必要となる．特に $\boldsymbol{\Omega}$ と $\boldsymbol{\theta}$ については前節で議論したように，各母数の条件付事後分布に対してギブスサンプラーを適用すればよいが，$\boldsymbol{T}$ と $\boldsymbol{U}$ の条件付事後分布からの標本抽出については，両者の同時事後分布から抽出した方が，計算量の軽減という観点から好ましいことが知られている (Cowles, 1996；Liu et al., 1994)．以上を考慮して，サンプリングアルゴリズムを次のように定義する．

ステップ 1：$\boldsymbol{\Omega}^{(t+1)}$ を $p(\boldsymbol{\Omega}|\boldsymbol{\theta}^{(t)}, \boldsymbol{T}^{(t)}, \boldsymbol{U}^{(t)}, \boldsymbol{Y}, \boldsymbol{Z})$ から発生させる．
ステップ 2：$\boldsymbol{\theta}^{(t+1)}$ を $p(\boldsymbol{\theta}|\boldsymbol{\Omega}^{(t+1)}, \boldsymbol{T}^{(t)}, \boldsymbol{U}^{(t)}, \boldsymbol{Y}, \boldsymbol{Z})$ から発生させる．
ステップ 3：$(\boldsymbol{T}^{(t+1)}, \boldsymbol{U}^{(t+1)})$ を $p(\boldsymbol{T}, \boldsymbol{U}|\boldsymbol{\theta}^{(t+1)}, \boldsymbol{\Omega}^{(t+1)}, \boldsymbol{Y}, \boldsymbol{Z})$ から発生させる．

複合 MCMC アルゴリズムのステップ 1 で必要とされる条件付事後分布 $p(\boldsymbol{\Omega}|\boldsymbol{\theta}^{(t)}, \boldsymbol{T}^{(t)}, \boldsymbol{U}^{(t)}, \boldsymbol{Y}, \boldsymbol{Z})$，そしてステップ 2 で必要とされる条件付事後分布 $p(\boldsymbol{\theta}|\boldsymbol{\Omega}^{(t+1)}, \boldsymbol{T}^{(t)}, \boldsymbol{U}^{(t)}, \boldsymbol{Y}, \boldsymbol{Z})$ では，それぞれ潜在的連続変数 $\boldsymbol{U}$ が所与である．したがって順序カテゴリカル変数 $\boldsymbol{Z}$ と閾値母数 $\boldsymbol{T}$ はこれらの事後分布に対して独立と見なせる．

そのため，ステップ 1 とステップ 2 で必要とされる条件付事後分布は，前節で導出された $\boldsymbol{Z}, \boldsymbol{T}$ を含まない事後分布と等しく，ギブスサンプラーを適用できる．これらの条件付事後分布の導出はここでは省略する．

ステップ 3 において，同時事後分布 $p(\boldsymbol{T}, \boldsymbol{U}|\boldsymbol{\theta}^{(t+1)}, \boldsymbol{\Omega}^{(t+1)}, \boldsymbol{Y}, \boldsymbol{Z})$ からのサンプリングを行っているが，これは一様分布と切断正規分布の積で定義される確率分布でありギブスサンプラーを適用できない．そこでステップ 3 については MH を適用する．以上からステップ 1 からステップ 3 のアルゴリズムは 1 章で議論した複合 MCMC アルゴリズムとなる．

データ補完法を利用した順序カテゴリカル変数に関するベイズ推定法として，例えば Albert & Chib (1993) はギブスサンプラーを用いて，プロビット回帰モデルにおける $\tau$ と $u$ の MCMC 標本を逐次的に抽出していく方法を考案している．さらに Cowles (1996) では，同モデルにおける両母数の同時事後分布から MCMC 標本を抽出する多変量複合 MCMC アルゴリズム (multivariate hybrid MCMC) の有効性を述べている．SEM における順序カテゴリカル変数のベイズ推定法として，この多変量複合 MCMC アルゴリズムを利用することができる．

### 4.2.3 モデル識別と閾値の制約

SEM における母数推定の際には，測定方程式，構造方程式に含まれる母数に対して，モデル識別のための制約が必要とされる．順序カテゴリカルデータ $z$ の背後に，潜在的連続変数 $u$ を仮定した SEM のベイズ推定の際には，更に閾値 $\tau$，もしくは $u$ の平均，分散に関して，識別のための制約が必要となる．

結果の解釈における有益性を考慮すると，潜在的変数の母数を未知とした方が都合が良いので，本節では閾値に制約を課す方法 (Song & Lee, 2002) を説明する．

具体的には標準正規累積分布関数 $\Phi^*$ を用いて，次のように $\tau_{r,z_1}$ と $\tau_{r,z_L}$ を事前に推定する.

$$\tau_{k,z_1} = \Phi^{*-1}(f^*_{k,z_1}), \quad \tau_{k,z_L} = \Phi^{*-1}(f^*_{k,z_L}) \tag{4.2.4}$$

ここで $f^*_{r,z_1}$ は項目 $r$ におけるカテゴリ 1 までの累積度数を, $f^*_{r,z_L}$ はカテゴリ $L$ までの累積度数をそれぞれ表現している. $\tau_{r,z_0}$ と $\tau_{r,z_{L+1}}$ については, それぞれ $-\infty$, $\infty$ が与えられるので, 推定の対象となる $\tau$ は $\tau_{r,z_2}, \cdots, \tau_{r,z_{L-1}}$ である.

### 4.2.4 $p(\boldsymbol{T}, \boldsymbol{U}|\boldsymbol{\theta}^{(t+1)}, \boldsymbol{\Omega}^{(t+1)}, \boldsymbol{Y}, \boldsymbol{Z})$ の導出

先述したようにアルゴリズムに必要な事後分布に関して, 本節では $\tau$ と $u$ の条件付同時事後分布の導出のみを行う.

まず $\boldsymbol{T}_r$ と $\boldsymbol{U}_r$ の同時事後分布は, 次のように 2 つの周辺条件付事後分布の積として表現できることを確認する.

$$p(\boldsymbol{T}_r, \boldsymbol{U}_r|\boldsymbol{Z}_r, \boldsymbol{\theta}, \boldsymbol{\Omega}) = p(\boldsymbol{T}_r|\boldsymbol{Z}_r, \boldsymbol{\theta}, \boldsymbol{\Omega})p(\boldsymbol{U}_r|\boldsymbol{T}_r\boldsymbol{Z}_r, \boldsymbol{\theta}, \boldsymbol{\Omega}) \tag{4.2.5}$$

ここで $p(\boldsymbol{T}_r|\boldsymbol{Z}_r, \boldsymbol{\theta}, \boldsymbol{\Omega})$ は $\boldsymbol{T}_r$ の条件付事後分布であり, $p(\boldsymbol{U}_r|\boldsymbol{T}_r\boldsymbol{Z}_r, \boldsymbol{\theta}, \boldsymbol{\Omega})$ は $\boldsymbol{U}_r$ の条件付事後分布である.

**$p(\boldsymbol{T}_r|\boldsymbol{Z}_r, \boldsymbol{\theta}, \boldsymbol{\Omega})$ の導出**

$\boldsymbol{T}_r$ の事前分布としては, 以下が仮定される.

$$p(\tau_{r,z_2} < \cdots < \tau_{r,z_{L-1}}) \propto c, \quad \tau_{r,z_2} < \cdots < \tau_{r,z_{L-1}} \tag{4.2.6}$$

ここで $c$ は任意の定数である. モデル識別のために, $\tau_{r,z_1}$ と $\tau_{r,z_L}$ には事前に推定された値が固定母数として与えられているから, 事前分布がとりうる範囲は項目 $r$ に含まれる全ての閾値を被覆していないことに注意されたい.

条件付事後分布は次の一様分布として導出される.

$$\begin{aligned} p(\boldsymbol{T}_r|\boldsymbol{Z}_r, \boldsymbol{\theta}, \boldsymbol{\Omega}) \propto \prod_{i=1}^{I} \Big\{ &\Phi^*\left[\psi_{ur}^{-1/2}(\tau_{r,z_{il}+1} - \mu_{ur} - \boldsymbol{\Lambda}'_{ur}\boldsymbol{\omega}_i)\right] \\ &- \Phi^*\left[\psi_{ur}^{-1/2}(\tau_{r,z_{il}} - \mu_{ur} - \boldsymbol{\Lambda}'_{ur}\boldsymbol{\omega}_i)\right]\Big\} \end{aligned} \tag{4.2.7}$$

**$p(\boldsymbol{U}_r|\boldsymbol{T}_r, \boldsymbol{Z}_r, \boldsymbol{\theta}, \boldsymbol{\Omega})$の導出**

$\boldsymbol{U}_r$ の事前分布としては正規分布が仮定される. 対応する条件付事後分布は

次の切断正規分布 (の $I$ 個の積) として定義される.

$$[u_{ir}|\boldsymbol{T}_r, \boldsymbol{Z}_r, \boldsymbol{\theta}, \boldsymbol{\Omega}] \sim N(\mu_{ur} + \boldsymbol{\Lambda}'_{ur}\boldsymbol{\omega}_i,\ \psi_{ur})I_{(\tau_{r,z_{il}}, \tau_{z_{il}+1}]}(u_{ir}) \tag{4.2.8}$$

ここで $I_A(u)$ は指標関数であり, $u$ の実現値が A に含まれるとき 1, そうでなければ 0 を返す. 切断正規分布の具体的な形状は以下である.

$$p(u_{ir}|\boldsymbol{T}_r, \boldsymbol{Z}_r, \boldsymbol{\theta}, \boldsymbol{\Omega}) \propto \frac{\phi[\psi_{ur}^{-1/2}(u_{ir} - \mu_{ur} - \boldsymbol{\Lambda}'_{ur}\boldsymbol{\omega}_i)]}{\Phi^*[\psi_{ur}^{-1/2}(\tau_{r,z_{il}+1} - \mu_{ur} - \boldsymbol{\Lambda}'_{ur}\boldsymbol{\omega}_i)] - \Phi^*[\psi_{ur}^{-1/2}(\tau_{r,z_{il}} - \mu_{ur} - \boldsymbol{\Lambda}'_{ur}\boldsymbol{\omega}_i)]} \tag{4.2.9}$$

ここで $\phi[z]$ は標準正規得点 $z$ の確率密度を返す関数である.

**$p(\boldsymbol{T}_r, \boldsymbol{U}_r|\boldsymbol{Z}_r, \boldsymbol{\theta}, \boldsymbol{\Omega})$の導出**

(4.2.7), (4.2.9) 式から, $\boldsymbol{T}_r$ と $\boldsymbol{U}_r$ の同時条件付事後分布は次のように導出される.

$$p(\boldsymbol{T}_r, \boldsymbol{U}_r|\boldsymbol{Z}_r, \boldsymbol{\theta}, \boldsymbol{\Omega}) \propto \prod_{i=1}^{I} \phi\left[\psi_{ur}^{-1/2}(u_{ir} - \mu_{ur} - \boldsymbol{\Lambda}'_{ur}\boldsymbol{\omega}_i)\right] I_{(\tau_{r,z_{il}}, \tau_{z_{il}+1}]}(u_{ir}) \tag{4.2.10}$$

### 4.2.5 $(\boldsymbol{T}^{(t+1)}, \boldsymbol{U}^{(t+1)})$ の MH アルゴリズム

**同時提案分布の定義**

MH アルゴリズムで利用される条件付同時事後分布 $p(\boldsymbol{T}_r, \boldsymbol{U}_r|\boldsymbol{Z}_r, \boldsymbol{\theta}, \boldsymbol{\Omega})$ に対応する提案分布 $q(\boldsymbol{T}_r^{(t)}, \boldsymbol{U}_r^{(t)}|\boldsymbol{T}_r, \boldsymbol{U}_r, \boldsymbol{Z}_r, \boldsymbol{\theta}, \boldsymbol{\Omega})$ は, (4.2.5) 式を考慮すると次のような 2 つの提案分布の積として表現できる.

$$q(\boldsymbol{T}_r^{(t+1)}, \boldsymbol{U}_r^{(t+1)}|\boldsymbol{T}_r^{(t)}, \boldsymbol{U}_r^{(t)}, \boldsymbol{Z}_r, \boldsymbol{\theta}, \boldsymbol{\Omega}) \propto q(\boldsymbol{T}_r^{(t+1)}|\boldsymbol{T}_r^{(t)})q(\boldsymbol{U}_r^{(t+1)}|\boldsymbol{U}_r^{(t)}) \tag{4.2.11}$$

上式中の $q(\boldsymbol{T}_r^{(t+1)}|\boldsymbol{T}_r^{(t)})$ に対応する確率分布は次の切断正規分布である.

$$\tau_{r,z_l}^{(t+1)}|\tau_{r,z_l}^{(t)} \sim N(\tau_{r,z_l}^{(t)}, \sigma_{\tau r}^2)I_{(\tau_{r,z_l-1}^{(t+1)}, \tau_{k,z_l+1}^{(t)}]}(\tau_{r,z_l}) \tag{4.2.12}$$

ここで $\sigma_{\tau r}^2$ は生成される乱数の分散を定義するが, 事前に 0.44 に固定される

場合が多い (例えば Cowles, 1996, Song & Lee, 2002 を参照されたい). この切断正規分布の確率密度関数は以下のように表現できる.

$$q(\tau_{r,z_l}^{(t+1)}|\tau_{r,z_l}^{(t)}) \propto \frac{\phi[\sigma_{\tau r}^{-1/2}(\tau_{r,z_l}^{(t+1)} - \tau_{r,z_l}^{(t)})]}{\Phi^*[\sigma_{\tau r}^{-1/2}(\tau_{r,z_l+1}^{(t)} - \tau_{r,z_l}^{(t)})] - \Phi^*[\sigma_{\tau r}^{-1/2}(\tau_{r,z_l-1}^{(t+1)} - \tau_{r,z_l}^{(t)})]} \tag{4.2.13}$$

(4.2.11) 式中の $q(\boldsymbol{U}_r^{(t+1)}|\boldsymbol{U}_r^{(t)})$ に対応する確率分布は次の切断正規分布である.

$$u_{ir}^{(t+1)}|u_{ir}^{(t)} \sim N(u_{ir}^{(t)}, \psi_{ur}) I_{(\tau_{r,z_{il}-1}^{(t+1)}, \tau_{r,z_{il}+1}^{(t+1)}]}(u_{ir}) \tag{4.2.14}$$

確率密度関数の具体的な形状は (4.2.9) 式と同等である. (4.2.5) 式にも明らかなように $u_{ir}^{(t+1)}$ の抽出には, $\tau^{(t+1)}$ が採択されていることが前提となる. したがって以下に示すように MH アルゴリズムの採択確率は $\tau$ の条件付分布によって定義される.

採択確率の定義

この同時提案分布に対応する MH アルゴリズムの採択確率は $\alpha = \min(1, R_r)$ である. ここで $R_r$ は目標分布 $p(\boldsymbol{T}_r, \boldsymbol{U}_r|\boldsymbol{Z}_r, \boldsymbol{\theta}, \boldsymbol{\Omega})$ と先に導出した提案分布から次のように構成される.

$$R_r = \frac{p(\boldsymbol{T}_r^{(t+1)}, \boldsymbol{U}_r^{(t+1)}|\boldsymbol{Z}_r, \boldsymbol{\theta}, \boldsymbol{\Omega})}{p(\boldsymbol{T}_r^{(t)}, \boldsymbol{U}_r^{(t)}|\boldsymbol{Z}_r, \boldsymbol{\theta}, \boldsymbol{\Omega})} \times \frac{q(\boldsymbol{T}_r^{(t)}, \boldsymbol{U}_r^{(t)}|\boldsymbol{T}_r^{(t+1)}, \boldsymbol{U}_r^{(t+1)}, \boldsymbol{Z}_r, \boldsymbol{\theta}, \boldsymbol{\Omega})}{q(\boldsymbol{T}_r^{(t+1)}, \boldsymbol{U}_r^{(t+1)}|\boldsymbol{T}_r^{(t)}, \boldsymbol{U}_r^{(t)}, \boldsymbol{Z}_r, \boldsymbol{\theta}, \boldsymbol{\Omega})} \tag{4.2.15}$$

右辺第 1 項は目標分布, 第 2 項は提案分布でそれぞれ構成されている. 採択確率は $\tau$ にのみ依存するので, 上式中の $p(\boldsymbol{T}_r, \boldsymbol{U}_r|\boldsymbol{Z}_r, \boldsymbol{\theta}, \boldsymbol{\Omega})$, $q(\boldsymbol{T}_r, \boldsymbol{U}_r|\boldsymbol{T}_r, \boldsymbol{U}_r, \boldsymbol{Z}_r, \boldsymbol{\theta}, \boldsymbol{\Omega})$ はそれぞれ $\boldsymbol{T}_r$ の周辺分布,

$$\begin{aligned} p(\boldsymbol{T}_r|\cdot) \propto \prod_{i=1}^{I} \Big\{ &\Phi^*\left[\psi_{ur}^{-1/2}(\tau_{r,z_{il}+1} - \mu_{ur} - \boldsymbol{\Lambda}_{ur}'\boldsymbol{\omega}_i)\right] \\ &- \Phi^*\left[\psi_{ur}^{-1/2}(\tau_{r,z_{il}} - \mu_{ur} - \boldsymbol{\Lambda}_{ur}'\boldsymbol{\omega}_i)\right]\Big\} \end{aligned} \tag{4.2.16}$$

$$q(\boldsymbol{T}_r|\cdot) \propto \prod_{z=2}^{L-1} \frac{\phi[\sigma_{\tau r}^{-1/2}(\tau_{r,z_l}^{(t+1)} - \tau_{r,z_l}^{(t)})]}{\Phi^*[\sigma_{\tau r}^{-1/2}(\tau_{r,z_l+1}^{(t)} - \tau_{r,z_l}^{(t)})] - \Phi^*[\sigma_{\tau r}^{-1/2}(\tau_{r,z_l-1}^{(t+1)} - \tau_{r,z_l}^{(t)})]} \tag{4.2.17}$$

として簡略化される. 以上を考慮すると $R_r$ の具体的な形状は以下となる.

$$\prod_{l=2}^{L-1} \frac{\Phi^*[\sigma_{\tau r}^{-1/2}(\tau_{r,z_l+1}^{(t)} - \tau_{r,z_l}^{(t)})] - \Phi^*[\sigma_{\tau r}^{-1/2}(\tau_{r,z_l-1}^{(t+1)} - \tau_{r,z_l}^{(t)})]}{\Phi^*[\sigma_{\tau r}^{-1/2}(\tau_{r,z_l+1}^{(t+1)} - \tau_{r,z_l}^{(t+1)})] - \Phi^*[\sigma_{\tau r}^{-1/2}(\tau_{r,z_l-1}^{(t)} - \tau_{r,z_l}^{(t+1)})]}$$
$$\times \prod_{i=1}^{I} \frac{\Phi^*[\psi_{ur}^{-1/2}(\tau_{r,z_{il}+1}^{(t+1)} - \mu_{ur} - \boldsymbol{\Lambda}'_{ur}\boldsymbol{\omega}_i)] - \Phi^*[\psi_{ur}^{-1/2}(\tau_{r,z_{il}}^{(t+1)} - \mu_{ur} - \boldsymbol{\Lambda}'_{ur}\boldsymbol{\omega}_i)]}{\Phi^*[\psi_{ur}^{-1/2}(\tau_{r,z_{il}+1}^{(t)} - \mu_{ur} - \boldsymbol{\Lambda}'_{ur}\boldsymbol{\omega}_i)] - \Phi^*[\psi_{ur}^{-1/2}(\tau_{r,z_{il}}^{(t)} - \mu_{ur} - \boldsymbol{\Lambda}'_{ur}\boldsymbol{\omega}_i)]} \tag{4.2.18}$$

採択確率を定義する (4.2.18) 式は $t$ 期と $t+1$ 期の $\tau$ にのみ依存する．したがって (4.2.18) 式から $u$ の候補は生成されない．$u$ は採択された $\tau$ の値を所与として，(4.2.8) 式から生成される．ただし (4.2.18) 式は同時提案分布に対応する採択確率であることから，仮に $\tau$ が採択されなければそれを所与とした $u$ の生成も行わないことに注意されたい．

## 4.3 潜在混合モデリング

現在において潜在混合モデリング (latent mixture modeling) と総称される手法は，歴史的にはさまざまな分野で個別の問題に対処するために，それぞれ独自に開発されてきたという経緯がある．本節では，このようなさまざまな分野で発展してきた手法を，SEM という共通の土台で論じ，その母数をベイズ法によって推定する方法について述べる．また最後に，潜在混合モデリングを行う際に生じる特有の問題として，ラベル交換問題 (label switching problem) について触れる．

### 4.3.1 潜在混合モデリングとは

例えば生物学者のリンネは，既知の動植物の種に関する知見をまとめ，生物種の分類を行った．この例だけではなく，博物学や文化人類学，鉱物学，地質学，工学あるいは心理学やマーケティングなどの分野においても分類 (classification) は主要テーマの１つとなっている．ここからもわかるように，様々な分野において分類するという行為は非常に重要なことだと考えられている．それは統計学においても変わりはない．統計学では，分析者のさまざまな要請から，標本や個体などを分類するためのいろいろな手法が提案されてきた．本節で取り上げる潜在混合モデリングも，その分類を行うための一手法である．

データを分類するための分析手法は数多く存在する．例えば判別分析は，誰もが手軽に使える分類手法として最も有名である．この判別分析は確かに有用な手法ではあるが，分析を実施する際に，教師信号となるべき基準変数が存在しない場合には利用できない．しかし，このような基準変数が存在しないデータに対しても分類を行いたいという場合が，現実場面では数多く存在する．この場合に利用できるのが潜在混合モデリングである．

この手法では，標本が $C$ 個の母集団からサンプリングされ，それらを１つにまとめた状態でデータセットが得られたものと仮定する．したがって，想定する母集団の添え字を $c\,(=1,\ldots,C)$ とし，各母集団の密度関数を $f_c$，各母集団の混合比率を $\pi_c$ とすると，モデル全体の分布はこの $f_c$ と $\pi_c$ の積の和として表現できる．もしこの母集団が，例えば「男・女」のように既知であり，各標本がどちらの母集団に所属するのかが明らかであるならば，多母集団モデルを用いて分析すればよい．逆にいえば，潜在混合モデリングとは，標本の母集団への所属と母集団数が未知である場合の多母集団解析であるといえる．

### 4.3.2　因子分析モデルの場合

それでは，具体的な例を挙げて潜在混合モデリングを説明する．ここでは，国語・数学・英語・物理・日本史の５教科のテスト得点を観測変数とする１因子の確認的因子分析モデルを考えてみよう．因子については「理解度」と命名する．生徒ごとの観測変数を $\boldsymbol{y}_i$ とすると，測定方程式は

$$\boldsymbol{y}_i = \boldsymbol{\mu} + \boldsymbol{\Lambda}\boldsymbol{f}_i + \boldsymbol{\epsilon}_i, \quad i = 1, \ldots, I \tag{4.3.1}$$

と表現される．$\boldsymbol{\mu}$ は平均ベクトル，$\boldsymbol{\Lambda}$ は因子負荷ベクトル，$\boldsymbol{f}$ は因子ベクトル，$\boldsymbol{\epsilon}$ は誤差変数ベクトルを表している．潜在混合モデリングでは，このモデルに潜在的な $c$ 個の母集団を仮定するのだから，(4.3.1) 式は

$$\boldsymbol{y}_i = \boldsymbol{\mu}_c + \boldsymbol{\Lambda}_c\boldsymbol{f}_{ci} + \boldsymbol{\epsilon}_{ci}, \quad i = 1, \ldots, I \tag{4.3.2}$$

のようになる．本例の場合では，潜在的な母集団としては，例えば理系科目が得意な集団や文系科目が得意な集団などが考えられるだろう．

次に潜在混合モデリングでは，各母集団の混合比率 $\pi_c$ が重要であり，当然これも推定すべき母数となる．ただし，この母数は $c$ 番目の母集団に所属する生

徒の比率であるので，$\pi_c > 0$ であり，かつ $\sum_{c=1}^{C} \pi_c = 1$ という条件を満たしている必要があるということに注意しなければならない．この仮定の下で，モデル全体の密度関数を考える．いま，ある特定の母集団 $c$ における $\boldsymbol{y}_i$ の密度関数を $f_c(\boldsymbol{y}_i|\boldsymbol{\mu}_c, \boldsymbol{\Sigma}_c)$ のように，平均 $\boldsymbol{\mu}_c$，分散 $\boldsymbol{\Sigma}_c$ の多変量正規分布であると仮定すると，$i = 1, \ldots, I$ のとき，モデル全体の密度関数は以下のようになる．

$$p(\boldsymbol{y_i}|\boldsymbol{\pi}, \boldsymbol{\mu}_1, \cdots, \boldsymbol{\mu}_C, \boldsymbol{\Sigma}_1, \ldots, \boldsymbol{\Sigma}_C) = \sum_{c=1}^{C} \pi_c f_c(\boldsymbol{y}_i|\boldsymbol{\mu}_c, \boldsymbol{\Sigma}_c) \tag{4.3.3}$$

この 3 つの式に基づいて母数の推定を行う．このとき重要な問題は，いかにして母集団数 $C$ を決定するのかということである．一般的な SEM のベイズ推定においては，DIC を使用してモデル比較を行うことが多いが，混合モデルで使用すると，正しく機能しない傾向があるという指摘がなされている (Spiegelhalter et al., 2003)．したがって代わりの方法として，対数尤度を求めて BIC を使用する方法 (Lee & Song, 2003) や，適合度による絶対評価である事後予測 $p$ 値 (Gelman et al., 2003) を求めて比較する方法などがある．

### 4.3.3 SEM における潜在混合モデルの表現

それでは，この潜在混合型の確認的因子分析モデルを一般的な SEM の場合に拡張してみよう．モデルの表現はこれまでと同様に LISREL を用いる．したがって，(4.1.1) 式の測定方程式に $C$ 個の母集団を仮定することになるのだから

$$\boldsymbol{y}_i = \boldsymbol{\mu}_c + \boldsymbol{\Lambda}_c \boldsymbol{\omega}_{ci} + \boldsymbol{\epsilon}_{ci} \tag{4.3.4}$$

のようになる．次に構造方程式であるが，これも同様にして，(4.1.2) 式に以下のように添え字 $c$ をつける．

$$\boldsymbol{\eta}_{ci} = \boldsymbol{\Pi}_c \boldsymbol{\eta}_{ci} + \boldsymbol{\Gamma}_c \boldsymbol{\xi}_{ci} + \boldsymbol{\delta}_{ci} \tag{4.3.5}$$

さらに，分布の混合を表す (4.3.3) 式は以下のようになる．

$$p(\boldsymbol{y_i}|\boldsymbol{\theta}) = \sum_{c=1}^{C} \pi_c f_c(\boldsymbol{y}_i|\boldsymbol{\mu}_c, \boldsymbol{\theta}_c), \quad i = 1, \ldots, I \tag{4.3.6}$$

ここで，左辺の $\boldsymbol{\theta}$ に関して，これは潜在混合モデリングで推定する全ての母数を表しているので $\boldsymbol{\theta} = (\boldsymbol{\pi}, \boldsymbol{\theta}_y, \boldsymbol{\theta}_\omega)$ となる．なお，$\boldsymbol{\theta}_y = (\boldsymbol{\theta}_{y1}, \ldots, \boldsymbol{\theta}_{yC})$，

$\boldsymbol{\theta}_\omega = (\boldsymbol{\theta}_{\omega 1}, \ldots, \boldsymbol{\theta}_{\omega C})$ であり，$\boldsymbol{\theta}_{yc}$ と $\boldsymbol{\theta}_{\omega c}$ はそれぞれ，測定方程式中の未知母数ベクトル $\boldsymbol{\theta}_{yc} = (\boldsymbol{\mu}_c, \boldsymbol{\Lambda}_c, \boldsymbol{\Psi}_c)$ および構造方程式中の未知母数ベクトル $\boldsymbol{\theta}_{\omega c} = (\boldsymbol{\Pi}_c, \boldsymbol{\Gamma}_c, \boldsymbol{\Phi}_c, \boldsymbol{\Psi}_{\delta c})$ を表している．また，右辺の各母集団の密度関数を表している $f_c$ の中の未知母数が，(4.3.3) 式では $\boldsymbol{\Sigma}_c$ であったものが (4.3.6) 式では $\boldsymbol{\theta}_c = (\boldsymbol{\Lambda}_c, \boldsymbol{\Psi}_c, \boldsymbol{\theta}_{\omega c})$ に変わっている．これは分散共分散行列 $\boldsymbol{\Sigma}_c$ は，$\boldsymbol{\Sigma}_c = \boldsymbol{\Sigma}_c(\boldsymbol{\theta}_c)$ のように母数 $\boldsymbol{\theta}_c$ で構造化できるからである．

一方 $\boldsymbol{\pi}$ に関しては，$\boldsymbol{\pi} = (\pi_1, \ldots, \pi_C)$ のようになっているのだが，少し注意が必要である．$\pi_c$ はある特定の母集団 $c$ における分布の混合比率であったのだが，潜在混合モデリングの目的の 1 つが個体 $\boldsymbol{y}_i$ の分類であるということを考慮すると，いまの段階ではその $\boldsymbol{y}_i$ がどの母集団に所属するかという情報が欠けている．そこで，各 $\boldsymbol{y}_i$ の集団への所属を表すラベル変数として $w_i$ を導入しよう．すると $c = 1, \ldots, C$ において，混合比率 $\pi_c$ は以下のように定式化できる．

$$\pi_c = p(w_i = c) \tag{4.3.7}$$

すなわち，全ての個体のうち，母集団 $c$ に所属するものの確率として $\pi_c$ を定義するということである．

またこれまでと同様に，観測変数行列として $\boldsymbol{Y} = (\boldsymbol{y}_1, \ldots, \boldsymbol{y}_I)$ とし，潜在変数行列として $\boldsymbol{\Omega} = (\boldsymbol{\omega}_1, \ldots, \boldsymbol{\omega}_I)$ とする．ただし，潜在変数行列に関しては $\boldsymbol{\omega}_i = \boldsymbol{\omega}_{ci}$ であることに注意が必要である．つまり，母集団間で潜在変数の意味は変わらないということである．一方，ラベル変数に関しては，$\boldsymbol{W} = (w_1, \ldots, w_I)$ とし，混合比率 $\pi_c$ は $\pi_c > 0$ かつ $\sum_{c=1}^{C} \pi_c = 1$ という条件を満たしているものとする．

### 4.3.4　ギブスサンプラーのアルゴリズム

MCMC を利用した標準的なベイズ推定では，未知母数の事後分布 $p(\boldsymbol{\theta}|\boldsymbol{Y})$ から MCMC 標本を発生させ，その標本平均を求めることによってベイズ推定値を算出する．しかし SEM の場合，潜在変数行列 $\boldsymbol{\Omega}$ を扱うので，データ補完法によりこれも未知母数として事後分布に組み入れる必要があった．さらに，潜在混合モデリングの場合，モデルの背後に未知の母集団を想定するので，各個体がどの母集団に所属するのかを規定するラベル変数 $\boldsymbol{W}$ も未知母数となる．

したがって，最終的に評価する事後分布は $p(\boldsymbol{\theta}, \boldsymbol{\Omega}, \boldsymbol{W}|\boldsymbol{Y})$ となる．

しかし，事後分布 $p(\boldsymbol{\theta}, \boldsymbol{\Omega}, \boldsymbol{W}|\boldsymbol{Y})$ は非常に複雑なので，直接この分布を求めることはできない．そこでギブスサンプラーを用いて，MCMC 標本をステップ (a)：$p(\boldsymbol{\Omega}, \boldsymbol{W}|\boldsymbol{Y}, \boldsymbol{\theta})$ とステップ (b)：$p(\boldsymbol{\theta}|\boldsymbol{Y}, \boldsymbol{\Omega}, \boldsymbol{W})$ の 2 段階に分けて発生させることにする．ただしステップ (a) について，$p(\boldsymbol{\Omega}, \boldsymbol{W}|\boldsymbol{Y}, \boldsymbol{\theta}) = p(\boldsymbol{W}|\boldsymbol{Y}, \boldsymbol{\theta})p(\boldsymbol{\Omega}|\boldsymbol{Y}, \boldsymbol{W}, \boldsymbol{\theta})$ なので，さらにステップ (a1)：$p(\boldsymbol{W}|\boldsymbol{Y}, \boldsymbol{\theta})$ とステップ (a2)：$p(\boldsymbol{\Omega}|\boldsymbol{Y}, \boldsymbol{W}, \boldsymbol{\theta})$ の 2 段階に分解できることがわかる．したがって，これらのステップをギブスサンプラーのアルゴリズムとしてまとめると以下のようになる．

> 現在の値が $\boldsymbol{\theta}^{(t)}, \boldsymbol{\Omega}^{(t)}, \boldsymbol{W}^{(t)}$ であるような $t$ 回目の繰り返しにおいて，
>
> ステップ (a1)：$p(\boldsymbol{W}|\boldsymbol{Y}, \boldsymbol{\theta}^{(t)})$ から $\boldsymbol{W}^{(t+1)}$ を発生させる．
> ステップ (a2)：$p(\boldsymbol{\Omega}|\boldsymbol{Y}, \boldsymbol{\theta}^{(t)}, \boldsymbol{W}^{(t+1)})$ から $\boldsymbol{\Omega}^{(t+1)}$ を発生させる．
> ステップ (b) ：$p(\boldsymbol{\theta}|\boldsymbol{Y}, \boldsymbol{\Omega}^{(t+1)}, \boldsymbol{W}^{(t+1)})$ から $\boldsymbol{\theta}^{(t+1)}$ を発生させる．

ステップ (a2) とステップ (b) に注目すると，これはステップ (a1) で発生させた $\boldsymbol{W}$ を与えた下での条件付分布になっている．本節での潜在混合モデリングは，母集団間でモデルは独立していると仮定するので，母集団ごとにこの条件付分布を見た場合，通常の SEM のそれと変わらないことになる．よって，ステップ (a2) とステップ (b) の事後分布は 4.1 節で求めたものと形状は変わらないと考えられる．

それでは以下で，この 3 つのステップを順番に見ていくことにしよう．

**a. ステップ (a1) について**

ステップ (a1) では $p(\boldsymbol{W}|\boldsymbol{Y}, \boldsymbol{\theta})$ から母集団の所属を表すラベル変数 $\boldsymbol{W}$ を発生させるので，$p(\boldsymbol{W}|\boldsymbol{Y}, \boldsymbol{\theta})$ の形状を求める必要がある．ここで，ラベル変数 $w_i$ を独立であるとするのはそれほど不自然な仮定ではない．よって，

$$p(\boldsymbol{W}|\boldsymbol{Y}, \boldsymbol{\theta}) = \prod_{i=1}^{I} p(w_i|\boldsymbol{y}_i, \boldsymbol{\theta}) \tag{4.3.8}$$

となる．さらに，(4.3.8) 式の右辺の $p(w_i|\boldsymbol{y}_i, \boldsymbol{\theta})$ を以下のように変形する．

$$\begin{aligned} p(w_i = c|\boldsymbol{y}_i, \boldsymbol{\theta}) &= \frac{p(w_i = c, \boldsymbol{y}_i|\boldsymbol{\theta})}{p(\boldsymbol{y}_i|\boldsymbol{\theta})} = \frac{p(w_i = c, \boldsymbol{y}_i|\boldsymbol{\mu}_c, \boldsymbol{\pi}, \boldsymbol{\theta}_c)}{p(\boldsymbol{y}_i|\boldsymbol{\theta})} \\ &= \frac{p(w_i = c|\boldsymbol{\pi})p(\boldsymbol{y}_i|w_i = c, \boldsymbol{\mu}_c, \boldsymbol{\theta}_c))}{p(\boldsymbol{y}_i|\boldsymbol{\theta})} \\ &= \frac{\pi_c f_c(\boldsymbol{y}_i|\boldsymbol{\mu}_c, \boldsymbol{\theta}_c)}{p(\boldsymbol{y}_i|\boldsymbol{\theta})} \end{aligned} \tag{4.3.9}$$

ここで，$f_c(\boldsymbol{y}_i|\boldsymbol{\mu}_c, \boldsymbol{\theta}_c)$ は $N[\boldsymbol{\mu}_c, \Sigma_c(\boldsymbol{\theta}_c)]$ の確率密度関数である．したがって，$\boldsymbol{Y}$ と $\boldsymbol{\theta}$ が所与のときの $\boldsymbol{W}$ の条件付分布は (4.3.8) 式と (4.3.9) 式から導くことができる．また (4.3.9) 式を見ればわかるように，この式から MCMC 標本を発生させることはそれほど困難なことではない．

**b. ステップ (a2) について**

ステップ (a2) では $p(\boldsymbol{\Omega}|\boldsymbol{Y}, \boldsymbol{\theta}, \boldsymbol{W})$ から潜在変数 $\boldsymbol{\Omega}$ を発生させる．しかし，$w_i$ を与えると，母集団ごとの事後分布の形状は通常の SEM と同等であると考えられる．したがって $\boldsymbol{\omega}_i$ の条件付事後分布は，4.1 節の (4.1.5) 式より添え字に注意して

$$[\boldsymbol{\omega}_i|\boldsymbol{y}_i, w_i = c, \boldsymbol{\theta}] \sim N\left(\boldsymbol{D}_c^{-1}\boldsymbol{\Lambda}_c^T\boldsymbol{\Psi}_c^{-1}(\boldsymbol{y}_i - \boldsymbol{\mu}_c), \boldsymbol{D}_c^{-1}\right) \tag{4.3.10}$$

となる．ただし，$\boldsymbol{D}_c = \boldsymbol{\Sigma}_{\omega c}^{-1} + \boldsymbol{\Lambda}_c^T\boldsymbol{\Psi}_c^{-1}\boldsymbol{\Lambda}_c$ としている．

**c. ステップ (b) について**

ステップ (b) では $p(\boldsymbol{\theta}|\boldsymbol{Y}, \boldsymbol{\Omega}, \boldsymbol{W})$ から MCMC 標本を発生させる．この条件付分布はかなり複雑なのだが，$\boldsymbol{\theta}$ の事前分布に，ある緩やかな条件を課すことでその複雑さを回避することが可能となる．

まず条件の 1 つ目であるが，その母数の意味を考えれば，$\boldsymbol{\pi}$ と $\boldsymbol{\theta}_y$ と $\boldsymbol{\theta}_\omega$ は相互に独立であるとしても不自然ではない．そこで，条件 1：$p(\boldsymbol{\theta}) = p(\boldsymbol{\pi}, \boldsymbol{\theta}_y, \boldsymbol{\theta}_\omega) = p(\boldsymbol{\pi})p(\boldsymbol{\theta}_y)p(\boldsymbol{\theta}_\omega)$ とする．

次にラベル変数 $\boldsymbol{W}$ は，未知母数ベクトル $\boldsymbol{\theta}$ の中で $\boldsymbol{\pi}$ としか関係しないことから，条件 2：$p(\boldsymbol{W}|\boldsymbol{\theta}) = p(\boldsymbol{W}|\boldsymbol{\pi})$ とできる．また，$p(\boldsymbol{\Omega}, \boldsymbol{Y}|\boldsymbol{W}, \boldsymbol{\theta})$ の同時分布を条件付分布と周辺分布の積に分解し，未知母数ベクトル $\boldsymbol{\theta}$ の中の必要な部分だけを取り出すことで，条件 3：$p(\boldsymbol{\Omega}, \boldsymbol{Y}|\boldsymbol{W}, \boldsymbol{\theta}) = p(\boldsymbol{Y}|\boldsymbol{\Omega}, \boldsymbol{W}, \boldsymbol{\theta}_y)p(\boldsymbol{\Omega}|\boldsymbol{W}, \boldsymbol{\theta}_\omega)$ を得る．最後に，ラベル変数 $\boldsymbol{W}$ は潜在変数 $\boldsymbol{\Omega}$ に影響しないので，条件 4：$p(\boldsymbol{\Omega}|\boldsymbol{W}, \boldsymbol{\theta}_\omega) = p(\boldsymbol{\Omega}|\boldsymbol{\theta}_\omega)$ とできる．

この 4 つの条件により，$p(\boldsymbol{\theta}|\boldsymbol{W}, \boldsymbol{\Omega}, \boldsymbol{Y})$ は以下のように変形できる．

$$
\begin{aligned}
p(\boldsymbol{\theta}|\boldsymbol{W},\boldsymbol{\Omega},\boldsymbol{Y}) &\propto p(\boldsymbol{\theta})p(\boldsymbol{W},\boldsymbol{\Omega},\boldsymbol{Y}|\boldsymbol{\theta}) \\
&\quad [\text{条件 1 を使用して}] \\
&= p(\boldsymbol{\pi})p(\boldsymbol{\theta}_y)p(\boldsymbol{\theta}_\omega)p(\boldsymbol{W},\boldsymbol{\Omega},\boldsymbol{Y}|\boldsymbol{\theta}) \\
&\propto p(\boldsymbol{\pi})p(\boldsymbol{\theta}_y)p(\boldsymbol{\theta}_\omega)p(\boldsymbol{W}|\boldsymbol{\theta})p(\boldsymbol{\Omega},\boldsymbol{Y}|\boldsymbol{\theta},\boldsymbol{W}) \\
&\quad [\text{条件 2, 条件 3, 条件 4 を使用して}] \\
&\propto p(\boldsymbol{\pi})p(\boldsymbol{\theta}_y)p(\boldsymbol{\theta}_\omega)p(\boldsymbol{W}|\boldsymbol{\pi})p(\boldsymbol{\Omega}|\boldsymbol{\theta}_\omega)p(\boldsymbol{Y}|\boldsymbol{\Omega},\boldsymbol{W},\boldsymbol{\theta}_y) \\
&= [p(\boldsymbol{\pi})p(\boldsymbol{W}|\boldsymbol{\pi})][p(\boldsymbol{\theta}_y)p(\boldsymbol{Y}|\boldsymbol{\Omega},\boldsymbol{W},\boldsymbol{\theta}_y)][p(\boldsymbol{\theta}_\omega)p(\boldsymbol{\Omega}|\boldsymbol{\theta}_\omega)] \qquad (4.3.11)
\end{aligned}
$$

この結果より，3 つの周辺分布 $p(\boldsymbol{\pi}|\boldsymbol{W}) \propto p(\boldsymbol{\pi})p(\boldsymbol{W}|\boldsymbol{\pi})$ ，$p(\boldsymbol{\theta}_y|\boldsymbol{Y},\boldsymbol{W},\boldsymbol{\Omega}) \propto p(\boldsymbol{\theta}_y)p(\boldsymbol{Y}|\boldsymbol{\Omega},\boldsymbol{W},\boldsymbol{\theta}_y)$ ，$p(\boldsymbol{\theta}_\omega|\boldsymbol{\Omega}) \propto p(\boldsymbol{\theta}_\omega)p(\boldsymbol{\Omega}|\boldsymbol{\theta}_\omega)$ は別々に取り扱えるということがわかる．

それではまずはじめに $p(\boldsymbol{\pi}|\boldsymbol{W})$ であるが，この $\boldsymbol{\pi}$ の事前分布には一般的に対称なディリクレ分布が使用される．したがって，$\boldsymbol{\pi} \sim D(\alpha,\ldots,\alpha)$ であり，密度関数は以下である．

$$p(\boldsymbol{\pi}) = \frac{\Gamma(C\alpha)}{\Gamma(\alpha)^C}\pi_1^\alpha \cdots \pi_C^\alpha$$

$p(\boldsymbol{W}|\boldsymbol{\pi}) \propto \prod_{c=1}^{C} \pi_c^{n_c}$ であるので，$\boldsymbol{\pi}$ の条件付分布は引き続き以下のようなディリクレ分布のままである．

$$p(\boldsymbol{\pi}|\boldsymbol{W}) \propto p(\boldsymbol{\pi})p(\boldsymbol{W}|\boldsymbol{\pi}) \propto \prod_{c=1}^{C} \pi_c^{n_c+\alpha} \qquad (4.3.12)$$

ここで，$n_c$ は $w_i = c$ における $i$ の総数である．したがって，$p(\boldsymbol{\pi}|\boldsymbol{W})$ は $D(\alpha+n_1,\ldots,\alpha+n_c)$ と表せる．

次に $p(\boldsymbol{\theta}_y|\boldsymbol{Y},\boldsymbol{W},\boldsymbol{\Omega})$ と $p(\boldsymbol{\theta}_\omega|\boldsymbol{\Omega})$ についてであるが，$w_i$ が所与のとき，これらは 4.1 節と同等である．したがって，事前分布は (4.1.7) 式と (4.1.16) 式より添え字に注意して

$$
\begin{aligned}
&\boldsymbol{\Lambda}_{ck}|\psi_{ck} \sim N(\boldsymbol{\Lambda}_{0ck},\psi_{ck}\boldsymbol{H}_{0yck}), \quad \psi_{ck}^{-1} \sim G(\alpha_{0\epsilon c},\beta_{0\epsilon c}) \\
&\boldsymbol{\Lambda}_{\omega cq_1}|\psi_{\delta cq_1} \sim N(\boldsymbol{\Lambda}_{0\omega cq_1},\psi_{\delta cq_1}\boldsymbol{H}_{0\omega cq_1}), \quad \psi_{\delta cq_1}^{-1} \sim G(\alpha_{0\delta c},\beta_{0\delta c}) \\
&\boldsymbol{\mu}_c \sim N(\boldsymbol{\mu}_0,\Sigma_0), \quad \boldsymbol{\Phi}_c^{-1} \sim W_{Q_2}(\boldsymbol{R}_0,\rho_0)
\end{aligned}
$$

である．ただし，$\boldsymbol{\Lambda}_{\omega c} = (\boldsymbol{\Pi}_c, \boldsymbol{\Gamma}_c)$ とし，$k = 1, \ldots, K$ および $q_1 = 1, \ldots, Q_1$ としている．

また事後分布に関しては，(4.1.10)，(4.1.12)，(4.1.17)，(4.1.18) 式より以下のようになる．

$$
\begin{aligned}
&[\boldsymbol{\Lambda}_{ck}|\boldsymbol{Y}_c, \boldsymbol{\Omega}_c, \mu_{ck}, \psi_{ck}^{-1}] \sim N(\boldsymbol{a}_{yck}, \psi_{ck}\boldsymbol{A}_{yck})\\
&[\psi_{ck}^{-1}|\boldsymbol{Y}_c, \boldsymbol{\Omega}_c, \mu_{ck}] \sim G\left(\frac{n_c}{2} + \alpha_{0\epsilon c}, \beta_{\epsilon ck}\right)\\
&[\boldsymbol{\mu}_c|\boldsymbol{Y}_c, \boldsymbol{\Omega}_c, \boldsymbol{\Lambda}_c, \boldsymbol{\Psi}_c]\\
&\quad \sim N\Big((\Sigma_0^{-1} + n_c\boldsymbol{\Psi}_c^{-1})^{-1}(n_c\boldsymbol{\Psi}_c^{-1}\bar{\boldsymbol{Y}}_c + \Sigma_0^{-1}\boldsymbol{\mu}_0), (\Sigma_0^{-1} + n_c\boldsymbol{\Psi}_c^{-1})^{-1}\Big)\\
&[\boldsymbol{\Lambda}_{\Omega cq_1}|\boldsymbol{Y}_c, \boldsymbol{\Omega}_c, \psi_{\delta cq_1}^{-1}] \sim N(\boldsymbol{a}_{\delta cq_1}, \psi_{\delta cq_1}\boldsymbol{A}_{\omega cq_1})\\
&[\psi_{\delta cq_1}^{-1}|\boldsymbol{Y}_c, \boldsymbol{\Omega}_c] \sim G\left(\frac{n_c}{2} + \alpha_{0\delta c}, \beta_{\delta cq_1}\right)\\
&\boldsymbol{\Phi}_c|\boldsymbol{\Omega}_{2c} \sim IW_{Q_2}(\boldsymbol{\Omega}_{2c}\boldsymbol{\Omega}_{2c}^T + \boldsymbol{R}_0^{-1}, n_c + \rho_0)
\end{aligned}
$$

ただし，$\boldsymbol{\Omega}_{1c}$ と $\boldsymbol{\Omega}_{2c}$ を $\boldsymbol{\Omega}_c$ の部分行列とし，$\boldsymbol{\Omega}_{1c}$ は $\eta_c$ の $Q_1$ 行を，$\boldsymbol{\Omega}_{2c}$ は $\xi_c$ の $Q_2$ 行を含んでいるとする．

### 4.3.5 ギブスサンプラーによる母数の推定

#### a. 推 定 過 程

前項でギブスサンプラーの詳細が明らかとなった．これで，このアルゴリズムを利用して MCMC 標本を発生させ，母数を推定することが可能となる．

そこでまず $t = 1, \ldots, T$ とし，$(\boldsymbol{\theta}^{(t)}, \boldsymbol{\Omega}^{(t)}, \boldsymbol{W}^{(t)})$ を事後分布 $p(\boldsymbol{\theta}, \boldsymbol{\Omega}, \boldsymbol{W}|\boldsymbol{Y})$ からギブスサンプラーで発生させる．$\boldsymbol{\theta}$ と $\boldsymbol{\Omega}$ のベイズ推定値は，発生させた MCMC 標本の平均を求めることによって得られる．例えば，以下のようにする．

$$
\hat{\boldsymbol{\theta}} = \frac{1}{T}\sum_{t=1}^{T}\boldsymbol{\theta}^{(t)}, \qquad \hat{\boldsymbol{\Omega}} = \frac{1}{T}\sum_{t=1}^{T}\boldsymbol{\Omega}^{(t)}
$$

次に分散共分散行列であるが，これらのベイズ推定値を解析的に求めることはかなり困難である．しかし，以下のようにして MCMC 標本を利用すれば，簡単に求めることができる．

$$\widehat{\mathrm{Var}(\boldsymbol{\theta}|\boldsymbol{Y})} = \frac{1}{(T-1)} \sum_{t=1}^{T} (\boldsymbol{\theta}^{(t)} - \hat{\boldsymbol{\theta}})(\boldsymbol{\theta}^{(t)} - \hat{\boldsymbol{\theta}})^T$$

$$\widehat{\mathrm{Var}(\boldsymbol{\omega}_{ci}|\boldsymbol{Y})} = \frac{1}{(T-1)} \sum_{t=1}^{T} (\boldsymbol{\omega}_{ci}^{(t)} - \hat{\boldsymbol{\omega}}_{ci})(\boldsymbol{\omega}_{ci}^{(t)} - \hat{\boldsymbol{\omega}}_{ci})^T, \quad i = 1, \ldots, I$$

$\boldsymbol{\theta}$ の標準誤差は $\widehat{\mathrm{Var}(\boldsymbol{\theta}|\boldsymbol{Y})}$ の平方根から求めることができる．その他の推測統計量も同様に，発生させた MCMC 標本に基づいて計算することが可能である．また残差についても $c = 1, \ldots, C$ において，$\hat{\boldsymbol{\omega}}_{ci}$ と $\hat{\boldsymbol{\theta}}_c$ を求めることで，(4.3.4) 式と (4.3.5) 式から以下のようにして得ることができる．

$$\hat{\boldsymbol{\epsilon}}_{ci} = y_i - \hat{\boldsymbol{\mu}}_c - \hat{\boldsymbol{\Lambda}}_c \hat{\boldsymbol{\omega}}_{ci}, \quad \hat{\boldsymbol{\delta}}_{ci} = \hat{\boldsymbol{\eta}}_{ci} - \hat{\boldsymbol{\Pi}}_c \hat{\boldsymbol{\eta}}_{ci} - \hat{\boldsymbol{\Gamma}}_c \hat{\boldsymbol{\xi}}_{ci}$$

ここで添え字 $i$ は，集合 $\{i|\hat{w}_i = c\}$ に属している．

**b. 分 類 過 程**

ラベル変数 $\boldsymbol{W}$ の役割は，「推定」の段階ではこれを所与とすることで通常の多母集団モデルと見なし，事後分布を単純にできることであった．しかし，ラベル変数というその名前が示す通り，個体がどの母集団に所属するかを決定する，「分類」においても重要な役割を果たす．

ここで，すでに観測された値を $\boldsymbol{y}_i$，新しく観測された値を $\boldsymbol{y}^*$ とすると，ラベル変数を利用した分類は，それぞれ以下のような式で与えられる．

$$\hat{w}_i = \mathrm{argmax}_c \{\Pr(w_i = c|\boldsymbol{Y})\}, \quad \hat{w}^* = \mathrm{argmax}_c \{\Pr(w^* = c|\boldsymbol{Y}, \boldsymbol{y}^*)\}$$

ここで $\mathrm{argmax}_x(f(x))$ というのは，変数 $x$ に関する関数 $f(x)$ に対して，$f(x)$ が最大になる $x$ を求めるという意味である．

このとき $c = 1, \ldots, C$ における事後確率 $\Pr(w_i = c|\boldsymbol{y}_i)$ は，以下のようなギブスサンプラーによって発生させた MCMC 標本の平均値で近似できる．

$$\Pr(w_i = c|\boldsymbol{Y}) \approx \frac{1}{T} \sum_{t=1}^{T} I(w_i^{(t)} = c) \tag{4.3.13}$$

ここで $I(\cdot)$ は指標関数である．

次に，新しい観測値 $\boldsymbol{y}^*$ を予測分類する場合を考える．このとき対応するラベル変数を $w^*$ とすると，分類過程では確率 $\Pr(w^* = c|\boldsymbol{Y}, \boldsymbol{y}^*)$ を評価する必

要がある．しかし，$\boldsymbol{y}^*$ を追加することで事後分布は変化するので，シミュレーションの過程は $\boldsymbol{y}^*$ を追加するごとに再度実行しなければならないことになる．しかしながら，これは明らかに現実的ではない．したがって，以下のような近似式を使用することでこの問題を回避する．

$$\begin{aligned}\Pr(w^* = c|\boldsymbol{Y}, \boldsymbol{y}^*) &= \int p(w^* = c|\boldsymbol{\theta}, \boldsymbol{y}^*)p(\boldsymbol{\theta}|\boldsymbol{Y}, \boldsymbol{y}^*)d\boldsymbol{\theta} \\ &\approx \int p(w^* = c|\boldsymbol{\theta}, \boldsymbol{y}^*)p(\boldsymbol{\theta}|\boldsymbol{Y})d\boldsymbol{\theta} \end{aligned} \tag{4.3.14}$$

そしてこの積分部分を，以下のようなギブスサンプラーから発生させたMCMC標本の平均値を用いることで，新しい観測値に対して分類のための所属確率を推定することが可能となる．

$$\Pr(w^* = c|\boldsymbol{Y}, \boldsymbol{y}^*) \approx \frac{1}{T}\sum_{t=1}^{T}\left[\frac{\pi_c^{(t)} f_c(\boldsymbol{y}^*|\boldsymbol{\mu}_c^{(t)}, \boldsymbol{\theta}_c^{(t)})}{\sum_{h=1}^{C}\pi_h^{(t)} f_h(\boldsymbol{y}^*|\boldsymbol{\mu}_h^{(t)}, \boldsymbol{\theta}_h^{(t)})}\right] \tag{4.3.15}$$

### 4.3.6　ラベル交換問題

前項までで，潜在混合モデリングに関する母数の推定方法について定式化を行った．しかし，実際にこれらの方法に従って分析を行うとすると，ある特有の問題に直面するだろう．その問題とは，背後に仮定する母集団のラベル付けに一意性がなく，そのためにモデルが識別されなくなるというものである．実際，潜在混合モデリングでは，$C$ 個の母集団をもつとき，その母集団への名前の付け方は $C!$ 個も存在する．このとき，どのようにラベル付けようとも，尤度は不変であるので結果として識別されなくなる．このような母集団のラベル付けに関する非一意性の問題をラベル交換問題という．

ベイズ推定の枠組みにおいて，この問題に対処する現段階での主流となっている方法は，Frühwirth-Schnatter (2001) によって提案されたランダム置換サンプラー (random permutation sampler) を用いる方法である．この手法では，ラベル付けを 1 つに同定できないモデルに対して，未制約の事後分布からのサンプリングで推定を行う．この結果は，状態の再ラベル付けに対して不変であるような未知母数の推定となっており，適切な識別可能性をもつ制約を発見するのに使用できる．したがってこの方法を用いる場合，4.3.4 項で紹介したアルゴリズムに，ステップ (c) として「識別可能性を満たすために，置換サンプラーを通してラベルを再度順序付ける」という段階を追加する必要がある．この方法に関する詳細は，Frühwirth-Schnatter (2001) を参照されたい．

## 4.4 欠測データのあるSEM

心理学実験あるいは質問紙調査など，データを収集する際に，何らかの理由でデータの一部が欠測してしまうことはよくある．このような場合，その欠測データ (missing data) の影響を考慮した上で分析する必要がある．本節では，これまでの節で説明された通常のSEM，順序カテゴリカルSEM，潜在混合モデリングの3つの場合に分けて，データに欠測があるときの母数の推定方法を説明する．

### 4.4.1 欠測メカニズム

測定機器の故障，答えにくい質問項目，回答ミスなど理由はいろいろあるが，実際の研究でデータの一部が欠測してしまうという状況はかなりの確率で生じてしまう．よりよい統計的推論のためには，この欠測データに対して何らかの対処を講じる必要がある．例えば，最も単純な対処法として，1つでも欠測値 (missing value) のある個体は分析から取り除くという方法が考えられるだろう．この場合，その個体は最初からデータをとらなかったものとして扱うことになるので，何の問題もないように思える．しかし，一度手に入れたデータを無条件に除去するという行為は，安易すぎる判断であると感じる読者も中にはいるであろう．このように，欠測値に対して直感的に判断することは非常に難しい．

このような理由から欠測メカニズムという概念が生まれ，それに基づいてデータを分析する方法が考え出された．もし欠測がランダムに生じている (missing at random；MAR) としたら，個体を除去することは理論的に可能であり，決して間違いというわけではない．これをリストワイズ削除という．ただし標本が少なくなり，推定が不安定になりうるという点で優れた方法であるとはいえないだろう．一方，測定の限界などの理由で，ある一定の値以上のデータが欠測にならざるをえない場合，リストワイズ削除をしてはならない．これを無視できない欠測 (nonignorable) という．この場合，欠測メカニズムに何らかのモデルを仮定した解析が必要になる．リストワイズ削除以外にも平均推定値や最小 2 乗推定値を代入する方法もある．しかしこれらは古典的アプローチであり，現在では統計的により厳密で，より優れた手法が提案されている．例えば，Arbuckle (1996) が提案した完全情報最尤推定法などは，現在最も有効な対処法の 1 つであろう．

また近年では，より複雑な SEM における欠測データに対しても対処できる MCMC を利用したベイス法が提案されている (Lee & Song, 2004b ; Lee & Tang, 2006)．本節では，MAR のような無視できる欠測データや，あるいは無視できない欠測データがある場合にも，SEM で分析することが可能なこちらの方法について説明する．

### 4.4.2 欠測データのある通常の SEM

まずはじめに，通常の SEM の場合を考えてみる．$i = 1, \ldots, I$ のとき，連続量である観測変数を $\boldsymbol{y}_i$ とし，完全データセットを $\boldsymbol{Y} = (\boldsymbol{y}_1, \ldots, \boldsymbol{y}_I)$ とする．このうち，実際に観測されたデータセットを $\boldsymbol{Y}_{\mathrm{obs}}$，欠測のため観測されなかったデータセットを $\boldsymbol{Y}_{\mathrm{mis}}$ と表記する．母数推定における 4.1 節との大きな違いは，4.1 節が完全データセット $\boldsymbol{Y}$ を用いて母数 $\boldsymbol{\theta}$ を推定していたのに対して，欠測データがある場合は観測されたデータセット $\boldsymbol{Y}_{\mathrm{obs}}$ を用いて母数 $\boldsymbol{\theta}^*$ を推定することである．つまり，$\boldsymbol{Y}_{\mathrm{obs}}$ が所与のときの $\boldsymbol{\theta}^*$ の事後分布

$$p(\boldsymbol{\theta}^*|\boldsymbol{Y}_{\mathrm{obs}}) \propto p(\boldsymbol{Y}_{\mathrm{obs}}|\boldsymbol{\theta}^*)p(\boldsymbol{\theta}^*) \tag{4.4.1}$$

を対象としたベイズ推定を考えるということである．

しかしモデルとデータの複雑さから，この事後分布は通常は非常に複雑なものとなり推定は困難である．そこで，データ補完法と MCMC を組み合わせた方法を用いたベイズ推定を利用することでこの複雑さを回避する．

まずこれまでと同様に，潜在変数行列 $\boldsymbol{\Omega}$ を扱い，未知母数として事後分布に組み入れる．また，完全データセットとするために欠測データセット $\boldsymbol{Y}_{\mathrm{mis}}$ を扱い，これも推定すべき未知母数として事後分布に導入する．したがって，最終的な事後分布は $p(\boldsymbol{\theta}^*, \boldsymbol{\Omega}, \boldsymbol{Y}_{\mathrm{mis}}|\boldsymbol{Y}_{\mathrm{obs}})$ となる．この同時事後分布からのサンプリングは，ギブスサンプラーを用いて行うことができる．

ギブスサンプラーのアルゴリズムは以下のようになる．

現在の値が $\boldsymbol{\theta}^{*(t)}, \boldsymbol{\Omega}^{(t)}, \boldsymbol{Y}_{\mathrm{mis}}^{(t)}$ であるような $t$ 回目の繰り返しにおいて，

ステップ 1： $p(\boldsymbol{\theta}^*|\boldsymbol{\Omega}^{(t)}, \boldsymbol{Y}_{\mathrm{mis}}^{(t)}, \boldsymbol{Y}_{\mathrm{obs}})$ から $\boldsymbol{\theta}^{*(t+1)}$ を発生させる．

ステップ 2： $p(\boldsymbol{\Omega}|\boldsymbol{\theta}^{*(t+1)}, \boldsymbol{Y}_{\mathrm{mis}}^{(t)}, \boldsymbol{Y}_{\mathrm{obs}})$ から $\boldsymbol{\Omega}^{(t+1)}$ を発生させる．

ステップ 3： $p(\boldsymbol{Y}_{\mathrm{mis}}|\boldsymbol{\theta}^{*(t+1)}, \boldsymbol{\Omega}^{(t+1)}, \boldsymbol{Y}_{\mathrm{obs}})$ から $\boldsymbol{Y}_{\mathrm{mis}}^{(t+1)}$ を発生させる．

ただしステップ 1 とステップ 2 において $\boldsymbol{Y}_{\mathrm{mis}}$ を与えるということは，$\boldsymbol{Y}_{\mathrm{obs}}$ と合わせて完全データセットを与えたことと同等になる．したがって，$\boldsymbol{\theta}^*$ と $\boldsymbol{\Omega}$ に対応する条件付分布は，4.1 節の場合とまったく同一に導出することが可能である．

次にステップ 3 について考える．$\boldsymbol{y}_1, \ldots, \boldsymbol{y}_I$ が互いに独立という通常の仮定の下で，ステップ 3 の事後分布は以下のようになる．

$$p(\boldsymbol{Y}_{\mathrm{mis}}|\boldsymbol{\theta}^*, \boldsymbol{\Omega}, \boldsymbol{Y}_{\mathrm{obs}}) = \prod_{i=1}^{I} p(\boldsymbol{y}_{\mathrm{mis}i}|\boldsymbol{\theta}^*, \boldsymbol{\Omega}, \boldsymbol{y}_{\mathrm{obs}i}) \tag{4.4.2}$$

ここで $\boldsymbol{y}_{\mathrm{mis}i}$ は，サイズ $I$ の無作為標本における $i$ 番目のデータである．

本例の場合，$\boldsymbol{\Psi}_\epsilon$ は対角行列であり，$\boldsymbol{\omega}_i$ と $\boldsymbol{\theta}^*$ が所与のとき $\boldsymbol{y}_{\mathrm{mis}i}$ と $\boldsymbol{y}_{\mathrm{obs}i}$ は独立となる．よって，(4.4.2) 式の右辺は

$$\prod_{i=1}^{I} p(\boldsymbol{y}_{\mathrm{mis}i}|\boldsymbol{\theta}^*, \boldsymbol{\Omega}, \boldsymbol{y}_{\mathrm{obs}i}) = \prod_{i=1}^{I} p(\boldsymbol{y}_{\mathrm{mis}i}|\boldsymbol{\theta}^*, \boldsymbol{\Omega}) \tag{4.4.3}$$

となり，測定方程式における分布と同等になる．したがって，以下のような正規分布の単純な積の形式となり，計算負荷も軽い．

$$[\boldsymbol{y}_{\mathrm{mis}i}|\boldsymbol{\theta}^*, \boldsymbol{\omega}_i] \sim N(\boldsymbol{\mu}_{\mathrm{mis}i} + \boldsymbol{\Lambda}_{\mathrm{mis}i}\boldsymbol{\omega}_i, \boldsymbol{\Psi}_{\epsilon\mathrm{mis}i}) \tag{4.4.4}$$

ここで $\boldsymbol{\mu}_{\mathrm{mis}i}$ は $\boldsymbol{\mu}$ から観測された要素を削除したサイズ $K_i \times 1$ のベクトル，$\boldsymbol{\Lambda}_{\mathrm{mis}i}$ は $\boldsymbol{\Lambda}$ から観測された要素に対応する行を削除したサイズ $K_i \times Q$ の行列である．また，$\boldsymbol{\Psi}_{\epsilon\mathrm{mis}i}$ は $\boldsymbol{\Psi}_\epsilon$ から観測された要素に対応する行と列を削除したサイズ $K_i \times K_i$ の行列である．

このようにデータ補完法を利用した MCMC によるベイズ推定を行えば，ア

ルゴリズムをはじめとした推定の一連の流れは，通常の SEM すなわち完全データセットが得られたときの母数推定の場合とほとんど変わらなくなる．これは応用上極めて重要なことである．

### 4.4.3 欠測データのある順序カテゴリカル SEM

4.2 節で述べられていたように，順序カテゴリカル SEM の特徴は，連続量のみを扱う通常の SEM に順序カテゴリカル変数行列 $\boldsymbol{Z}$ とその背後に仮定する潜在的連続変数行列 $\boldsymbol{U}$ および閾値行列 $\boldsymbol{T}$ を導入することであった．したがって欠測データがあるとき，この順序カテゴリカル変数に対して $\boldsymbol{Z} = (\boldsymbol{Z}_{\text{obs}}, \boldsymbol{Z}_{\text{mis}})$, $\boldsymbol{U} = (\boldsymbol{U}_{\text{obs}}, \boldsymbol{U}_{\text{mis}})$ と表記する必要がある．

欠測データのある順序カテゴリカル SEM の場合，実際に手元に得られるデータは $\boldsymbol{Y}_{\text{obs}}$ と $\boldsymbol{Z}_{\text{obs}}$ である．よって，この 2 つの変数行列を所与として $\boldsymbol{\theta}^*$ を推定することになる．通常，この事後分布を求めることは困難であるが，これまでと同様にデータ補完法を用いてこの複雑さを回避することが可能である．今回の状況では，補完に用いる変数行列は $\boldsymbol{\Omega}$ , $\boldsymbol{Y}_{\text{mis}}$ , $\boldsymbol{U}_{\text{mis}}$ , $\boldsymbol{T}$ , $\boldsymbol{U}_{\text{obs}}$ となる．ここで，補完のための変数行列に $\boldsymbol{Z}_{\text{mis}}$ が必要ないのは，$\boldsymbol{U}_{\text{mis}}$ が含まれているからである．

以上のことを考慮すると，最終的な同時事後分布は以下のようになる．

$$p(\boldsymbol{\theta}^*, \boldsymbol{\Omega}, \boldsymbol{X}^*_{\text{mis}}, \boldsymbol{T}, \boldsymbol{U}_{\text{obs}} | \boldsymbol{Y}_{\text{obs}}, \boldsymbol{Z}_{\text{obs}}) \tag{4.4.5}$$

ここで，$\boldsymbol{X}^*_{\text{mis}} = (\boldsymbol{Y}_{\text{mis}}, \boldsymbol{U}_{\text{mis}})$ である．

実際の MCMC 標本のサンプリングは，4.2 節で説明されていたようにギブスサンプラーと MH アルゴリズムを合わせた複合 MCMC アルゴリズムで行うことになる．このサンプリングアルゴリズムは以下のようになる．

現在の値が $\boldsymbol{\theta}^{*(t)}, \boldsymbol{\Omega}^{(t)}, \boldsymbol{X}^{*(t)}_{\text{mis}}, \boldsymbol{T}^{(t)}, \boldsymbol{U}^{(t)}_{\text{obs}}$ であるような $t$ 回目の繰り返しにおいて，

ステップ 1： $p(\boldsymbol{\Omega} | \boldsymbol{\theta}^{*(t)}, \boldsymbol{X}^{*(t)}_{\text{mis}}, \boldsymbol{U}^{(t)}_{\text{obs}}, \boldsymbol{T}^{(t)}, \boldsymbol{Y}_{\text{obs}}, \boldsymbol{Z}_{\text{obs}})$
から $\boldsymbol{\Omega}^{(t+1)}$ を発生させる．

ステップ 2： $p(\boldsymbol{\theta}^* | \boldsymbol{\Omega}^{(t+1)}, \boldsymbol{X}^{*(t)}_{\text{mis}}, \boldsymbol{U}^{(t)}_{\text{obs}}, \boldsymbol{T}^{(t)}, \boldsymbol{Y}_{\text{obs}}, \boldsymbol{Z}_{\text{obs}})$
から $\boldsymbol{\theta}^{*(t+1)}$ を発生させる．

ステップ 3： $p(\boldsymbol{X}^*_{\mathrm{mis}}|\boldsymbol{\theta}^{*(t+1)}, \boldsymbol{\Omega}^{(t+1)}, \boldsymbol{U}^{(t)}_{\mathrm{obs}}, \boldsymbol{T}^{(t)}, \boldsymbol{Y}_{\mathrm{obs}}, \boldsymbol{Z}_{\mathrm{obs}})$
からX$\boldsymbol{X}^{*(t+1)}_{\mathrm{mis}}$を発生させる．

ステップ 4： $p(\boldsymbol{T}, \boldsymbol{U}_{\mathrm{obs}}|\boldsymbol{\theta}^{*(t+1)}, \boldsymbol{\Omega}^{(t+1)}, \boldsymbol{X}^{*(t+1)}_{\mathrm{mis}}, \boldsymbol{Y}_{\mathrm{obs}}, \boldsymbol{Z}_{\mathrm{obs}})$
から$\boldsymbol{T}^{(t+1)}$と$\boldsymbol{U}^{(t+1)}_{\mathrm{obs}}$を発生させる．

ここでステップ 1，ステップ 2 およびステップ 4 に関して，$\boldsymbol{X}^*_{\mathrm{mis}} = (\boldsymbol{Y}_{\mathrm{mis}}, \boldsymbol{U}_{\mathrm{mis}})$ が与えられるということは，$\boldsymbol{X}^*_{\mathrm{obs}} = (\boldsymbol{Y}_{\mathrm{obs}}, \boldsymbol{U}_{\mathrm{obs}})$ と合わせて，完全データセットが与えられた場合と同等である．したがって，事後分布の導出およびサンプリングの方法は 4.2 節と同じになる．以上より，4.2 節のサンプリングアルゴリズムと比較して付加的に必要となる条件付分布の導出は，ステップ 3 における $p(\boldsymbol{X}^*_{\mathrm{mis}}|\cdot)$ に関するものだけである．

いま，$i = 1, \ldots, I$ において $x^*_i$ は相互に独立であるので，$\boldsymbol{x}^*_{\mathrm{mis}i}$ も相互に独立である．さらに $\boldsymbol{\Psi}_\epsilon$ は対角行列であるので，$\boldsymbol{x}^*_{\mathrm{mis}i}$ と $\boldsymbol{x}^*_{\mathrm{obs}i}$ もまた独立である．よって (4.2.1) 式と (4.2.3) 式の測定方程式を考慮すると

$$p(\boldsymbol{X}^*_{\mathrm{mis}}|\boldsymbol{\theta}^*, \boldsymbol{\Omega}, \boldsymbol{U}_{\mathrm{obs}}, \boldsymbol{T}, \boldsymbol{Y}_{\mathrm{obs}}, \boldsymbol{Z}_{\mathrm{obs}}) = \prod_{i=1}^{I} p(\boldsymbol{x}^*_{\mathrm{mis}i}|\boldsymbol{\theta}^*, \boldsymbol{\omega}_i) \tag{4.4.6}$$

$$[\boldsymbol{x}^*_{\mathrm{mis}i}|\boldsymbol{\theta}^*, \boldsymbol{\omega}_i] \sim N(\boldsymbol{\mu}_{\mathrm{mis}i} + \boldsymbol{\Lambda}_{\mathrm{mis}i}\boldsymbol{\omega}_i, \boldsymbol{\Psi}_{\epsilon\mathrm{mis}i}) \tag{4.4.7}$$

となる．ここで，$\boldsymbol{\mu}_{\mathrm{mis}i}$ は $\boldsymbol{\mu}$ から観測された要素を削除したサイズ $K_i \times 1$ のベクトル，$\boldsymbol{\Lambda}_{\mathrm{mis}i}$ は観測された要素に対応する行を削除したサイズ $K_i \times Q$ の行列，$\boldsymbol{\Psi}_{\epsilon\mathrm{mis}i}$ は観測された要素に対応する行と列を削除したサイズ $K_i \times K_i$ の行列である．

上式からわかるように，たとえ $\boldsymbol{X}^*_{\mathrm{mis}}$ の形状が多数の欠測パタンを伴う複雑なものであったとしても，その条件付分布は単純な正規分布の積となる．したがって，$\boldsymbol{X}^*_{\mathrm{mis}}$ をシミュレートする際の計算負荷は非常に軽いといえる．

### 4.4.4 欠測データのある潜在混合モデリング

本項では，前節で説明された潜在混合モデリングに欠測データが伴う場合の母数推定の方法について考える．潜在混合モデリングでは，最終的に評価する

事後分布は

$$p(\boldsymbol{\theta}, \boldsymbol{\Omega}, \boldsymbol{W}|\boldsymbol{Y}) \tag{4.4.8}$$

であった．ここで，$\boldsymbol{Y}$ は観測変数行列，$\boldsymbol{W}$ はラベル変数行列，$\boldsymbol{\Omega}$ は潜在変数行列，$\boldsymbol{\theta}$ は推定する全ての母数である．しかし欠測データがある場合，完全データセット $\boldsymbol{Y}$ は，観測データセット $\boldsymbol{Y}_{\mathrm{obs}}$ と欠測データセット $\boldsymbol{Y}_{\mathrm{mis}}$ に分割され，$\boldsymbol{Y}_{\mathrm{mis}}$ を未知母数として事後分布に導入する必要があった．よって (4.4.8) 式の事後分布は以下のようになる．

$$p(\boldsymbol{\theta}, \boldsymbol{Y}_{\mathrm{mis}}, \boldsymbol{\Omega}, \boldsymbol{W}|\boldsymbol{Y}_{\mathrm{obs}}) \tag{4.4.9}$$

これに伴い，全母数ベクトル $\boldsymbol{\theta}$ を $\boldsymbol{\theta} = (\boldsymbol{\theta}^*, \boldsymbol{\pi})$ と表現することにしよう．ここで $\boldsymbol{\theta}^*$ は母集団 $c = 1, \ldots, C$ における測定方程式と構造方程式に含まれる未知母数ベクトルであり，$\boldsymbol{\pi} = (\pi_1, \ldots, \pi_C)$ は母集団の混合比率を表すベクトルである．

これら全てを考慮すると，(4.4.9) 式の事後分布は最終的に以下のように表現できる．

$$p(\boldsymbol{\theta}^*, \boldsymbol{\pi}, \boldsymbol{Y}_{\mathrm{mis}}, \boldsymbol{\Omega}, \boldsymbol{W}|\boldsymbol{Y}_{\mathrm{obs}}) \tag{4.4.10}$$

通常この同時事後分布は非常に複雑なものとなるため，直接求めることはできない．そこで前節と同様にして，ギブスサンプラーを用いて，MCMC 標本をいくつかのステップに分割して発生させることにする．具体的なアルゴリズムは以下のようになる．

現在の値が $\boldsymbol{\theta}^{*(t)}, \boldsymbol{\pi}^{(t)}, \boldsymbol{Y}_{\mathrm{mis}}^{(t)}, \boldsymbol{\Omega}^{(t)}, \boldsymbol{W}^{(t)}$ であるような $t$ 回目の反復において，

ステップ (a1)：$p(\boldsymbol{W}|\boldsymbol{\theta}^{*(t)}, \boldsymbol{\pi}^{(t)}, \boldsymbol{Y}_{\mathrm{mis}}^{(t)}, \boldsymbol{Y}_{\mathrm{obs}})$ から
$\boldsymbol{W}^{(t+1)}$を発生させる．

ステップ (a2)：$p(\boldsymbol{\Omega}|\boldsymbol{\theta}^{*(t)}, \boldsymbol{\pi}^{(t)}, \boldsymbol{Y}_{\mathrm{mis}}^{(t)}, \boldsymbol{W}^{(t+1)}, \boldsymbol{Y}_{\mathrm{obs}})$ から
$\boldsymbol{\Omega}^{(t+1)}$を発生させる．

ステップ (a3)：$p(\boldsymbol{Y}_{\mathrm{mis}}|\boldsymbol{\theta}^{*(t)}, \boldsymbol{\pi}^{(t)}, \boldsymbol{\Omega}^{(t+1)}, \boldsymbol{W}^{(t+1)}, \boldsymbol{Y}_{\mathrm{obs}})$ から
$\boldsymbol{Y}_{\mathrm{mis}}^{(t+1)}$を発生させる．

ステップ (b) : $p(\boldsymbol{\theta}^*, \boldsymbol{\pi} | \boldsymbol{Y}_{\text{obs}}, \boldsymbol{Y}_{\text{mis}}^{(t+1)}, \boldsymbol{\Omega}^{(t+1)}, \boldsymbol{W}^{(t+1)})$ から
$(\boldsymbol{\theta}^{*(t+1)}, \boldsymbol{\pi}^{(t+1)})$ を発生させる.

ここで，$\boldsymbol{Y} = (\boldsymbol{Y}_{\text{obs}}, \boldsymbol{Y}_{\text{mis}})$ および $\boldsymbol{\theta} = (\boldsymbol{\theta}^*, \boldsymbol{\pi})$ なので，ステップ (a1)，ステップ (a2)，ステップ (b) は 4.3 節の完全データセットが与えられたときの潜在混合モデリングと同じ方法で条件付事後分布を導出することが可能である．したがって本項で注意すべき条件付分布は，ステップ (a3) の $p(\boldsymbol{Y}_{\text{mis}} | \boldsymbol{\theta}^{*(t)}, \boldsymbol{\pi}^{(t)}, \boldsymbol{\Omega}^{(t+1)}, \boldsymbol{W}^{(t+1)}, \boldsymbol{Y}_{\text{obs}})$ だけである．

しかしこの事後分布に関しても，非常に単純な形に変形できる．まず $\boldsymbol{W}_i$ が所与であるとき，$\boldsymbol{y}_{\text{mis}i}$ がどの母集団に所属するのかは明らかであるので，$\boldsymbol{\pi}$ は局外母数である．そのため $\boldsymbol{\pi}$ は事後分布から除外することが可能である．また $w_i$ が所与のときには，4.4.2 項と同様の理由で $\boldsymbol{y}_{\text{mis}i}$ と $\boldsymbol{y}_{\text{obs}i}$ は独立である．そして，$i = 1, \ldots, I$ において $\boldsymbol{\Omega}$ が所与の下で $\boldsymbol{y}_i$ は条件付独立であるので，$\boldsymbol{y}_{\text{mis}i}$ もまた条件付独立である．したがって，$p(\boldsymbol{Y}_{\text{mis}} | \boldsymbol{\theta}^*, \boldsymbol{\pi}, \boldsymbol{\Omega}, \boldsymbol{W}, \boldsymbol{Y}_{\text{obs}})$ は，$i = 1, \ldots, I$ のとき

$$p(\boldsymbol{Y}_{\text{mis}} | \boldsymbol{\theta}^*, \boldsymbol{\pi}, \boldsymbol{\Omega}, \boldsymbol{W}, \boldsymbol{Y}_{\text{obs}}) = \prod_{i=1}^{I} p(\boldsymbol{y}_{\text{mis}i} | \boldsymbol{\theta}^*, \boldsymbol{\omega}_i, \boldsymbol{w}_i) \tag{4.4.11}$$

と変形できる．そしてこの事後分布は $w_i$ が所与のとき，(4.4.3) 式と (4.4.4) 式から，添え字に注意して

$$[\boldsymbol{y}_{\text{mis}i} | \boldsymbol{\theta}^*, \boldsymbol{\omega}_i, w_i = c] \sim N(\boldsymbol{\mu}_{\text{mis}i,c} + \boldsymbol{\Lambda}_{\text{mis}i,c}\boldsymbol{\omega}_{ci}, \boldsymbol{\Psi}_{\epsilon\text{mis}i,c}) \tag{4.4.12}$$

と表現できる．ここで $\boldsymbol{\mu}_{\text{mis}i,c}$ は $\boldsymbol{\mu}_c$ から観測された要素を削除したサイズ $K_i \times 1$ のベクトル，$\boldsymbol{\Lambda}_{\text{mis}i,c}$ は $\boldsymbol{\Lambda}_c$ から観測された要素に対応する行を削除したサイズ $K_i \times Q$ の行列である．また，$\boldsymbol{\Psi}_{\epsilon\text{mis}i,c}$ は $\boldsymbol{\Psi}_{\epsilon c}$ から観測された要素に対応する行と列を削除したサイズ $K_i \times K_i$ の行列である．

このように潜在混合モデリングの場合でも $\boldsymbol{Y}_{\text{mis}}$ の条件付分布は正規分布の積という単純な形状となるため，MCMC 標本を発生させる際の計算負荷は軽くなるのである．ただし 4.3 節でも言及したが，潜在混合モデリングでは母集団 $c = 1, \ldots, C$ のラベル付けに対して尤度が不変となるので，識別のために独自のラベリングを行うことが必要である．つまり，Früwirth-Schnatter (2001) などの方法を用いてラベル交換問題に対処しなければならない．また当然のこ

となから，通常の SEM の場合と同様に $\mathbf{\Lambda}_c$ ，$\mathbf{\Pi}_c$ ，$\mathbf{\Gamma}_c$ の適当な要素を一定の値に固定し，識別条件を満たすことも必要不可欠である．

# 5

# MCMCの応用

本章では，さまざまな統計モデルの推定を MCMC で行った実例を示す．MCMC は複雑な統計モデルを統一的な枠組みで解くことが可能であり，その応用可能範囲は極めて広い．ここでは主として社会・人文科学の分野で利用されることが多い 32 の手法を取り上げることで，MCMC の可能性の一端を紹介する．構成としては 1 つの手法につき 1 節が割り当てられ，見開き 4 ページにモデルの概説，MCMC を用いて推定を行う場合の注意点，そして実際のデータを用いた分析例が示される形となっている．各節は基本的に独立した内容となっているので，興味のある手法を扱っている節から読みはじめることも可能である．

本章で取り上げている手法は，大きく 4 種類に分けられる．まず 5.1〜5.11 節までは，回帰分析に関連したモデルが扱われる．ただし線形回帰モデルについてはすでに第 2 章および第 7 章で解説を行っているので，それ以外のモデルが中心となる．また後半には，時系列解析の手法も含まれている．次に 5.12〜5.17 節までは分散分析に関係したモデルが紹介される．構造模型を MCMC の枠組みで表現する方法と，それを利用してさまざまなデザインを分析する方法を示す．続いて 5.18 節から 5.25 節までは，項目反応理論に含まれるモデルを論じる．第 2 章では 1 母数ロジスティックモデルの MCMC 推定を扱ったが，項目反応理論ではテストの形式に応じて多様なモデルが提案されている．そこで，これらのうちいくつかを取り上げる．最後に 5.26〜5.32 節までは，第 4 章で述べた SEM の枠組みを用いて，特定の下位モデルを推定する方法について扱う．したがってこれらの節においては，前章の内容が前提となる．

また各節には，MCMC 推定のために広く用いられている Bugs (Bayesian interface using Gibbs sampling) プロジェクトから派生したソフトを利用することを念頭におき，Bugs 言語による実装例が示されている．ただし紙幅の都合上コードの全てを収録することができないため，本書にはモデルの中核部分に関する抜粋しか掲載されていない．朝倉書店の Web サイト (http://www.asakura.co.jp/) 内に含まれる本書の紹介ページでは，本章の分析に用いた全てのデータとコードを入手できるようになっているので，興味のある読者の方にはこちらからコードを入手して併読することをお勧めしたい．また，Bugs 言語を実行するために必要なソフトウェア環境とその使い方については第 6 章で詳しい解説を行っているので，いままで Bugs 言語を利用したことはないが追計算をぜひ行ってみたいという場合には，そちらも参照されたい．MCMC を使いこなせれば，自分の研究上の興味に合わせてカスタマイズしたモデルを自由に推定することが可能になる．本章は，そのための良い端緒となるだろう．

## 5.1 ロジスティック回帰モデル

ロジスティック回帰分析（またはロジット分析）は，目的変数が2値の場合に用いられるものであり，成功と失敗，発症と非発症などに対して原因となる変数が与える影響を調べる手法である．主に医学，経済学，社会科学などの分野でよく使われている．

例えば，ダーツを行う状況を考えてみよう．このとき，ダーツが「的に当たる (成功)」か「当たらない (失敗)」かに対しては，「的からの距離」や「的の大きさ」が影響するであろうし，その他にも「ダーツ歴」や「視力の良さ」といった要因も影響するかもしれない．ロジスティック回帰分析では，この場合，「的に当たる」確率 $p$ と「当たらない」確率 $1-p$ との比を計算し，その比の対数をとったものを「的からの距離」や「的の大きさ」などの変数を用いて説明する．ここで，ある事象が生起する確率 $p$ と生起しない確率 $1-p$ との比はオッズ (odds) と呼ばれ，オッズの対数をとったものはロジット (logit) あるいは対数オッズ (log odds) と呼ばれる．

### モ デ ル

ある事象の生起確率 $p$ が $J$ 個の観測変数 $\boldsymbol{x} = (x_1, \ldots, x_J)$ によって説明されるモデルを考える．ここでは，観測変数 $\boldsymbol{x}$ の下で事象が生起する条件付確率を $p(\boldsymbol{x})$ と表現する．すると，ロジスティック回帰のモデルは，生起確率 $p(\boldsymbol{x})$ $(0 \le p(\boldsymbol{x}) \le 1)$ と $J$ 個の説明変数の線形な合成変数 $Z = \beta_0 + \beta_1 x_1 + \cdots + \beta_J x_J$ $(-\infty < \boldsymbol{x} < \infty)$ とをロジスティック関数でリンクさせることで，

$$p(\boldsymbol{x}) = \frac{\exp(Z)}{1+\exp(Z)} = \frac{1}{1+\exp(-Z)} \tag{1}$$

と表現される．説明変数 $x_j$ $(j = 1, \ldots, J)$ が連続変数である場合，(1) 式は

$$\text{logit } p(\boldsymbol{x}) = \log\left[\frac{p(\boldsymbol{x})}{1-p(\boldsymbol{x})}\right] = \beta_0 + \beta_1 x_1 + \beta_2 x_2 + \cdots + \beta_J x_J \tag{2}$$

と変形することができる．

また，$j$ 番目の説明変数がカテゴリ変数である場合には，$c$ 番目のカテゴリに属するならば 1，そうでないならば 0 を与える 2 値変数 $x_{jc}$ $(c = 1, \ldots, C)$ を新たに作成する．このとき，$x_{jc}$ の影響の大きさを表す母数 $\beta_{jc}$ に関しては，識別のための制約として，1 つのカテゴリ (通常は第 1 カテゴリ) の母数を 0 に固定する必要がある．これは，各カテゴリの推定値に関しては相対的な差を検討することに意味があるためである．識別の制約としては母数の総和を 0 とおく方法もある．ちなみに，説明変数が 2 値変数の場合には，連続変数とカテゴリ変数のいずれと見なしても分析を行うことが可能である．ロジスティック回帰分析に関する詳細は，丹後ほか (1996) を参照されたい．

Bugs による推定ではモデルを次のように考える．ある事象の生起数を $r_i$ $(i = 1, \ldots, I)$，生起確率を $p_i$ とする．連続変数 $x_1$ とカテゴリ数が 3 である離散変数 $x_2$ を説明変数として用いる場合，モデルは

$$r_i \sim BIN(p_i, n_i) \tag{3}$$

$$\text{logit } p_i = \beta_0 + \beta_1 x_{1i} + \beta_{21} x_{21i} + \beta_{22} x_{22i} + \beta_{23} x_{23i} + e_i \tag{4}$$

$$e_i \sim N(0, \sigma^2) \tag{5}$$

と表現される．生起数 $r_i$ は 2 項分布に従い，誤差変数 $e_i$ は正規分布に従う．ここでカテゴリ変数の母数に関しては，識別制約として $\beta_{21}$，$\beta_{22}$，$\beta_{23}$ のうち 1 つを 0 に固定する．$\beta_{21}$ を固定母数として扱う場合，モデルの母数は切片 $\beta_0$，回帰係数 $\beta_1$，$\beta_{22}$，$\beta_{23}$，誤差の標準偏差 $\sigma$ となる．

各母数に無情報事前分布を考えると，例えば以下のように設定される．

$$\beta \sim N(0, 10^6), \quad 1/\sigma^2 \sim G(10^{-3}, 10^{-3})$$

切片 $\beta_0$ と回帰係数 $\beta_1$，$\beta_{22}$，$\beta_{23}$ はそれぞれ正規分布に従い，誤差分散の逆数 $1/\sigma^2$ はガンマ分布に従う．

Bugs のコードは，連続変数 $x_1$ とカテゴリ数が 3 である離散変数 $x_2$ を説明変数とする場合

```
r[i]~dbin(p[i],n[i])
logit(p[i])<-beta0+beta1*x1[i]+beta21*x21[i]
                    +beta22*x22[i]+beta23*x23[i]+e[i]
e[i]~dnorm(0.0,tau)
```

となる．ここで，tau は誤差分散の逆数 $1/\sigma^2$ を示す．

**MCMCによる分析**

1980年に行われたアメリカ大統領選挙では，主に共和党代表のロナルド・レーガン候補と当時現職であった民主党のジミー・カーター大統領による選挙戦が行われた．表5.1は1982年に実施された一般社会調査のデータであり，「人種」と「政治的思想」の違いによる2名の候補者への投票結果が示されている (Friendly, 2000)．以下では，MCMCによるロジスティック回帰分析を行うことで「人種」または「政治的思想」が投票に与えた影響を検討してみよう．

**表 5.1** 1980年アメリカ大統領選挙の得票数

| | 白人 | | 非白人 | |
|---|---|---|---|---|
| | レーガン氏 | カーター氏 | レーガン氏 | カーター氏 |
| とても自由主義 | 1 | 12 | 0 | 6 |
| かなり自由主義 | 13 | 57 | 0 | 16 |
| やや自由主義 | 44 | 71 | 2 | 23 |
| どちらともいえない | 155 | 146 | 1 | 31 |
| やや保守主義 | 92 | 61 | 0 | 8 |
| かなり保守主義 | 100 | 41 | 2 | 7 |
| とても保守主義 | 18 | 8 | 0 | 4 |

説明変数に関しては，「人種」は「白人」か「非白人」かを示す2値変数であり，「白人」ならば0，「非白人」ならば1と符号化した．また，「政治的思想」は「とても自由主義」を1，「とても保守主義」を7とするカテゴリ変数であったため，カテゴリに属するならば1，そうでないならば0を与える7個の2値変数を新たに作成した．ここでは，「人種」と「政治的思想」によって分けられる14個の各群において，レーガン氏の得票数を $r_i$ $(i=1,\cdots,14)$，レーガン氏の得票数とカーター氏の得票数の和を $n_i$ として分析を行った．よって，各群において，レーガン氏の得票率を $p_i$，カーター氏の得票率を $1-p_i$ としてロジットを計算した．

MCMCの実行に際しては，アルゴリズムの更新回数を50000回とし，10000回をバーンインして40000個のMCMC標本を発生させた．またモデルの設定では，母数を識別するため「政治的思想」における「どちらでもない」のカテゴリの値を0に固定した．この場合「どちらでもない」のカテゴリの初期値には NA を指定する.

表 5.2 はそれぞれの母数の推定結果である. $\beta_0$ は切片, $\beta_1$ は「人種」からの影響, $\beta_{21}$ から $\beta_{27}$ は「政治的思想」からの影響, $\sigma$ は誤差の標準偏差を表す母数である. $\beta_{24}$ は「どちらでもない」の母数であり, 識別のため 0 に固定されているから表には登場していない ($\beta_{24} = 0$). 収束判定を行うために Geweke 指標を確認すると, すべての母数において Geweke の Z スコアは $\pm 1.96$ 以内であり, それぞれの母数は収束していることが示唆された.

表 5.2 事後統計量

| | 平均 | 標準偏差 | 中央値 | 95%信用区間 | Geweke 指標 |
|---|---|---|---|---|---|
| $\beta_0$ | 0.039 | 0.446 | 0.036 | [-0.898, 1.077] | -0.142 |
| $\beta_1$ | -3.159 | 0.682 | -3.081 | [-4.758, -2.079] | 1.319 |
| $\beta_{21}$ | -3.106 | 1.482 | -2.914 | [-6.601, -0.720] | -0.323 |
| $\beta_{22}$ | -1.630 | 0.803 | -1.581 | [-3.349, -0.208] | 0.976 |
| $\beta_{23}$ | -0.339 | 0.650 | -0.415 | [-1.447, 1.312] | -1.390 |
| $\beta_{25}$ | 0.244 | 0.708 | 0.319 | [-1.646, 1.497] | 1.001 |
| $\beta_{26}$ | 1.022 | 0.651 | 0.952 | [-0.152, 2.647] | -0.208 |
| $\beta_{27}$ | 0.661 | 0.785 | 0.691 | [-1.109, 2.101] | 0.224 |
| $\sigma$ | 0.383 | 0.441 | 0.222 | [0.030, 1.616] | -1.008 |

95%信用区間を見ると, $\hat{\beta}_1$, $\hat{\beta}_{21}$, $\hat{\beta}_{22}$ は区間が 0 を含んでいないため有意であると判断される. さらに, $\hat{\beta}_{26}$ に関しても区間の下限はほぼ 0 であることから有意であると考えられる. 解釈を行うと,「人種」からの影響である $\hat{\beta}_1$ は $-3.159$ であり負の影響が見られた. よって, 白人でない人々のほうが白人の人々と比較して, カーター氏に投票する傾向が大きかったといえる.

「政治的思想」に関しては, $\hat{\beta}_{21}$, $\hat{\beta}_{22}$ の符号は負の値であり, 自由主義の立場をとる人々は, 特に政治的思想をもたない人々よりもカーター氏に投票する割合が高かったことがうかがえる. 一方で, $\hat{\beta}_{26}$ の符号は正の値であることから, 保守主義の立場をとる人々は, 政治的思想をもたない人々と比較して, レーガン氏に投票する割合が高かったことが見てとれる. これは, レーガン氏が保守主義である共和党の候補者であり, カーター氏が自由主義である民主党の候補者であることからも納得のいく結果であろう. またここでは, $\hat{\beta}_{21}$ と $\hat{\beta}_{22}$ の影響が大きいことから, 自由主義の人々がカーター氏に投票する傾向のほうが, 保守主義の人々がレーガン氏に投票する傾向よりも大きかったことが示唆される.

## 5.2 メタ分析

久しぶりの休暇に，映画でも観に行こうかな，とふと思い立ったあなた．気になっている映画はあるけれど，映画館まで足を運んでつまらなかったら，時間もお金も無駄遣いした気分になり，せっかくの休日が台無しになってしまう．そんなときは，事前に口コミサイトをチェック．しかし，同じ映画に対する評価なのに，「面白かった！　絶対オススメ.」という意見もあれば，「最悪．途中から寝てしまいました.」という意見もあり，人によって評価はさまざまである．その上，さらに他のサイトも覗いてみると，その映画に対する評点の平均点がサイトによって異なっていたりする．これではどの情報を基に決断を下したらよいのか迷ってしまい，結局出かけるのが面倒くさくなって一日中家でごろごろ，本当に休日を無駄に過ごしてしまうかもしれない．たくさんの情報が提示さた場合には，それらを効率よく整理して，的確に要約することが求められる．

学術的な分野でも同様に，複数の類似した研究がある場合には，それらの研究結果を整理し，包括的な視点からまとめ上げ，そこから有用な知見を導き出す必要が生じる．その際に有効な分析手法がメタ分析 (meta-analysis) である．メタ分析は，過去に行われた複数の独立な研究結果を系統的に収集し，それらを１つに統合するために行われる．メタ分析はもともと社会科学の世界で誕生し，特に教育学の分野において方法論の研究が進められてきた．現在では，臨床試験など医療の分野において用いられることも非常に多い．臨床研究では，治療効果の大きさ，暴露リスクの大きさなど，ある作用の効果を測定するために「リスク比」,「オッズ比」,「平均値の差」などの指標を導入する．メタ分析では，これらの効果指標の大きさを効果量 (effect size) とよぶ．

ここで，リスクとは健康に関係するイベントが起きる確率，すなわち発生割合であり，

$$\frac{\text{イベント発生数}}{\text{全オブザベーション数}} \tag{6}$$

と表される．このリスクを実験群と統制群でそれぞれ計算し，その比をとった値がリスク比となる．また，オッズは健康イベントが起きるリスクと起きな

いリスクの比であり，

$$\frac{\text{イベント発生数}}{\text{イベント未発生数}} \tag{7}$$

によって求められる．リスクの場合と同様に，実験群のオッズを統制群のオッズで除した値がオッズ比である．(6) 式と (7) 式を比較すると，分子は同じで，イベントの発生数少ないほど分母の値が近くなることから，イベントの発生頻度が小さい場合にはオッズ比はリスク比に近似できることがわかる．

### モ　デ　ル

メタ分析を行う際の統計手法には，母数モデル，変量モデルの主として２つの方法が考えられる．研究間のばらつきは偶然誤差に過ぎず，メタ分析の対象となるすべての研究において共通の効果量をもつと考えるのが母数モデルである．しかしながら実際には患者の違い，病院の違い，地域の違い，研究時期の違いなどが反映されるため，効果量にはそれぞれの研究ごとにある程度の差があると考えるのが自然であろう．そこで研究間の異質性をモデル化したものが変量モデルとなる．ベイジアンモデルは，研究間の違いを考慮する変量モデルの１つとして位置付けられるが，その具体例として興味の対象となる効果量がオッズ比である場合を考えよう．ロジスティック回帰の最も単純な

$$\log\frac{p}{1-p} = \alpha + \beta x \tag{8}$$

において，ある処置を施さないときに $x=0$，施したときに $x=1$ とし，処置を施さないときのイベントの生起確率を $p_0$，施したときの生起確率を $p_1$ とすると，定数項は

$$\alpha = \log\{p_0/1-p_0\} \tag{9}$$

となり，処置を施さないときの対数オッズを表す．一方 $x$ の係数は

$$\begin{aligned}\beta &= \log\{p_1/1-p_1\} - \log\{p_0/1-p_0\} \\ &= \log\left\{\frac{p_1/(1-p_1)}{p_0/(1-p_0)}\right\}\end{aligned} \tag{10}$$

と対数オッズ比になることが知られている．このことを利用して，メタ分析のためのベイジアンモデルは以下のように記述できる．

$$r_{ij} \sim BIN(p_{ij}, n_{ij}) \tag{11}$$

$$\log \frac{p_{ij}}{1-p_{ij}} = \mu_i + \delta_i x_j \tag{12}$$

$$\delta_i \sim N(d, \sigma^2) \tag{13}$$

$n_{ij}$ と $r_{ij}$ は第 $i\,(=1,\ldots,I)$ 番目の研究におけるオブザベーション数とイベント発生数を表している．$j$ は処置の有無を表す添え字であり，統制群ならば0，実験群ならば1とする．各群のイベント発生回数は2項分布に従うものとして，(8) 式に相当する表現が (12) 式となる．$x_j$ は，統制群 $(j=0)$ ならば0，実験群 $(j=1)$ ならば1をとるダミー変数である．このとき $\delta_i$ が統制群とと実験群の対数オッズ比であり，実験群における処置が新薬の投与などである場合には治療の効果を表していると考えられる．$\delta_i$ が平均 $d$，分散 $\sigma^2$ の正規分布に従うと仮定すると，平均 $d$ が統合された対数オッズ比である．

以上のモデルは Bugs のコードでは次のように表現される．

```
rc[i] ~ dbin(pc[i], nc[i])
rt[i] ~ dbin(pt[i], nt[i])
logit(pc[i]) <- mu[i]
logit(pt[i]) <- mu[i] + delta[i]
mu[i] ~ dnorm(0.0,1.0E-5)
delta[i] ~ dnorm(d, tau)
```

なお，コード中の tau は分散 $\sigma^2$ の逆数である．統合された対数オッズ比 $d$ を推定することが本分析の目的となる．

最後に，母数の無情報事前分布の例として

$$\mu_i \sim N(0, 100000), \quad d \sim N(0, 1000000), \quad \tau = \frac{1}{\sigma^2} \sim G(0.001, 0.001)$$

とおく．

なお，メタ分析におけるモデルおよびその統計手法に関する詳細は丹後 (2002) を参照されたい．

### MCMC による分析

7 つの先行研究からなる表 5.3 のデータを用いて，オッズ比に関する分析を行った．データは，心筋梗塞の患者に対するアスピリン治療の効果を検討したものであり，イベントの発生は患者の死亡であるため，表 5.3 には各群の死亡割合 (リスク) が示されている．

表 5.3　アスピリン治療の効果に関する研究結果

| | 死亡割合 | |
|---|---|---|
| 研究ラベル | 〈実験群〉 | 〈統制群〉 |
| 1 | 49/615 | 67/624 |
| 2 | 44/758 | 64/771 |
| 3 | 102/832 | 126/850 |
| 4 | 32/317 | 38/309 |
| 5 | 85/810 | 52/406 |
| 6 | 246/2267 | 219/2257 |
| 7 | 1570/8587 | 1720/8600 |

単一のマルコフ連鎖から 20000 回のサンプリングを行い，前半の 5000 回を破棄した残りの 15000 個の MCMC 標本を用いて母数の事後統計量を推定した．結果は表 5.4 の通りである．

表 5.4　事後統計量

| | 平均 | 標準偏差 | 中央値 | 95%信用区間 | Geweke 指標 |
|---|---|---|---|---|---|
| $d$ | -0.140 | 0.081 | -0.133 | [-0.323, 0.001] | 0.007 |
| $\sigma$ | 0.129 | 0.083 | 0.111 | [0.027, 0.336] | -1.138 |

$d$ の信用区間がわずかに 0 を含んでしまっているが，Geweke の $Z$ スコアはすべて絶対値 1.96 以内であり，母数の収束が示唆されたため，解釈に移る．

推定された対数オッズ比を元に，指数変換によりオッズ比を求めると，

$$\exp(-0.140) = 0.870, \quad \exp(-0.323) = 0.724, \quad \exp(0.001) = 1.000$$

であり，過去に行われた 7 つの研究を元に統合されたオッズ比の推定値は 0.870 (95%CI: 0.724〜1.000) となった．オッズ比はリスク比に近似できるので，心筋梗塞後のアスピリン治療により 13% $(= (1 - 0.870) \times 100)$ 死亡リスクが減少することが示された．

## 5.3 多項ロジットモデル

多項ロジットモデル (multinomial logit model) とは，多値カテゴリカル変数に対する他の変数からの影響を検討するための統計手法の総称であり，多様なバリエーションを内包している．中でも本節において取り上げるのは，名義変数である従属変数の全てのカテゴリに対する独立変数からの影響の強さを推定するモデルであり，厳密には一般化ロジットモデル (generalized logit model) と称されるものである．このモデルはロジスティック回帰分析の一般化として理解することが容易であるため，統計解析パッケージにおいては多項ロジスティック回帰 (multinomial logistic regression) と呼ばれていることも多い．ちなみに計量経済学の分野では，伝統的に条件付ロジットモデル (conditional logit model) のことを多項ロジットモデルと呼んでいるが，本節で扱うのはこちらではない．詳しくは Agresti (1990) や Borooah (2002) などを参照のこと．

### 分析に用いるデータおよびモデル

本節では，1988 年にチリで行われた国民投票に関するデータ (Fox, 1997) の一部を分析に利用する．この投票では，当時のチリで軍事独裁政権の大統領を務めていたアウグスト・ピノチェトの信任が問われた．しかし，結果として彼は信任されなかったため指導力を失い，それから 2 年後の 1990 年にチリは再び民政へと移行し，文民政権の統治下におかれることとなった．なお，分析に用いるデータは実際の投票結果そのものではなく投票前に行われたアンケート調査のものだが，現実の投票と同様の傾向が現れていることが知られている．

分析には，「居住地域」「性別」「教育歴」「投票行動」の 4 つの変数を利用する．これらは全てカテゴリカル変数であり，「居住地域」は「1 (北部)」「2 (中部)」「3 (南部)」「4 (サンティアゴ)」「5 (サンティアゴ都市圏)」,「性別」は「1 (女性)」「2 (男性)」,「教育歴」は「1 (初等)」「2 (中等)」「 3 (高等)」,「投票行動」は「1 (信任)」「2 (不信任)」「3 (棄権)」「4 (未定)」の中から，いずれかを選ぶ形となっている．これらのうち「投票行動」を従属変数，それ以外の 3 つの変数を独立変数として一般化ロジットモデルを当てはめる．このように独立変数も全てカテゴリカル変数である場合は，データをクロス集計表の形にまと

表 5.5 チリの国民投票における投票行動データ

| | | | 投票行動 $(l)$ | | | |
|---|---|---|---|---|---|---|
| 居住地域 $(i)$ | 性別 $(j)$ | 教育歴 $(k)$ | 信任 | 不信任 | 棄権 | 未定 |
| 北部 | 女性 | 初等 | 45 | 13 | 6 | 14 |
| | | 中等 | 26 | 17 | 3 | 10 |
| | | 高等 | 12 | 10 | 1 | 2 |
| | 男性 | 初等 | 27 | 15 | 2 | 11 |
| | | 中等 | 14 | 24 | 12 | 5 |
| | | 高等 | 7 | 19 | 5 | 4 |
| | ⋮ | | | ⋮ | | |

めてしまうと扱いやすくなる．集計したデータの一部を表 5.5 に示した．

従属変数が名義変数である場合のベイズ統計に基づく多項ロジットモデルでは，複数のカテゴリの中から 1 つを選ぶという行動を多項分布によって表現する．例えば表 5.5 のデータの場合ならば，居住地域が $i$，性別が $j$，教育歴が $k$ である人が，投票行動 $l$ を選ぶ回数 $x_{ijkl}$ が，

$$x_{ijkl} \sim Multinomial(\boldsymbol{p}_{ijk}, n_{ijk}) \tag{14}$$

であると仮定する．ここで $\boldsymbol{p}_{ijk}$ は多項分布における各選択肢の出現確率 $p_{ijkl}$ を配したベクトルであり，この場合 4 通りの投票行動を想定しているので以下の通りサイズは $4 \times 1$ となる．

$$\boldsymbol{p}_{ijk} = \begin{pmatrix} p_{ijk1} & p_{ijk2} & p_{ijk3} & p_{ijk4} \end{pmatrix}' \tag{15}$$

また $n_{ijk}$ は多項分布の試行回数であり，以下のように定める．

$$n_{ijk} = \sum_{l=1}^{4} x_{ijkl} \tag{16}$$

ただし多項分布の性質上，同じ $\boldsymbol{p}_{ijk}$ に含まれる $p_{ijkl}$ は全て正であり，かつ総和が 1 でなければならない．これを満たすため，出現確率は選好度 $\phi_{ijkl}$ の相互比較によって，

$$p_{ijkl} = \frac{\phi_{ijkl}}{\sum_{l=1}^{4} \phi_{ijkl}} \tag{17}$$

と導かれているものと考える．さらにこの選好度 $\phi_{ijkl}$ を，以下のように各変数の影響に分解する．

$$\log \phi_{ijkl} = \alpha_l + \beta_{il} + \gamma_{jl} + \delta_{kl} \tag{18}$$

以上が独立変数が全てカテゴリカル変数である場合の一般化ロジットモデルの概要であり，$\alpha_l$ は投票行動の主効果，$\beta_{il}$ は居住地域，$\gamma_{jl}$ は性別，$\delta_{kl}$ は教育歴と投票行動との交互作用と解釈される．なお，ここでは分析するデータに合わせた形でモデル式を記述したが，独立変数の数やカテゴリ数が異なる場合には，それに応じて交互作用項や添え字の数といった細部が変化する．また独立変数に連続変数が含まれる場合にも，モデルの形は異なるものになる．

**MCMCによる分析**

分析の際の事前分布としては，以下のような無情報事前分布を仮定した．

$$\alpha_l, \beta_{il}, \gamma_{jl}, \delta_{kl} \sim N(0, 100000) \tag{19}$$

Bugsのコードは，基本的には前項で示したモデルをそのまま自然に記述すればよい．ただし母数を識別するために，各要因のうちどれか1つのカテゴリについては値を0に固定する必要がある．これを行うために付録のBugsのコードでは，1番目のカテゴリに対応する母数の値を固定している．例えば以下は，$\beta_{il}$ の指定を行っている部分である．

```
for(l in 1:L){ beta[1,l] <- 0 }
for(i in 2:I){ beta[i,1] <- 0
               for(l in 2:L){ beta[i,l] ~ dnorm(0,0.00001) }}
```

コードの1行目で $\beta_{11}$ から $\beta_{14}$ まで，2行目で $\beta_{21}, \beta_{31}, \beta_{41}, \beta_{51}$ を，それぞれ0に固定している．したがって，これらは推定の対象にはならない．3行目ではこれら以外の要因について，(19)式で示した事前分布を設定している．なお，値を固定する母数については初期値として `NA` を与えなければならないことにも注意が必要である．

長さ20万個のマルコフ連鎖を発生させ，そのうち最初の5万個をバーンイン期間として破棄し，残りの15万個に基づいて計算したMCMC推定値を表5.6に示した．Gewekeの指標はほとんどの母数において絶対値が1.96を下回っているので，推定結果は妥当なものであると見なして値の解釈に移る．

まず投票行動の主効果は $\alpha_2$ から $\alpha_4$ まで全てが負の値となっている．した

表 5.6　多項ロジットモデルの推定結果

| 母数 | 平均 | SD | Geweke 指標 | 母数 | 平均 | SD | Geweke 指標 |
|---|---|---|---|---|---|---|---|
| $\alpha_2$ | -0.974 | 0.157 | 0.309 | $\gamma_{22}$ | 0.470 | 0.099 | -1.521 |
| $\alpha_3$ | -2.027 | 0.256 | 1.440 | $\gamma_{23}$ | -0.022 | 0.165 | -1.307 |
| $\alpha_4$ | -0.885 | 0.180 | 0.940 | $\gamma_{24}$ | -0.259 | 0.111 | -2.167 |
| $\beta_{22}$ | 0.628 | 0.171 | -0.099 | $\delta_{22}$ | 0.597 | 0.111 | 0.033 |
| $\beta_{23}$ | 0.111 | 0.273 | -1.247 | $\delta_{23}$ | 0.966 | 0.192 | -0.856 |
| $\beta_{24}$ | 0.839 | 0.204 | -0.518 | $\delta_{24}$ | 0.031 | 0.117 | -0.502 |
| $\beta_{32}$ | 0.058 | 0.166 | -0.143 | $\delta_{32}$ | 1.024 | 0.136 | -0.748 |
| $\beta_{33}$ | -0.368 | 0.270 | -1.195 | $\delta_{33}$ | 0.648 | 0.251 | -1.082 |
| $\beta_{34}$ | 0.422 | 0.197 | -0.872 | $\delta_{34}$ | -0.606 | 0.184 | -1.210 |
| $\beta_{42}$ | 0.609 | 0.162 | -0.086 | | | | |
| $\beta_{43}$ | 0.158 | 0.254 | -1.611 | | | | |
| $\beta_{44}$ | 0.992 | 0.195 | -0.774 | | | | |
| $\beta_{52}$ | -0.360 | 0.325 | 0.055 | | | | |
| $\beta_{53}$ | -1.639 | 0.842 | -1.151 | | | | |
| $\beta_{54}$ | 0.498 | 0.316 | -0.681 | | | | |

がって識別のために値が 0 に固定された $\alpha_1$，すなわち「信任」の選好度が基本的には最も高く，「棄権」がもっとも選ばれにくいことがわかる．これに対して居住地域との交互作用は，$\beta_{22}$ や $\beta_{42}$ の値が基準となる 0 よりも大きいことから，「中部」および「サンティアゴ」の住民は「不信任」を選びがちであることがわかる．しかし「北部」「南部」などには，そうした傾向が存在していない．チリの国土は南北に長いが，そのうち主要な港を擁する中部地域は工業の発展に伴い近代化が進んでおり，首都サンティアゴもここに含まれている．これに対して北部は鉱業，南部は農業や酪農が中心産業であり，こうした差が影響している可能性が考えられる．

これに対して性別については $\gamma_{22}$ の値が大きいことから，女性よりも男性の方が「不信任」を選びやすいことがわかる．また教育歴については，$\delta_{22}$ が 0.5969，$\delta_{32}$ が 1.024 と，教育歴が長くなるほどに「不信任」を選ぶ傾向が強くなっている．以上の結果より，1988 年の国民投票においてピノチェト大統領を支持しなかった層は，農村よりも都市部，女性よりも男性，低学歴よりも高学歴に多かったと考えることができる．したがって，政治活動や経済活動の中核を担っているエリート層からの支持を失ったことが，ピノチェトが失脚する原因となったといえるだろう．

## 5.4 対数線形モデル

歌舞伎や狂言など日本の伝統芸能において世襲は一般的である．しかし，一般的なサラリーマン家庭で，親と同じ会社に入って仕事をする子どもは，親が取締役などでない限り非常に稀であろう．ただ，子は親を見て育つのだから，父親の職種と息子の職種には何らかの関係があるかもしれない．親が教師である子どもは教師になるのを拒むかもしれないし，サラリーマンを親にもつ子どもは残業の多さから公務員を志望したりするかもしれない．その際には，父親と息子の職種に関して分割表を作成して，2 つの関係を調べることが有効である．「職種」のように，質的変数間の関係を検討するには，分割表を用いたカイ 2 乗検定や，$\phi$ 係数などの連関係数などが利用される．しかし，これらの手法は同時に分析できる変数の数が 2 つと限られ，また特定のセルに注目した分析を行うことができない．そこで，3 変数以上の関連性についても総合的に評価ができ，また分割表のどのセルに起因する関連性なのかを評価することが可能な対数線形モデル (log-linear model) を紹介する．

### モ デ ル

説明を簡単にするため，まず 2 変数によって構成される 2 元分割表を想定する．観測されるセルの度数 $y_{ij}$ は，平均 (期待度数) $\mu_{ij}$ のポアソン分布に従うとする．標本数を前もって制限するかにより，多項分布に従う場合もあるが，今回はポアソン分布に従う場合を考える．

変数 $A$ と変数 $B$ が独立である場合，サイズが $I \times J$ の分割表の各セルに対応する期待度数 $\mu_{ij}$ を以下のように分解する．

$$\mu_{ij} = \frac{\mu_{i.}\mu_{.j}}{N}$$

式中の $N$ は総度数を，$\mu_{i.}$ と $\mu_{.j}$ は行と列の周辺度数の期待値をそれぞれ示している．この式を対数変換すると，

$$\log(\mu_{ij}) = -\log(N) + \log(\mu_{i.}) + \log(\mu_{.j})$$

となり，セル度数の期待値の対数が各周辺度数の期待値の対数の和になる．こ

こで，右辺の各項を

$$\lambda = -\log(N) \quad \lambda_i^A = \log(\mu_{i.}) \quad \lambda_j^B = \log(\mu_{.j})$$

と変換することにより，

$$\log(\mu_{ij}) = \lambda + \lambda_i^A + \lambda_j^B \tag{20}$$

と表現される．(20) 式が独立の場合の対数線形モデルである．変数が独立でない場合には，(20) 式に行と列の交互作用効果を加えて以下のように表現する．

$$\log(\mu_{ij}) = \lambda + \lambda_i^A + \lambda_j^B + \lambda_{ij}^{AB} \tag{21}$$

ただし，母数の識別のために，

$$\sum_{i=1}^{I} \lambda_i^A = \sum_{j=1}^{J} \lambda_j^B = \sum_{i=1}^{I} \lambda_{ij}^{AB} = \sum_{j=1}^{J} \lambda_{ij}^{AB} = 0 \tag{22}$$

という制約を加える．

対数線形モデルでは，$\lambda$ はセルによって変動しない定数項，$\lambda_i^A$ は要因 $A$ の水準 $i$ の主効果，$\lambda_j^B$ は要因 $B$ の水準 $j$ の主効果，$\lambda_{ij}^{AB}$ は変数 $A$ の水準 $i$ と変数 $B$ の水準 $j$ の交互作用効果をそれぞれ表している．

各母数の事前分布には，例えば次のように指定する．

$$\lambda,\ \lambda_i^A,\ \lambda_j^B,\ \lambda_{ij}^{AB} \sim N(0, 10) \tag{23}$$

変数が 3 つある場合には

$$\log(\mu_{ijk}) = \lambda + \lambda_i^A + \lambda_j^B + \lambda_k^C + \lambda_{ij}^{AB} + \lambda_{ik}^{AC} + \lambda_{jk}^{BC} + \lambda_{ijk}^{ABC}$$

のように，3 つの要因の主効果 $\lambda_i^A$, $\lambda_j^B$, $\lambda_k^C$ のほかに，2 つの要因の交互作用 $\lambda_{ij}^{AB}$, $\lambda_{ik}^{AC}$, $\lambda_{jk}^{BC}$ と 3 つの要因の交互作用 $\lambda_{ijk}^{ABC}$ が含まれることになる．より詳しい説明は，松田 (1988) を参照されたい．

2 変数の場合の対数線形モデルを Bugs のコードで表すと，

```
y[i,j] ~ dpois(mu[i,j])
log(mu[i,j]) <- lam0 + lamA[i] + lamB[j] + lamAB[i,j]
```

となる．コードの 2 行目で (21) 式を表現している．また，(22) 式にある母数の識別のための制約は以下のように指定する．

```
lamA[I] <-  -sum(lamA[1:(I-1)])
lamB[J] <-  -sum(lamB[1:(J-1)])
for(j in 1:J){ lamAB[I,j] <-  -sum(lamAB[1:(I-1), j])}
for(i in 1:(I-1)){ lamAB[i,J] <-  -sum(lamAB[i, 1:(J-1)])}
```

コードの 4 行目で 1 から I-1 までとするのは，最後の行に関して，重複して指定するのを避けるためである．

### MCMCによる分析

ここでは，Dobson (2002) の腫瘍のタイプと場所に関するデータを用いて，対数線形モデルにより各要因の主効果と交互作用について検討する．表 5.7 に，データを 4×3 の分割表にまとめたものを示す．腫瘍のタイプは，斑点 (fleckle)，鑑別困難 (indeterminate)，結節 (nodular)，表層 (superficial) の 4 種類で，発生場所は，手足 (extremity)，頭部 (head)，胴体 (trunk) の 3 種類である．

**表 5.7** 腫瘍のタイプと発生場所

| | 場所 | | |
|---|---|---|---|
| タイプ | 手足 | 頭部 | 胴体 |
| 斑点 | 10 | 22 | 2 |
| 鑑別困難 | 28 | 11 | 17 |
| 結節 | 73 | 19 | 33 |
| 表層 | 115 | 16 | 54 |

MCMCの実行の際には，アルゴリズムの更新回数を 10 万回とし，1 万回をバーンイン期間として 9 万個の MCMC 標本を発生させた．表 5.8 に推定結果を示す．Geweke 指標より，すべての母数に関して ±1.96 の範囲に収まっていることから，収束していると示唆される．

まず，各要因の主効果に関して見てみる．タイプにおいて $\lambda_1^A$ は $-1.112$ で，$\lambda_4^A$ は 0.789 となり，両者の信用区間が重なっていないため，斑点と表層の間には有意な差があると考えられる．つまり，表層タイプの腫瘍の方が，斑点タイプよりも発生しやすいと考えられる．

場所に関して，$\lambda_1^B$ は 0.617，$\lambda_2^B$ は $-0.259$，$\lambda_3^B$ は $-0.358$ であり，信用区

間を考慮すると $\lambda_2^B$ と $\lambda_3^B$ には差があるとはいえないが，$\lambda_1^B$ とそれらとは有意な差があると考えられる．頭部や胴体よりも，手足に腫瘍が多く発生することが示唆される．

続いて交互作用に関して，$\lambda_{12}^{AB}$ と $\lambda_{13}^{AB}$ より，斑点タイプの腫瘍は頭部には発生しやすいが，胴体にはあまり現れないことがわかる．逆に，$\lambda_{42}^{AB}$ と $\lambda_{43}^{AB}$ より，表層タイプの腫瘍は胴体に発生しやすく，頭部には出現しにくいといえる．

**表 5.8**　事後統計量

| | 平均 | SD | 中央値 | 95% 信用区間 | Geweke 指標 |
|---|---|---|---|---|---|
| $\lambda$ | 3.030 | 0.090 | 3.033 | [2.841,3.196] | -0.274 |
| $\lambda_1^A$ | -1.112 | 0.228 | -1.096 | [-1.594,-0.701] | -0.286 |
| $\lambda_2^A$ | -0.207 | 0.136 | -0.206 | [-0.478,0.061] | -0.457 |
| $\lambda_3^A$ | 0.529 | 0.117 | 0.528 | [0.304,0.764] | 1.232 |
| $\lambda_4^A$ | 0.789 | 0.114 | 0.787 | [0.570,1.018] | 0.014 |
| $\lambda_{11}^{AB}$ | -0.279 | 0.272 | -0.296 | [-0.779,0.293] | 0.475 |
| $\lambda_{12}^{AB}$ | 1.407 | 0.254 | 1.398 | [0.947,1.942] | 0.280 |
| $\lambda_{13}^{AB}$ | -1.128 | 0.419 | -1.080 | [-2.075,-0.442] | -0.479 |
| $\lambda_{21}^{AB}$ | -0.131 | 0.168 | -0.126 | [-0.464,0.190] | 0.716 |
| $\lambda_{22}^{AB}$ | -0.202 | 0.197 | -0.198 | [-0.607,0.173] | -1.650 |
| $\lambda_{23}^{AB}$ | 0.333 | 0.210 | 0.328 | [-0.062,0.763] | 0.946 |
| $\lambda_{31}^{AB}$ | 0.106 | 0.141 | 0.109 | [-0.176,0.379] | -1.501 |
| $\lambda_{32}^{AB}$ | -0.385 | 0.169 | -0.381 | [-0.728,-0.057] | 1.764 |
| $\lambda_{33}^{AB}$ | 0.278 | 0.187 | 0.271 | [-0.068,0.668] | -0.168 |
| $\lambda_{41}^{AB}$ | 0.304 | 0.134 | 0.306 | [0.039,0.565] | -0.404 |
| $\lambda_{42}^{AB}$ | -0.821 | 0.171 | -0.817 | [-1.167,-0.498] | -0.643 |
| $\lambda_{43}^{AB}$ | 0.517 | 0.179 | 0.508 | [0.187,0.890] | 0.612 |
| $\lambda_1^B$ | 0.617 | 0.108 | 0.613 | [0.411,0.841] | 0.748 |
| $\lambda_2^B$ | -0.259 | 0.117 | -0.260 | [-0.483,-0.024] | -0.030 |
| $\lambda_3^B$ | -0.358 | 0.154 | -0.346 | [-0.696,-0.089] | -0.469 |

## 5.5 ポアソン回帰

子どもが好むお菓子のパッケージには,「アタリを3枚集めるとおもちゃをプレゼント」などという関心を掻き立てるような言葉が書かれているものがある. 最初は興味がなくても, 1枚アタリが出ると, 次も出るのではないかと期待を膨らませてお店に足繁く通ったことはないだろうか.

大人になってふと考えてみると, 例えば1週間でそのお店からアタリが出る枚数は数えるほどであり, 1000個の中にせいぜい数枚あるかないかだろうと冷静に判断してしまう. 企業戦略に乗せられた幼さを恥じる気持ちと同時に, その頃の純粋な子供心を思い出す.

一定の時間内で, ある事象が生起する回数を扱う場合には, ポアソン分布が利用されることが多い. 先ほどの例のほかに, ある交差点での1日の事故発生件数や1年間の疾患発生の頻度, 1時間にコールセンターにかかってくる電話の回数などはポアソン分布に従うことが知られている.

しかし, 事象がポアソン分布に適応するためには, (1) 事象が同時に2度起こらない, (2) 事象の生起は独立である, (3) 単位時間内の事象の平均生起の数は一定である, という3つの条件を満たす必要がある. ポアソン分布の確率密度関数は, 事象が生起する回数を $y_i$, 平均を $\mu_i$ とすると,

$$P(y_i) = \frac{\mu_i^{y_i} e^{-\mu_i}}{y_i!} \tag{24}$$

となる.

このようなカウントデータが従属変数で, かつポアソン分布に従うような変数を用いた回帰をポアソン回帰と呼ぶ. カウントデータのほかに比率データなどもポアソン回帰に適用することができる.

### モ　デ　ル

ある事象が生起する回数を $y_i$, 平均を $\mu_i$ とする. 平均 $\mu_i$ を $J$ 個の観測変数 $\boldsymbol{x} = (x_1, \ldots, x_J)$ によって説明する場合, モデルは,

$$y_i \sim Poi(\mu_i) \tag{25}$$

$$\log \mu_i = \beta_0 + \beta_1 x_{1i} + \beta_2 x_{2i} + \cdots + \beta_J x_{Ji} \tag{26}$$

と表現される．生起回数 $y_i$ は，平均 $\mu_i$ のポアソン分布に従い，モデルの母数は切片 $\beta_0$ と偏回帰係数 $\beta_1, \beta_2, \cdots, \beta_J$ である．それぞれの母数に無情報事前分布を考える場合，事前分布は例えば以下のように設定される．

$$\beta_0,\ \beta_1, \cdots, \beta_J \sim N(0, 10^6) \tag{27}$$

以上のモデルを Bugs のコードで表すと，2 つの説明変数を用意した場合には

```
for(i in 1:N){
y[i]~dpois(mu[i])
log(mu[i])<-beta0 + beta1*x1[i] + beta2*x2[i]
```

となる．ポアソン回帰に関しては，豊田 (2006) の 5.6 節を参照されたい．

### MCMC による分析

ここでは，カウントデータに関するポアソン回帰分析を行う．データは生化学専攻の大学院生によって執筆された過去 3 年間の論文数に関するもので，その一部を表 5.9 に示す*1)．ポアソン回帰により，大学院生が執筆する論文の数 $(y_1)$ に影響を与える要因を検討する．

**表 5.9** データの一部

| $y_1$ | $y_2$ | $y_3$ | $y_4$ | $y_5$ | $y_6$ |
|---|---|---|---|---|---|
| 0 | Men | Married | 0 | 2.52 | 7 |
| 0 | Women | Single | 0 | 2.05 | 6 |
| 0 | Women | Single | 0 | 3.75 | 6 |
| 0 | Men | Married | 1 | 1.18 | 3 |
| 0 | Women | Single | 0 | 3.75 | 26 |
| ⋮ | ⋮ | ⋮ | ⋮ | ⋮ | ⋮ |

説明変数には，性別 $(y_2)$，結婚の有無 $(y_3)$，5 歳以下の子供の数 $(y_4)$，部署の権威 $(y_5)$，過去 3 年間の指導教授の執筆論文数 $(y_6)$ の 5 つのうち，$y_2 \sim y_4$ の 3

*1) R のパッケージ flexmix 内にある bioChemists というのデータの一部を使用した．

つを使用する.「性別」と「結婚の有無」に関しては,「Men」を 0,「Women」を 1 に, また「Single」を 0,「Married」を 1 に変換して分析を行う. MCMC の実行の際には, 10000 回サンプリングを行い, そのうち 1000 回をバーンインして 9000 個の MCMC 標本を発生させた. 各母数に関するトレースは, 図 5.1 に示す通り, どれもきれいな帯状を示している. また, どの母数も Geweke の指標は絶対値 1.96 を超えるものはなく, それぞれ収束していることが示唆された. 推定した母数の密度関数をプロットしたものを図 5.2 に示す.

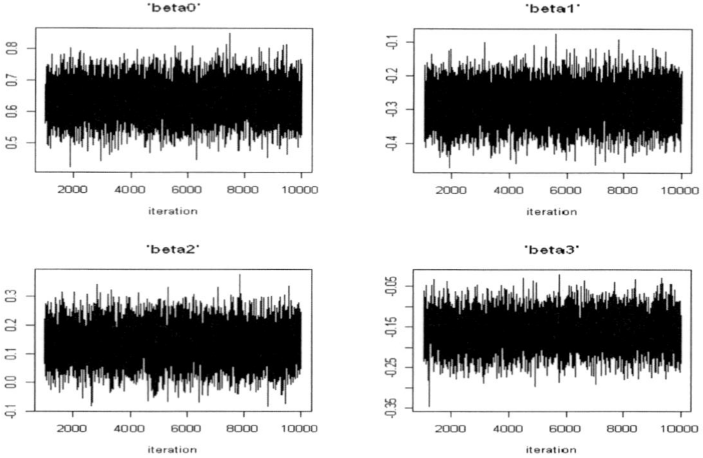


図 5.1 トレース図

表 5.10 に母数の推定結果を示す. $\beta_0$ は切片, $\beta_1$ は「女性」からの影響, $\beta_2$ は「既婚」からの影響, $\beta_3$ は「子供の数」からの影響を表す母数である.

表 5.10 事後統計量

| | 平均 | 標準偏差 | 中央値 | 95% 信用区間 | Geweke 指標 |
|---|---|---|---|---|---|
| $\beta_0$ | 0.635 | 0.055 | 0.636 | [0.526,0.743] | 1.263 |
| $\beta_1$ | -0.285 | 0.054 | -0.284 | [-0.391,-0.181] | -1.175 |
| $\beta_2$ | 0.133 | 0.061 | 0.132 | [0.013,0.257] | -1.228 |
| $\beta_3$ | -0.162 | 0.040 | -0.162 | [-0.239,-0.083] | 0.165 |

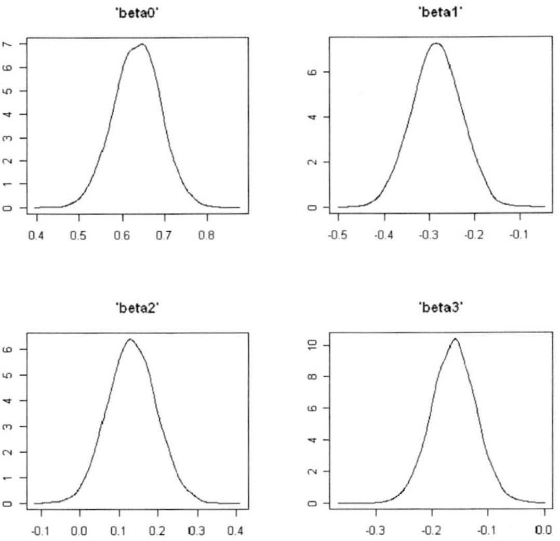


図 5.2 密度関数

推定結果より，「女性」からの影響を示す $\beta_1$ が $-0.285$ で負の影響が見られた．よって，男性よりも女性のほうが論文を書く数が少ない傾向にあることがわかる．また，「子供の数」からの影響である $\beta_3$ は $-0.161$ であることから，5 歳以下の子供をもつ大学院生の論文数は，子供の数が増えるにつれ少なくなると考えられる．最後に，「既婚」からの影響 $\beta_2$ を見ると 0.133 と正の影響が見られた．独身よりも，パートナーがいることで論文の執筆活動にも精が出るのかもしれない．

## 5.6　2値データに対する回帰分析

薬学・疫学分野の用量反応分析のように，何らかのイベント (正反応) の発生という2値変数を連続的な説明変数によって回帰予測したい状況はしばしばみられる．このとき，予測対象は1か0かの2値変数であるから，説明変数の線形結合である回帰式が返す予測値は，区間 $[0,1]$ の間におさまる必要がある．

一般化線形モデル (McCullagh & Nelder, 1989) は，2値データに限らず回帰分析において利用されるさまざまなモデルを統一的に扱う枠組みを提供する．通常の回帰モデルでは，説明対象である変数が正規分布に従い，連続型であることを想定しているが，一般化線形モデルは「はい・いいえ」といった2値型データや個数など正規分布が想定できない反応も説明対象として含む．離散的なデータや計数データに対して，変数の期待値を適切な関数で変換することで，通常の回帰モデルのように説明変数の線形な回帰式によって反応変数を説明，予測することが可能となる．

例えばポアソン分布に従うと考えられる変数に対しては，その期待値 $\mu$ を対数変換することで $\log(\mu) = \boldsymbol{x\beta}$ のように両者を関連付けることができる．ここで，$\boldsymbol{x}$ は説明変数ベクトル，$\boldsymbol{\beta}$ は回帰係数である．

このように説明対象とする変数の期待値を変換する関数はリンク関数と呼ばれる．一般化線形モデルではリンク関数を用いることで，2項分布やガンマ分布，負の2項分布などに従う変数に対して，説明変数の影響を考察することが可能である．なお，正規分布に従う変数に対する回帰の場合，期待値 $\mu$ に対して $\mu$ を返す (恒等的な) リンク関数が採用されていると考えれば，通常の回帰分析は一般化線型モデルに包含されることがわかる．

本節では，2項分布に従う変数に対して複数のリンク関数を考慮し，データとの当てはまりの観点からモデルを選択する．

### モ　デ　ル

期待値が $\mu = p$ の生起確率である2項分布に従う変数に対して，一般的に利用されるリンク関数は次の3つである．

$$\begin{cases} \text{ロジットリンク} & \log\left(\frac{p}{1-p}\right) \\ \text{プロビットリンク} & \Phi^{-1}(p) \\ \text{2 重対数リンク} & \log(-\log(1-p)) \end{cases}$$

ここで，$\Phi(\cdot)$ は標準正規累積分布関数であり，$\Phi^{-1}(\cdot)$ はその逆関数である．

各リンク関数の逆関数を考えると，それぞれ発生確率 $p_i$ に対して線形な回帰式部分 $\alpha + \beta x_i$ が

$$p_i = \frac{\exp(\alpha + \beta x_i)}{1 + \exp(\alpha + \beta x_i)}$$

$$p_i = \Phi(\alpha + \beta x_i)$$

$$p_i = 1 - \exp(-\exp(\alpha + \beta x_i))$$

のように対応付けられていることがわかる．添え字 $i$ は各オブザベーションを示している．2 重対数リンクは外れ値の分布から導かれており，非対称な関数である．一方，ロジット，プロビットリンクは対称であり，データとの当てはまりに応じて各リンク関数を選択することが考えられる．

2 値データの分析では，一般に尤度 (または逸脱度 (deviance)) によって適合が測られる．定数項を無視した (対数) 尤度 $l$ は

$$l = \sum \{r_i \log(p_i) + (n_i - r_i) \log(1 - p_i)\}$$

と表される．ここで，$n_i$ は対象 $i$ の試行回数，$r_i$ は試行回数中に正反応が観測された合計である．また，$p_i$ は $i$ における真の正反応生起確率である．

一方，観測データによって $p_i = y_i/n_i$ とした場合，飽和対数尤度 $l.sat$ は

$$l.sat = \sum \left\{ r_i \log(\frac{y_i}{n_i}) + (n_i - r_i) \log(1 - \frac{y_i}{n_i}) \right\}$$

となる．このとき，逸脱度 $D$ は $D = 2(l.sat - l)$ で計算され，異なるリンク関数を用いた分析において，各モデル間の比較が可能となる．ここでは DIC (deviance information criterion) を用いて 3 つのリンク関数の比較を行う．DIC については第 3 章を参照されたい．

リンク関数を用いて 2 値変数に対する回帰分析を実行するには，例えば以下

のように記述する.

```
  r[i] ~ dbin(p[i], n[i])
  logit(p[i])   <- alpha + beta * (x[i] - mean(x[]))
# probit(p[i])  <- alpha + beta * (x[i] - mean(x[]))
# cloglog(p[i]) <- alpha + beta * (x[i] - mean(x[]))
  rhat[i] <- n[i] * p[i]
```

r[i] は2項分布 dbin に従い，その母数である生起確率 p[i] にリンク関数が適用される．分析に際してロジット変換以外は#でコメントアウトしている．rhat[i] はモデルから期待される生起回数である．回帰モデル中の alpha は切片項，beta は説明変数 x[i] からの回帰係数である．事前分布には，切片，回帰係数ともに正規分布を指定する．

### MCMCによる分析

歴代の野球選手43名に関する打撃データについて，総安打数のうち1，2塁打を除いた安打数に占める3塁打の割合を分析対象とする．説明変数として盗塁の数を取り上げ，リンク関数としてロジット変換とプロビット変換，相補 log log 変換を考える．

分析に使用したデータは表5.11に示すとおりであった．

**表 5.11** 分析データの一部

| 盗塁数 | 対象安打数 | 3塁打数 |
|---|---|---|
| 41 | 65 | 13 |
| 84 | 63 | 10 |
| 24 | 60 | 4 |
| 49 | 67 | 10 |
| 9 | 63 | 2 |
| 70 | 80 | 17 |
| 13 | 73 | 7 |
| ⋮ | ⋮ | ⋮ |

分析の際には，事前分布として

$$\alpha \sim N(0, 10^6) \tag{28}$$

$$\beta \sim N(0, 10^6) \tag{29}$$

のように設定した．推定では 10000 回の繰り返しの後，最初の 5000 回分をバーンイン期間として破棄した．

表 5.12　各リンク関数ごとの事後統計量

| リンク | 母数 | 平均 | SD | 95% 信用区間 |
|---|---|---|---|---|
| ロジット | alpha | −2.760 | 0.070 | [−2.897, −2.624] |
| | beta | 0.014 | 0.001 | [0.012, 0.015] |
| プロビット | alpha | −1.595 | 0.034 | [−1.660, −1.526] |
| | beta | 0.008 | 0.000 | [0.007, 0.009] |
| 相補 | alpha | −2.757 | 0.065 | [−2.889, −2.630] |
| | beta | 0.012 | 0.001 | [0.011, 0.014] |
| ロジット | | 325.4 | | |
| プロビット | DIC | 327.9 | | |
| 相補 | | 348.0 | | |

表 5.12 にはリンク関数をそれぞれロジット，プロビット，相補 loglog に指定した分析結果を示した．表 5.12 において，相補 loglog 関数を用いた場合の切片項，回帰係数の推定値はロジット変換による分析結果とほとんど変わらない結果となった．一方，DIC の値はわずかながらロジットの場合が最も小さく，本データには非対称な相補 log log 変換は当てはまりが悪いことが示唆された．

表 5.13 は実測値とモデルから予測される値を示したものである．

表 5.13　実測値と予測値

| 盗塁数 | 対象安打数 | 3 塁打数 | ロジット | プロビット | 相補 |
|---|---|---|---|---|---|
| 41 | 65 | 13 | 6.986 | 6.491 | 6.969 |
| 84 | 63 | 10 | 11.170 | 10.750 | 10.870 |
| 24 | 60 | 4 | 5.316 | 4.738 | 5.390 |
| 49 | 67 | 10 | 7.902 | 7.435 | 7.839 |
| 9 | 63 | 2 | 4.707 | 3.988 | 4.824 |
| ⋮ | ⋮ | ⋮ | ⋮ | ⋮ | |

表 5.13 では各々の差は小さいが，非対称な相補 log log 変換は盗塁数が少ない選手における予測値とのズレが大きいため，適合が悪かったと考えられる．

## 5.7　トービット回帰モデル

体重や身長が0であるという状況と異なり，心理的な特性や態度などは観測上0と記録されても，その特性がないという状態を指し示すとは限らない．例えば，恋人に不誠実な態度をとったことがない人でも，心の中ではギリギリ我慢している人もいれば，ひたすら一途に相手を想っている人もいるだろう．しかし，記録上はどちらの人も「不誠実な態度0回」である．このような場合，トービットモデル (Amemiya, 1984; Breen, 1996) では，潜在的な不誠実度 $y^*$ を想定し，それが0という値で打ち切られたと考える．

### モデル

トービット回帰モデルでは，観測変数そのものではなく，背後の潜在的な変数 $y^*$ に対して説明変数による回帰分析を実行する．観測される値 $y_i$ は

$$y_i = \begin{cases} y^* & (y^* > 0 \text{ のとき}) \\ 0 & (y^* \leq 0 \text{ のとき}) \end{cases} \tag{30}$$

という機構に従っているものと仮定される．$y^*$ が0以下の場合は，どのような値であっても全て0として記録される．

対象 $i$ について，打ち切りが生じる前の仮想的な潜在変数 $y_i^*$ を $K$ 個の説明変数 $x_{i1}, \ldots, x_{ik}, \ldots, x_{iK}$ によって，

$$y_i^* = \beta_0 + \beta_1 x_{i1} + \cdots + \beta_K x_{iK} + e_i \tag{31}$$

のように通常の重回帰分析として表現する．

誤差変数 $e$ が $N(0, \sigma^2)$ に従っていると仮定すると，通常の回帰分析と同様 $y_i$ は $N(\boldsymbol{x}_i\boldsymbol{\beta}, \sigma^2)$ に従う．ここで，$\boldsymbol{x}_i$ は対象 $i$ の説明変数ベクトル，$\boldsymbol{\beta}$ は回帰係数ベクトルである．

一方，打ち切りが生じる確率は

$$P(y_i^* < 0) = \Phi(-\boldsymbol{x}_i\boldsymbol{\beta}\sigma^{-1}) \tag{32}$$

と表現できる．ここで，$\Phi(\cdot)$ は標準正規累積分布関数である．以上から，観測

変数が 0 より大きい対象には 1，打ち切りが生じている対象には 0 を示す変数 $w_i$ を導入すると，対象 $I$ 分のデータ $\boldsymbol{y}$ を得るトービット回帰モデルの尤度は

$$L(\boldsymbol{y}|\boldsymbol{\beta},\sigma) = \prod_{i=1}^{I} \left[\Phi(\sigma^{-1}(\boldsymbol{x}_i\boldsymbol{\beta}))^{1-w_i} \times \sigma^{-1}\phi(\sigma^{-1}(y_i - (\boldsymbol{x}_i\boldsymbol{\beta})))^{w_i}\right] \qquad (33)$$

となる．ここで，$\phi(\cdot)$ は標準正規分布の確率密度関数である．

事前分布は，例えば

$$\beta_0 \sim N(0, 10^3)$$
$$\beta_k \sim N(0, 10^3), \quad k = 1, \ldots, K$$
$$1/\sigma^2 \sim G(10^{-3}, 10^{-3})$$

のように設定する．

コードの記述では，尤度を表現するため，例えば以下のように ones という変数を導入する (Lancaster, 2004).

```
ones[i] <-1
ones[i] ~ dbern(p[i])
 p[i] <- ( (pow(not.cens[i],1-w[i])) *
                              (pow(cens[i], w[i])) )/D
t1[i] <- phi( -nu[i]*tau^(1/2) )
t2[i] <- c*tau^(1/2)*exp( -0.5*tau*pow( (y[i]-nu[i]),2) )
nu[i] <- beta0 + beta1*x1[i] + (略) + betaK*xK[i]
```

コード中の c は $1/\sqrt{2\pi} = 0.39894$ であり，D は p[i] が 1 以下となるようにするための十分大きな値で，ここでは D= 10000 としている．

一方，トービットモデルにおいて想定されるデータ発生機構を直接的に表現するならば，コードは以下の通りとなる．

```
for(i in 1:I0){
 Y.star[i] ~ dnorm(mu[i], tau)I(, Y[i])
 mu[i] <- beta0 + beta1*X1[i] + beta2*X2[i]
}
for(i in (I0+1) : I){
 Y[i] ~ dnorm(mu[i], tau)
 mu[i] <- beta0 + beta1*X1[i] + beta2*X2[i]
}
```

ここで，`I0`は観測データ中$y$の値が0である総数である．ただし，このコードで実行する場合には，$y_i = 0$であるデータが最初に並ぶようにデータの並べ替えを行う必要がある．

### MCMCによる分析

本項では，2つの分析を実行する．1つは，打ち切られる前の値がわかっている人工データを用いた分析である．人工データは，150名分のデータを以下の要領で作成した．まず，切片$\beta_0 = 0.2$とし，範囲$(-4, 4)$の一様分布を$x_1$，$x_2$の2系列発生させ，標準正規分布から150個の乱数$e$を発生させた．これらによって

$$y_i^* = 0.2 + 0.5x_{i1} + 0.7x_{i2} + e_i$$

のように打ち切られる前の$y^*$を生成した．次に，$y_i^*$の値が0以下の場合はその値を0とし，そうでない場合はそのまま$y^*$の値を保持したデータ$y$を作成した．分析は，このデータ$y$と$x_1$，$x_2$によって行った．

異なる2つの初期値から10000回ずつのサンプリングを行い，はじめの5000回をバーンイン期間として破棄した．結果は表5.14の通りであった．

**表 5.14** 事後統計量

| | 平均値 | 標準偏差 | 中央値 | 95% 信用区間 |
|---|---|---|---|---|
| $\beta_0$ | 0.056 | 0.166 | 0.065 | [−0.294, 0.362] |
| $\beta_1$ | 0.549 | 0.066 | 0.545 | [0.427, 0.688] |
| $\beta_2$ | 0.741 | 0.067 | 0.738 | [0.621, 0.880] |
| $\tau$ | 0.831 | 0.149 | 0.821 | [0.562, 1.161] |

表5.14から，打ち切りが生じたデータに対しても，係数の推定が的確に行われることが示唆されている．

次に，Fair (1978) による浮気調査データ[*1)]を分析する．601名の既婚者に対する調査データにおいて，目的変数$y_i$は，ここ数年のうちに配偶者以外の相手と性的な関係をどのくらいの頻度でもったかを尋ねたものである．0回と答える調査参加者が多く451名，1回34名，2回17名，3回19名，7回42名，12

*1) http://fairmodel.econ.yale.edu/rayfair/pdf/1978ADAT.ZIP

回 38 名となっている.

これに対して，ここでは説明変数として，性別，年齢，結婚年数，宗教感の強さ，結婚に対する満足度を取り上げる．分析は，異なる 2 つの初期値からそれぞれ 10000 回のサンプリングを行った．推測は最初の 5000 回を破棄した計 10000 個の MCMC 標本から行った．それぞれの影響は表 5.15 に示すとおりとなった.

**表 5.15** 事後統計量

| | 平均値 | 標準偏差 | 中央値 | 95% 信用区間 |
|---|---|---|---|---|
| $\beta_0$ | –0.151 | 0.058 | –0.084 | [–1.849, 0.554] |
| $\beta_1$ | –0.894 | 0.588 | –0.730 | [–2.071,–0.089] |
| $\beta_2$ | –0.223 | 0.097 | –0.196 | [–0.410,–0.080] |
| $\beta_3$ | 0.626 | 0.134 | 0.612 | [ 0.379, 0.906] |
| $\beta_4$ | –0.775 | 0.420 | –0.730 | [–1.507,–0.035] |
| $\beta_5$ | –0.837 | 0.835 | –0.991 | [–2.049, 0.277] |
| $\tau$ | 0.8307 | 0.149 | 0.821 | [0.562, 1.161] |
| $y_1^*$ | –4.340 | 1.180 | –4.265 | [–7.490, –2.309] |
| $y_2^*$ | –7.265 | 1.399 | –7.212 | [–9.955, –4.898] |
| $y_3^*$ | –2.279 | 1.535 | –2.286 | [–5.074, –0.880] |

分析結果からは，年齢が若いと浮気をしやすく，結婚後の経過年数が大きいほど浮気をしやすいことがうかがわれる．また，打ち切られる前の潜在的な「浮気度」の値は観測データが同じ 0 でも人によって異なることがわかる．例えば，番号 2 の調査協力者は負に大きい値であるが，番号 3 の協力者はより 0 に近い．このようにトービット回帰モデルでは，0 という値の背後にある潜在的な特性への推測が可能となる.

行動科学のデータでは，0 が多く得られる変数を分析対象とすることも多い．しかし，その背後に当該特性の高低や強弱が想定されるならば，0 というデータをそのまま分析するのではなく，トービットモデルを適用することで，0 という数値を超えた結果が得られる可能性がある.

## 5.8 変曲点のある回帰分析

本章では回帰分析のバリエーションとして，独立変数と従属変数の関係を表すためにさまざまな関数を用いたモデルが紹介されている．しかしそれらはいずれも，推定結果としては１つのデータセットに対して１組の母数しか得ることができない．したがって暗黙のうちに，データセットの全域にわたって独立変数と従属変数の関係はただ１通りの関数によって表現することができるという仮定を課していることになる．

しかしこの仮定は，常に成立しているとは限らない．ある一定の点を境にして独立変数と従属変数の関係ががらりと変わってしまうようなデータに対して回帰分析を行いたい場合もあるだろう．こうした場合に有効なのが，変曲点があることを想定した回帰分析である．

### モデル

データの途中で独立変数と従属変数の関係が変化することを表現する方法は，大別して３次関数などの複雑な形状を扱うことができる関数を利用するものと，独立変数の値に応じて母数の値が切り替わるのを許すことによって表現力を高めたものの２種類が存在している．これに加えて，さらに変曲点の位置が既知であるかどうか，変曲点をいくつ設定するのか，変曲点の前後で回帰曲線が繋がっていることを強制するのか，といった細かい状況設定の違いにより，多種多様な方法が提案されている．詳しくは Shaban (1980) などを参照のこと．

本節では，こういったさまざまな手法の中でも比較的単純な，未知の変曲点が１つ存在し，かつその前後で回帰曲線が繋がっているという状況を想定したモデルを取り上げる．また回帰曲線を表すための関数には，独立変数が１つの１次関数を用いるものとする．したがって本節の分析では，途中の１点において折れ曲がった回帰直線がデータに対して当てはめられることになる．このようなモデルは，次のように定式化することが可能である．

$$y_i = \begin{cases} \alpha + \beta_1(x_i - x_{change}) + e_i & x_i \leq x_{change} \text{である場合} \\ \alpha + \beta_2(x_i - x_{change}) + e_i & x_i > x_{change} \text{である場合} \end{cases} \tag{34}$$

ここで $x_i$ は独立変数，$y_i$ は従属変数，$e_i$ は誤差変数であり，添え字 $i$ は標本を表している．また，$x_{change}$ は存在が仮定されている変曲点における独立変数の値であり，$x_i$ の値がこれよりも大きいか小さいかによって傾きの値が切り替わることで，2 種類の傾き $\beta_1, \beta_2$ をもつ回帰曲線が 1 つのデータに対して当てはめられることになる．

これに対して $\alpha$ の値は 1 種類しか存在していないが，これは通常の回帰分析とは異なり，$\alpha$ が切片ではなく変曲点における従属変数の値を表すように定式化が行われているためである．(34) 式を見るとわかるように，$E[\epsilon_i] = 0$ を仮定したときに傾きの値に関係なく $E[y_i] = \alpha$ となるのは，$x_i = x_{change}$ の場合，すなわち独立変数 $x_i$ の値が変曲点と一致している場合のみである．したがって $\alpha$ は，$x_i \leq x_{change}$ である範囲の回帰直線と $x_i > x_{change}$ である範囲の回帰直線が連結する点の，従属変数 $y_i$ の値ということになる．

以上のようなモデルを分析する Bugs のコードの中核部は，次の通りとなる．

```
Y[i] ~ dnorm(mu[i], tau)
mu[i] <- alpha + beta[ J[i] ] * (X[i] - x.change)
J[i] <- 1 + step(X[i] - x.change)
```

3 行目において step 関数を用いている点が特徴的である．これは，(34) 式において $x_i$ の値に応じて傾きを切り替えているのを表現するための手段である．Bugs における step 関数は，引数の値が 0 以上ならば 1 を，そうでなければ 0 を返すという性質がある．したがって上のコードの場合，x[i] が x.change よりも大きければ J[i] は 2 に，そうでなければ J[i] が 1 となる．この値が 2 行目において beta の配列番号として参照されることで，$x_i$ の値に応じて 2 通りの傾きが使い分けられることになる．

分析の際の事前分布は，以下のように設定する．ただし，$\tau$ は誤差変数 $e_i$ の分散 $\sigma_e^2$ の逆数である．また $U(l, u)$ は，下限 $l$ 上限 $u$ の一様分布を表している．

$$\alpha \sim N(\mu_\alpha, \sigma_\alpha^2) \tag{35}$$

$$\beta_1, \beta_2 \sim N(\mu_\beta, \sigma_\beta^2) \tag{36}$$

$$\tau \sim G(a, b) \tag{37}$$

$$x_{change} \sim U(l, u) \tag{38}$$

### MCMCによる分析

ここでは変曲点のある回帰分析の例として，カリフォルニア州で発生した地震の際の計測データ (Joyner et al., 1981) の一部を用いる．分析は観測地点の震源からの距離を独立変数，地震に伴う揺れの最大加速度を従属変数とし，震源距離の変化に伴う最大加速度の変化を予想するモデルを推定する．データの内容は，表5.16に示したとおりである．また，データの散布図を図5.3に示した．この図から明らかなように，震源距離と最大加速度の関係を1本の直線で近似することには無理があり，したがって変曲点を想定した回帰分析が有効であることが予想される．

**表 5.16**　地震データ

| 震源距離 | 最大加速度 |
|---|---|
| 12 | 0.359 |
| 148 | 0.014 |
| 42 | 0.196 |
| ⋮ | |

分析の際の事前分布としては，以下のような無情報事前分布を用いた．なお，変曲点 $x_{change}$ は少なくともデータの範囲内にあることが想定されているので，データセットにおける独立変数の上限と下限を範囲とする一様分布を利用している．また $\alpha$ についてはこのデータの場合負の値をとらないはずなので，Bugs の I 関数を用いて0から折り返すことで0以上になるよう制限している．詳しくは付録のコードを参照されたい．

$$\alpha \sim N(0, 10^6), \quad \beta_1, \beta_2 \sim N(0, 10^6),$$
$$\tau \sim G(0.001, 0.001), \quad x_{change} \sim U(0.5, 370) \tag{39}$$

以上のような設定に基づいて120万回のMCMC標本の発生を行ったうち，最初の10万回分の要素をバーンイン期間として破棄した残りの要素による推定結果を，表5.17に示した．

全ての母数について Geweke の指標の絶対値は1.96を下回っており，マルコフ連鎖が収束したことが示唆される．したがって結果の解釈に移る．まず $x_{change}$ が19.4500，$\alpha$ が0.1034であることから，2本の回帰直線が切り替わる変曲点の座標は (19.4500, 0.1034) と推定されている．また，$\beta_1$ が $-0.0182$,

表 **5.17** 変曲点のある回帰分析の推定結果

| 母数 | 平均 | SD | 95%信用区間 | Geweke 指標 |
|---|---|---|---|---|
| $\alpha$ | 0.1034 | 0.0197 | [0.0621, 0.1404] | -0.543 |
| $\beta_1$ | -0.0182 | 0.0055 | [-0.0315, -0.0102] | -1.194 |
| $\beta_2$ | -0.0005 | 0.0002 | [-0.0081, -0.0002] | 0.702 |
| $\sigma_e^2$ | 0.1021 | 0.0054 | [0.0921, 0.1134] | 0.846 |
| $x_{change}$ | 19.4500 | 4.2520 | [12.2300, 28.8900] | -0.818 |

$\beta_2$ が $-0.0005$ であることから，回帰曲線は 2 つとも右下がりになっているが，変曲点よりも前の部分のほうが後の部分よりも傾きが急であることがわかる．

推定結果に基づいて求めた 2 本の回帰直線をデータの散布図に重ねて描いたものが，図 5.3 である．1 本の回帰直線を当てはめる場合よりも，無理なくデータの挙動に追随していることが見て取れる．分析結果から，震源から 20km 程度までの比較的狭い範囲においては高かった最大加速度が急激に低下しているのに対して，それ以上の距離においては 0 に近いところで最大加速度が非常にゆったりと低下していることがわかる．したがって，分析対象となった地震において破壊的な影響を被ったのは，主に震源から 20km 以内の範囲であったと考えられる．しかし，それ以遠においても地震の影響はゆるやかに減衰しつつ伝播しており，実に 300km 離れた場所にまで及んでいることになる．地震波は実際には異なる性質をもつ複数の波によって構成されているので，2 種類の回帰直線はそれぞれ別の波による影響の現れかもしれない．

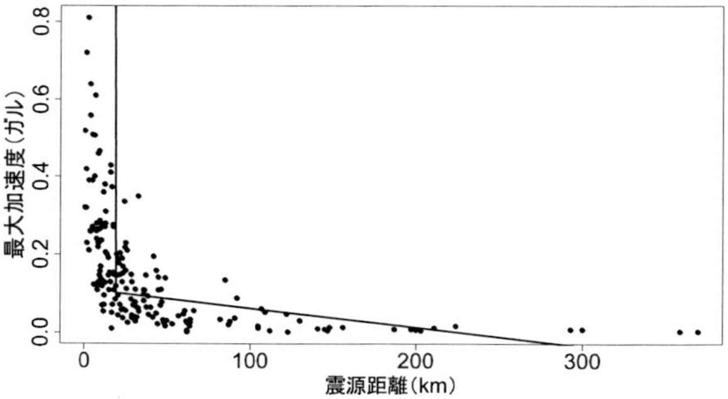


図 **5.3** データの散布図と推定された回帰曲線

## 5.9　生存時間分析 (ワイブル回帰)

がんの再発を抑えるための新薬を開発した場合に，その薬が有効であれば再発までの時間は長くなる．逆に効果がないのであれば，新薬を与えない場合と再発までの時間に大きな差は見られないだろう．生存時間分析はこのような何らかの事象 (イベント) が起きるまでの時間を分析するための手法である．他に機械やシステムが故障するまでの時間など，イベントの概念は多岐に拡張できる．また人文科学分野でも結婚，出産，転職などライフコース上のイベントを扱い，時間とともに変化するイベントの状態の分析などに用いられる．

生存時間分析で扱うデータは，ある個人や個体が，注目するイベントをいつ経験したか，という情報から作られる．イベント発生までの時間に焦点があり，イベントが観測されず打ち切りとなるデータも含まれる．この場合，打ち切りまでの経過時間が分析対象となる．

生存時間分析に関するいくつかの用語について説明する．まず生存関数 $S(t)$ は時点 $t$ までに全体の何パーセントがまだイベントを経験せずに残っているかを示す関数である．次にハザード関数 $\lambda(t)$ は時点 $t$ までにはまだイベントが起こらないで残っている個体が，次の微小時間 $\Delta t$ に新たにイベントを経験する，いわば瞬間イベント発生率を表す関数である．説明変数の値が全て 0 の場合には，基準ハザード関数 $\lambda_0(t)$ という．最後に累積ハザード関数 $\Lambda(t)$ はハザード関数を時間について積分したものである．これは時点 $t$ までにさらされてきたイベント発生リスクの累積である．モデルの詳細については大橋・浜田 (1995) などを参照のこと．

生存時間分析はノンパラメトリック，セミパラメトリック，パラメトリックのいずれかのモデルを用いて行われるが，本節ではパラメトリックモデルであるワイブル回帰について説明する．続いて次節ではセミパラメトリックモデルであるコックス回帰について論じる．

なお，以下の説明ではイベントの発生を「死亡」と置き換えて説明する．

### モ　デ　ル

ワイブル回帰では生存時間分布にワイブル分布を仮定するので，$t$ の確率密度関数は以下になる．

$$\pi(t_i|z_i) = r\exp(\beta z_i)t_i^{r-1}\exp(-\exp(\beta z_i)t_i^r) \tag{40}$$

ここで $t_i$ は治療法の有無などを表す変数 $z_i$ をもつグループ $i$ の死亡時刻を示す．この場合にハザード関数は

$$\lambda(t_i) = r\exp(\beta z_i)t_i^{r-1} \tag{41}$$

であるから，$z_i = 0$ より基準ハザード関数は以下となる．

$$\lambda_0(t_i) = rt_i^{r-1} \tag{42}$$

(40) 式について $\mu_i = \exp(\beta z_i)$ とすることにより，

$$t_i \sim Weib(r, \mu_i) \tag{43}$$

と表現できる．

また各グループにおいて生存確率が 0.5 になる時点を $m_i$ とすると，

$$S(m_i) = \exp(-\exp(\beta z_i)m_i^r) = 0.5 \tag{44}$$

より，

$$m_i = \log 2\exp(-\beta z_i)^{1/r} \tag{45}$$

となる．この $m_i$ についても比較の対象とする．

Bugs のコードを記述する際には以下のようにする．まず $\mu_i = \exp(\beta z_i)$ を

```
mu[i] <- exp(beta[i])
```

とし，(43) 式を

```
t[i, j] ~ dweib(r, mu[i])I(t.cen[i, j],)
```

とする．これは母数 r,mu[i] のワイブル分布に従う t[i,j] は，t[i,j] が観測されないときに t.cen[i,j] より大きい値をとる，ということを示す．ここ

で t[i,j] は死亡時刻であり，打ち切りの場合はNAとする．また t.cen[i,j] は打ち切り時点を表し，死亡した場合には0とする．

生存確率が0.5になる時点 $m_i$ については，(45) 式より以下のようにする．

```
median[i] <- pow(log(2) * exp(-beta[i]), 1/r)
```

最後に求めたい係数 $\beta$ については以下のようにする．

```
betan <- beta[2]-beta[1]
```

事前分布については例えば，以下のように設定する．

$$\beta \sim N(0, 10^3), \quad r \sim Exp(10^{-3})$$

**MCMCによる分析**

ここでは再犯についての調査データ (Rossi et al., 1980) を用いる．この調査では，432人の男性受刑者を対象として，出所してから再び犯罪を起こすまでの期間が調べられた．調査期間は出所後から1年間であり，調査は毎週（計52週分）実施された．本例では財政援助の有無が再犯に影響を及ぼすのか否かについて，ワイブル回帰を適用する．

以下はデータの一部である．

表 5.18　再犯データ

| 受刑者 | 1 | 2 | 3 | 4 | 5 | 6 |
|---|---|---|---|---|---|---|
| 週 | 20 | 17 | 25 | 52 | 52 | 52 |
| 財政援助 | 0 | 0 | 0 | 1 | 0 | 0 |

「週」が出所後，最初に再犯を起こした週である．この値が52の場合は打ち切りを示す．また「財政援助」が財政援助の有無を表し，援助ありは1，援助なしは0である．

なお本データのように打ち切りが多い (多くの受刑者は調査期間中に再犯を起こさない) データに生存確率が0.5となる時点を計算することは適切ではない．よってここでは生存確率が0.8になる時点を比較する．

MCMCの実行に際してはマルコフ連鎖から40000回のサンプリングを行い，

はじめの 5000 回をバーンインして 35000 個の MCMC 標本を母数の推定に利用した．その結果が以下の表 5.19 である．

**表 5.19** 事後統計量

| | 平均 | 標準偏差 | 中央値 | 95 %信用区間 | Geweke 指標 |
|---|---|---|---|---|---|
| $\beta$ | -0.312 | 0.187 | -0.315 | [-0.682, 0.0566] | 1.356 |
| median[1] | 37.820 | 3.762 | 37.570 | [31.220,45.870] | 1.541 |
| median[2] | 48.160 | 5.328 | 47.740 | [38.900,59.750] | -1.046 |
| $r$ | 1.305 | 0.089 | 1.307 | [1.137,1.473] | 0.871 |

表 5.19 から全ての母数に関して Geweke の Z スコアが ±1.96 以内に収まっており，母数の収束が示唆される．

係数 $\beta$ の値が $-0.312$ とマイナスであることから，財政援助のある受刑者は再犯を起こしにくいと判断できる．

ただ 95 %信用区間を見ると 0 を含んでいることから，解釈には若干の注意が必要である．生存確率が 0.8 となる時間も平均値で比較すると援助なしグループ (median[1]) が約 38 週であり，他方援助ありグループ (median[2]) は約 48 週であることから，援助ありグループの方が約 10 週長い．またワイブル分布の母数 $r$ が 1 よりも大きいことから，出所から時間が経つほど再犯を起こす確率が高くなると考えられる．

(41) 式に基づいてハザード関数を描くと以下のようになる．なお，$\beta$ と $r$ については表 5.19 の平均値を用いている．

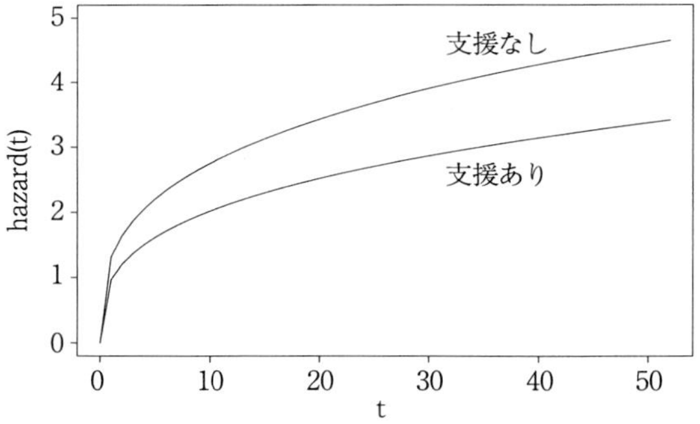


図 5.4 ハザード関数

## 5.10 生存時間分析 (コックス回帰)

前節では生存時間分析のパラメトリックモデルについて説明したが，本節ではセミパラメトリックモデルであるコックス回帰について説明する．ワイブル回帰では生存時間分布にワイブル分布を仮定したが，コックス回帰ではそのような仮定をしないのでセミパラメトリックモデルという．このため推定に際しては煩雑となるが，不正確な生存分布を仮定することによる推定への悪影響を避けることができるという利点がある．なお生存時間分析に関する用語に関しては適宜前節を参照されたい．コックス回帰全般については中村 (2001) などを参照のこと．

時点を $t$，共変量を $\boldsymbol{z}$ とした場合のハザードを $\lambda(t|z)$ とし，

$$\lambda(t|\boldsymbol{z}) = \lambda_0(t)\exp(\boldsymbol{\beta z}) \tag{46}$$

のモデルを考え，各共変量がハザード関数に影響を及ぼしているかを回帰係数 $\boldsymbol{\beta}$ から検討することが分析の目的である．回帰係数が負の値であればハザードは減少するので，共変量は生存時間を長くする効果があると判断できる．逆に正の値であればハザードは増加し，共変量は生存時間を短くすると判断できる．生存時間分析における共変量には投薬の有無や教育法の違いなど，さまざまなものが考えられる．

### モ デ ル

以下は Andersen & Gill (1982)，Clayton (1991) などの定式化にならったものである．まず個体 $i = 1, \ldots, I$ について，時点 $[t, t+dt)$ の間において死亡が観察されれば，$dN_i(t) = 1$ とする．ここで以下のように定義される $I_i(t)$ を導入する．

$$I_i(t) = Y_i(t)\lambda_0(t)\exp(\beta z_i) \tag{47}$$

$Y_i(t)$ は時点 $t$ の段階で個体 $i$ が観察されたか否かを示す 2 値変数であり，観察されれば 1，そうでなければ 0 である．また $\lambda_0(t)\exp(\beta z_i)$ は通常のコックス回帰のモデル式である．

ここで $d\Lambda_0(t)$ を $[t,\ t+dt)$ における累積基準ハザード関数の増加分とすると，(47) 式より

$$I_i(t)dt = Y_i(t)\exp(\beta z_i)d\Lambda_0(t) \tag{48}$$

となる．本モデルでは上式をハザードとして扱う．ハザードとはいわば瞬間的な死にやすさのことであるから，$dN_i(t)$ が母数 $I_i(t)dt$ のポアソン分布に従うと考えることができる．つまり以下である．

$$dN_i(t) \sim Poi(l_i(t)dt) \tag{49}$$

ポアソン分布の平均に対する共役事前分布はガンマ分布なので，$d\Lambda_0(t)$ がガンマ分布に従っているとする．よって，例えば以下のようにする．

$$d\Lambda_0(t) \sim G(10^{-3}, 10^{-3}) \tag{50}$$

以上のモデルを Bugs で表現するには，コードを以下のように記述する．まず (49) 式を表現するには，(48) 式を被験者 $i$，時点 $j$ を用いて

```
Idt[i, j] <- Y[i, j] * exp(beta * Z[i]) * dL0[j]
```

とした上で，以下のようにする．

```
dN[i, j]    ~ dpois(Idt[i, j])
```

また各時点での生存確率 $S(t)$ を算出するには，共変量の影響がない場合の生存確率を $S_0(t)$ とした場合に

$$\begin{aligned} S(t) &= S_0(t)^{\exp(\beta z)} \\ &= \exp(-\Lambda_0(t))^{\exp(\beta z)} \end{aligned} \tag{51}$$

より，以下のようにする．

```
pow(exp(-sum(dL0[1 : j])), exp(beta * Z))
```

回帰係数 $\beta$ には例えば以下のような無情報事前分布が与えられる．

$$\beta \sim N(0, 10^6) \tag{52}$$

**MCMCによる分析**

ネズミの腫瘍発生データ (Gail et al., 1980) を用いる．このデータでは発がん性物質にさらされたネズミが治療群とプラシーボ群に分けられており，各グループにおける腫瘍発生までの時間を分析する．生存時間または打ち切りまでの時間 (time)，打ち切りデータを特定するダミー変数 (status)，治療群かプラシーボ群かを表すダミー変数 (rx) の 3 変数からなり，ここでは rx を共変量として扱う．以下はデータの一部である．

表 5.20 データの一部

| time | 101 | 49 | 104 | 104 | 102 | ... | 91 | 104 | 104 | 104 | 79 |
|---|---|---|---|---|---|---|---|---|---|---|---|
| status | 0 | 1 | 0 | 0 | 0 | ... | 0 | 0 | 0 | 0 | 1 |
| rx | 0 | 1 | 1 | 0 | 1 | ... | 1 | 1 | 0 | 1 | 1 |

変数 status は，1 = 死亡，0 = 打ち切りを表す．また rx は 1 = 治療あり，0 = プラシーボである．変数 time は 104 が上限であり，この場合必ず打ち切りとなる．当該研究における観察期間の上限が 104 であったことを示すものであり，それ以下の場合でも打ち切りとなる事例は存在する．本例では治療の有無が腫瘍発生に与える影響について，コックス回帰を適用する．

MCMC の実行に際してはマルコフ連鎖から 21000 回のサンプリングを行い，はじめの 1000 回をバーンインして 20000 個の MCMC 標本を母数の推定に利用した．以下がその結果である．

表 5.21 事後統計量

| | 平均 | 標準偏差 | 中央値 | 95 %信用区間 | Geweke 指標 |
|---|---|---|---|---|---|
| $\beta$ | -0.776 | 0.327 | -0.773 | [-1.418,-0.139] | -0.178 |

表 5.21 から Geweke の Z スコアが ±1.96 以内に収まっており，母数の収束が示唆される．

まず係数 $\beta$ の推定値は $-0.776$ となった．(46) 式からわかるように，係数の値がマイナスであることはハザードを減少させる．よって治療を行うことが生存確率を高めており，腫瘍の発生を抑制するのに有効であると判断できる．

(51) 式で定義される，各時点における生存確率は以下である．なおプラシーボ群の生存確率を「プラ」，治療群を「治療」としている．

表 **5.22** 生存確率

| | | | | | | | | | | | |
|---|---|---|---|---|---|---|---|---|---|---|---|
| プラ | [1] | [2] | [3] | [4] | [5] | [6] | [7] | [8] | [9] | [10] | [11] |
| | 0.979 | 0.939 | 0.918 | 0.848 | 0.817 | 0.772 | 0.737 | 0.701 | 0.674 | 0.645 | 0.561 |
| 治療 | [1] | [2] | [3] | [4] | [5] | [6] | [7] | [8] | [9] | [10] | [11] |
| | 0.990 | 0.971 | 0.961 | 0.927 | 0.910 | 0.887 | 0.868 | 0.848 | 0.833 | 0.816 | 0.765 |

治療群の方が生存確率が高いことが確認できる．これをグラフ化した生存曲線が以下の図 5.5 である．

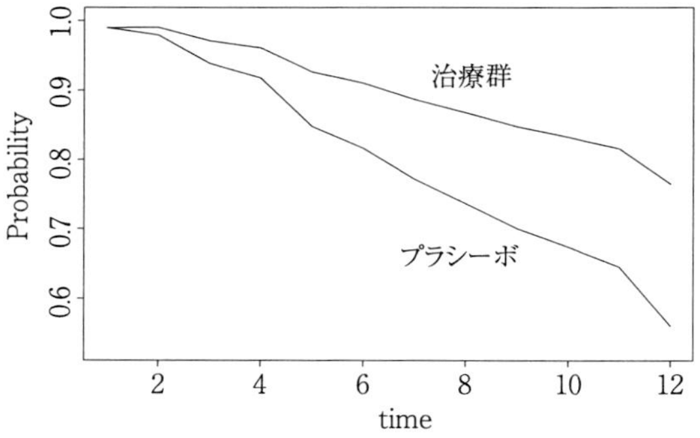


図 **5.5** 生存曲線

## 5.11 時系列モデル

時系列解析 (time series analysis) とは時系列を追って測定されたデータに関して，その経時的変動の特徴や予測を行う手法の総称である．「常勝！ ○×の法則」というようなテクニカル分析の指南本を傍らに，血眼になって株価チャートの変動を予測している諸兄も少なくないだろうが，この場合にも時系列解析を行っていることになる．ただ現実の現象は極めて複雑であり，株価チャートの目視のみで未来を妥当に予測することは難しい．

時系列の予測問題に関しては，予測の客観性と妥当性の確保という観点から，統計的手法を併用するのが効果的である．時系列データに対する基本的な線形予測モデルとして自己回帰モデル (auto regression model；AR)，移動平均モデル (moving average model；MA)，自己回帰移動平均モデル (auto regression and moving average model；ARMA) が挙げられるほか，一般化自己回帰条件付分散不均一モデル (generalized auto regressive conditional heteroskedasticity；GARCH) といった非線形予測を行うモデルが考案されている．また心理統計領域では，構造方程式モデリングによる動的因子分析モデル (dynamic factor analysis model) や時系列因子分析モデル (time series factor analysis model) のような，因子分析と AR, MA を統合したモデルも考案されており，それぞれ時系列データに潜む有益な情報を検出することに成功している．

時系列データに対する予測モデルは今後，ますます複雑化していくことが予想され，それに伴い MCMC を利用したモデル推定の例も増加すると考えられる．以上を踏まえて，本節では AR, MA, ARMA といった基本的予測モデルに関して MCMC を利用したベイズ推定を論じ，発展的モデルにおける母数推定の基礎を与える．時系列モデルにおける詳細な議論については，例えば豊田 (2000, 第 4 章) が参考になる．なお，本節では，ランダムウォークではない定常過程の時系列データが得られているという前提の下で議論する．

### モ デ ル

**AR(J)**：AR(J) モデルは $t-J$ 期前までのデータの重み付き和で第 $t$ 期のデータを予測する線形回帰モデルである．モデル式は次で与えられる．

$$v_t = \sum_{j=1}^{J} \alpha_{t-j} v_{t-j} + e_t \tag{53}$$

ここで $v_t$ は第 $t$ 期の観測変数である．(53) 式の推定には，$t$ によらず $\sigma^2_{e_t}$ が等しいという仮定が必要とされるほか，例えば AR(1) モデルでは時系列の定常性の仮定を考慮して $-1 < \alpha_{t-1} < 1$ という制約が必要とされる．ベイズ推定のための無情報事前分布は例えば次のようになる．

$$\alpha_{t-j} \sim N(0,1), \quad \sigma^2_{e_t} \sim G(0.1, 0.1)$$

ここで $-1 < \alpha_{t-j} < 1$ である．

**MA(K)**：MA(K) モデルは $t-K$ 期前までのホワイトノイズ $e_t$ の重み付き和によって，第 $t$ 期のデータを予測するモデルである．MA モデルの解釈は難しいが，AR モデルと併用することで，データに対するより柔軟なモデリングが可能となる．モデル式は次で与えられる．

$$v_t = f_t - \sum_{k=1}^{K} \beta_{t-k} f_{t-k} \tag{54}$$

ここで $f_t$ は (53) 式における $e_t$ に相当する．本モデルでは $f_t$ はその因子スコアが推定対象となる潜在変数として導入される．その期待値は 0 であり，分散は $t$ によらず $\sigma^2_{f_t}$ である．例えば $MA(1)$ モデルでは時系列の定常性の仮定を考慮して $-1 < \beta_{t-1} < 1$ という制約が必要とされる．ベイズ推定のための無情報事前分布は例えば次のようになる．

$$f_t \sim N(0, \sigma^2_{f_t}), \quad \beta_{t-j} \sim N(0,1), \quad \sigma^2_{f_t} \sim G(0.1, 0.1)$$

ここで $-1 < \beta_{t-j} < 1$ である．

**ARMA(J, K)**：ARMA(J, K) モデルは AR(J) と MA(K) が併合されたモデルである．モデル式は次で与えられる．

$$v_t = \sum_{j=1}^{J} \alpha_{t-j} v_{t-j} + f_t - \sum_{k=1}^{K} \beta_{t-k} f_{t-k} \tag{55}$$

定常性を考慮して $\sigma^2_{f_t}$ は $t$ によらず一定とする．AR と MA を併合しているため，ARMA モデルはデータに対してより柔軟に適合するという特徴をもっている．ベイズ推定のための無情報事前分布は，AR, MA モデルのものに準ずる．

以下では説明の都合上，ARMA(1, 1) モデルの Bugs コード例を示す．AR モデル，MA モデルも以下のコードを元に容易に表現できる．

```
#part I(t=1)
y[1]~ dnorm(mu[1],tau.f);  f[1]~ dnorm(0, tau.f)

#part II(t=2 以降)
for(t in 2:T){
  y[t]~dnorm(mu[t],tau.f);  f[t]~dnorm(0, tau.f)
  mu[t]<-alpha*y[t-1] + f[t] - beta*f[t-1]
          }
```

ここで tau.f は $\sigma^2_{f_t}$ の逆数である．また part I は予測されないデータに関するコードであり，part II は予測されるデータに関するコードである．

仮に 4 期前からの予測を行う場合には，t=4 まで part1 が反復される．

### MCMC による分析

ここでは経済企画庁で公表された，1988〜1994 年までの日本の景気指標 (diffusion index) における一致指標に対して，AR(1), ARMA(1,1) を適用する．このデータに対しては豊田 (2000, 第 4 章) が SEM による同モデルの分析を試みている．また DIC の観点から両モデルのデータに対する適合を考察する．両モデルともに単一のマルコフ連鎖から 10 万回の標本抽出を行い，連鎖の収束に配慮して前半の 3 万回を破棄した MCMC 標本から，母数の事後統計量を推定した．表 5.23 には推定された統計量が記載されている．

表 5.23　両モデルにおける事後統計量

| モデル | $\alpha$(平均) | SD | 95%信用区間 | $\beta$(平均) | SD | 95%信用区間 | DIC |
|---|---|---|---|---|---|---|---|
| AR | 0.682 | 0.088 | [0.508, 0.852] | * | * | * | 663.6 |
| ARMA | 0.719 | 0.113 | [0.469, 0.911] | 0.237 | 0.352 | [-0.455, 0.913] | 635.9 |

両モデルにおける AR 過程の係数 $\alpha$ は，AR(1) モデルにおいて 0.682, ARMA(1,1) モデルにおいて 0.719 であった．95% 信用区間を参照すると両母数ともに有意であり，1 期前からの予測には一定の意味があることが示された．

特に AR(1) モデルの推定値を利用して，データの実測値と予測値をあわせて描画したものが図 5.6 である．

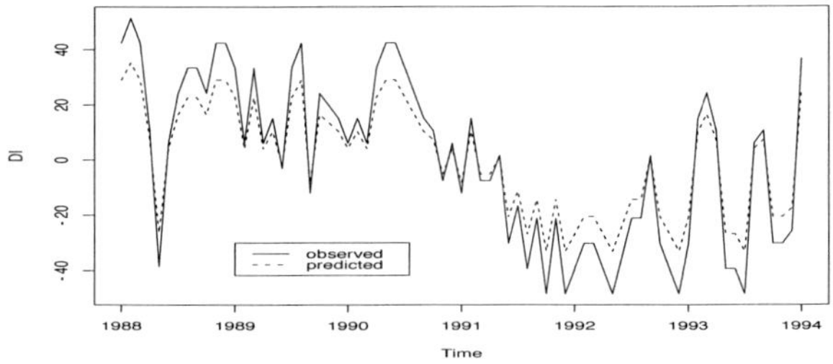


図 **5.6** AR(1) モデル

図を参照すると，実測値に対して AR(1) モデルの予測値が 1991 年 1 月以前では過小評価，以後では過大評価していることがうかがえる．

表 5.23 には ARMA モデルにおける係数 $\beta$ の推定値が記載されている．表から $\beta = 0.237$ であり，この推定値は信用区間の観点からは有意でないことがうかがえる．回帰モデルにおける寄与という観点からは，MA 過程は AR 過程に比較して貢献しないという結果となった．

図 5.7 は ARMA モデルにおいて推定された予測値と実測値をあわせてプロットしたものである．図 5.6 と比較すると，実測値に対して予測値が良く近似していることがうかがえる．回帰モデルにおける寄与という観点からは，確かに MA 過程は AR 過程に比較して貢献しないが，予測精度を少しでも向上させるという意味では，MA 過程での推定結果は無視できないだろう．表 5.23 に記載されている DIC を参照すると，AR モデルにおいて 663.6，ARMA モデルにおいて 635.9 であり，やはり ARMA モデルのデータに対する高い適合が示唆された．

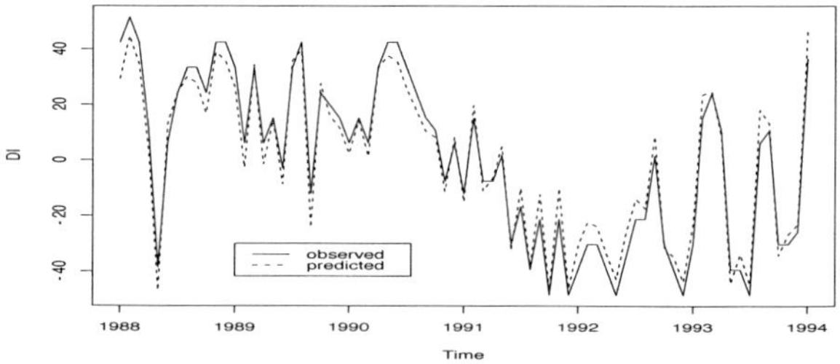


図 **5.7** ARMA(1,1) モデル

## 5.12 分散分析

一年間同じ教室で行われてきた授業の期末試験が，まったく別の教室で実施されると，なんとなく落ち着かず，実力を発揮できずに終わるかもしれない．記憶したときの環境とその記憶を想起するときの環境が同じであれば，その環境が記憶時のことを思い起こす助けとなり，より想起が容易になるということも考えられる．

記銘時，すなわち講義を受けたときの教室と，想起時，すなわち試験を受けたときの教室の異同によって試験の得点がどのように変化するのかを調べたい．小教室と大教室でそれぞれ10人ずつの学生が同じ講義を受け，その講義の内容について一週間後に同一の試験を受けるという状況を考える．ただし，大教室で講義を受けた学生のうち半分は同じ大教室で試験を受験し，残りの半分は教室を変更し小教室で試験を受けた．同様に，小教室で受講した学生も半分はそのままの教室で，残りの半分は大教室で試験を行った．試験は25点満点であり，各学生の得点は表5.24 *1)の通りである．

表 5.24 試験の得点

| 講義 | 試験 | 得点 | | | | |
|---|---|---|---|---|---|---|
| 小教室 | 小教室 | 22 | 15 | 20 | 17 | 16 |
| | 大教室 | 1 | 4 | 2 | 5 | 8 |
| 大教室 | 小教室 | 5 | 8 | 1 | 1 | 5 |
| | 大教室 | 15 | 20 | 11 | 18 | 16 |

分散分析では，興味の対象となっている測定値を「特性値」と呼び，特性値に影響を及ぼすと考えられる多くの原因のうち，その実験で取り上げられて調べられるものを「因子」という．ここでは「試験の得点」が特性値である．また,「講義教室」と「試験教室」の2つの因子があり，それぞれ小教室と大教室という2つの水準からなっている．このように，1つの特性値に対して同時に2つの因子が影響を及ぼす場合に用いられるモデルが「2因子実験」である．本例では繰り返しのある2因子実験の母数モデルを取り上げる．

*1) http://www.une.edu.au/WebStat/unit_materials/c7_anova/scene5.htm

豊田 (1994) より，モデルは

$$y_{ijk} = \mu + a_j + b_k + c_{jk} + e_{ijk} \tag{56}$$

のように構成される．添え字 $i$ は繰り返し数を，$j$ と $k$ はそれぞれ因子 $A$ と因子 $B$ の水準数を表している．各項の意味は以下の通りである．

$\mu$ ：すべての水準を込みにしたときの特性値の平均．「一般平均」．

$a_j$ ：1 つ目の因子 $A$ における水準 $A_j$ の効果．$a_j = \mu_j - \mu$．

$b_k$ ：2 つ目の因子 $B$ における水準 $B_k$ の効果．$b_k = \mu_k - \mu$．

$c_{jk}$ ：因子 $A$ と因子 $B$ の交互作用．

因子 $A$ に主効果があるということは，因子 $B$ の水準にかかわらず因子 $A$ における水準間の平均値には一定のパタンがあるということを意味する．交互作用とは，一方の因子の水準ごとに他方の因子の水準間の平均値のパタンが異なるということである．2 因子実験においては一般的に，交互作用に関する考察が主要な目的となる場合も多い．

### モ デ ル

(56) 式において，誤差 $e_{ijk}$ が正規分布 $N(0, \sigma_e^2)$ に従っていると仮定すると，$E[e_{ijk}] = 0$ なので

$$E[y_{ijk}] = \mu + a_j + b_k + (ab)_{jk} \tag{57}$$

である．したがって，$y_{ijk}$ の事前分布に正規分布を仮定すると，推定を行うためのコードは

```
y[n] ~ dnorm(theta[n], tau.e)
theta[n] <- mu + a*Lect[n] + b*Test[n] + c*LT[n]
```

となる．ただし，n $(= i \times j \times k)$ は観測変数の数を，tau.e は $\sigma_e^2$ の逆数を表している．

Lect[n] は因子 $A$ 「講義教室」の水準を示すためのダミー変数であり，小教室ならば 0，大教室ならば 1 とおき，データを用意する際に観測変数を水準によって区別するために用いている．同様に，Test[n] は因子 $B$ 「試験教室」の水準を示すためのダミー変数である．一方 LT[n] は因子 $A$ と因子 $B$ の組み

合わせを表現しており，$(A_1, B_2)$ または $(A_2, B_1)$ ならば0，$(A_1, B_1)$ または $(A_2, B_2)$ ならば1とおく．このようにダミー変数を用いることで，両因子の水準数が2である2因子実験において，2つの主効果と1つの交互作用を考察することが可能になる．

最後に，各母数に無情報事前分布を指定する．$\mu$, $a$, $b$, $c$ には正規分布を，$\tau_e$ にはガンマ分布を仮定し，ここでは超母数を以下のように設定した．

$$\mu,\ a,\ b,\ c \sim N(0, 10^{-4}), \quad \tau_e \sim G(10^{-3}, 10^{-3})$$

**MCMCによる分析**

分析の目的は，

1) 講義を受けた教室の大きさによって平均得点に違いはあるか (主効果 $A$)
2) 試験を受けた教室の大きさによって平均得点に違いはあるか (主効果 $B$)
3) 講義を受けた教室と試験を受けた教室の異同は平均得点に影響するか (交互作用)

という3つである．今回は，各要因の主効果よりも特に交互作用に関心がある．2要因の水準の組合わせによる得点の平均値のパタンを図5.8に示した．線分がクロスしていることから，交互作用の存在が示唆される．

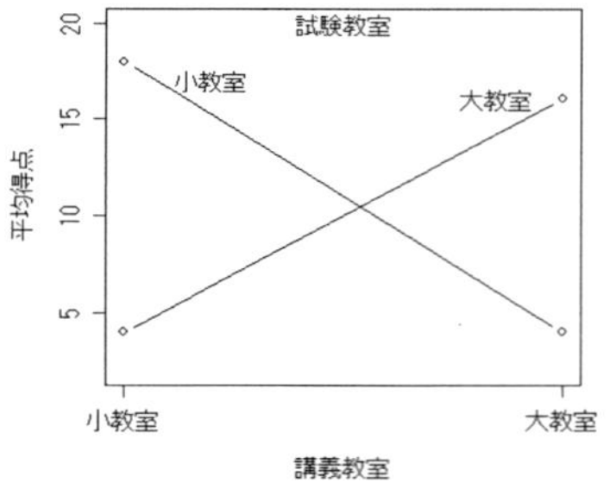


図 **5.8** 水準の組み合わせによる平均得点

表 **5.25** 事後統計量

| | 平均 | 標準偏差 | 中央値 | 95%信用区間 |
|---|---|---|---|---|
| a | -0.990 | 1.440 | -0.970 | [-3.849, 1.773] |
| b | -1.000 | 1.438 | -0.998 | [-3.867, 1.832] |
| c | 13.010 | 1.428 | 13.020 | [10.12, 15.820] |
| $\mu$ | 4.990 | 1.436 | 4.975 | [2.217, 7.898] |
| $\sigma_e$ | 3.165 | 0.599 | 3.076 | [2.245, 4.609] |

15000回のサンプリングを行い，前半の5000回をバーンインして10000個のMCMC標本を用いて推定を行った．Bugsによる分析結果を表5.25に，推定された $a, b, c, \mu$ の事後分布を図5.9に示す．

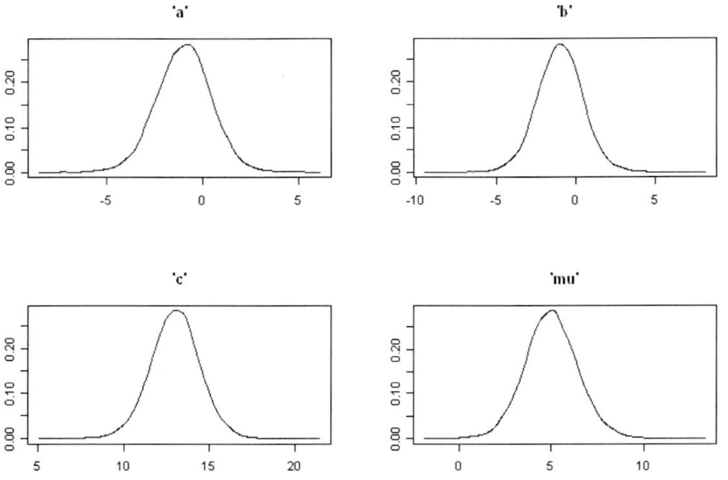


図 5.9　各母数の事後分布

ここでは，分散分析において一般的に用いられている平均平方の比を利用したF検定ではなく，95%信用区間に注目して，平均得点の差の有意性について考察する．95%信用区間が0を含んでいなければ，その効果は有意であると判断できる．

表5.25より，主効果 $A$ と主効果 $B$ はともに信用区間が0を含んでいるため，有意とはいえない．つまり，大教室で講義を受ける方が小教室で講義を受けるよりも一貫して試験の得点が高くなる，あるいは低くなるといった傾向は見られず，同様に試験を受けた教室の大小によっても試験結果に大きな違いはなかったということである．

一方で今回の興味の中心である交互作用は，信用区間に0が含まれていないことから有意性が示された．図5.9からも，交互作用 $c$ の分布において0以下の値をとる確率はほとんどないことがわかる．これは，講義と試験を同じ教室で受けた学生と異なる教室で受けた学生とでは試験の得点に差があったということを意味している．ローデータや図5.8から，講義も試験も同じ教室で行った学生の得点の方が，そうでない学生よりも得点が高いことは明らかである．

## 5.13 分散成分分析

生徒が通う学校によって学力が異なるかどうかを調べるために，無作為にいくつかの中学校を抽出し，それぞれの中学校から何人かの生徒を無作為に選んで学力テストを受けてもらったという状況を考えよう．この場合，テストを実施する学校はでたらめに選ばれているのだから，検討すべきことは「A 中学校の学力 vs B 中学校の学力」ではなく，「学校の違いによる学力差 vs 生徒個人の能力による学力差」となる．

このように，変量モデルを扱う場合は各水準は母集団から無作為に抽出されたものと見なすため，興味の対象は母数モデルにおける多重比較のような個々の水準の比較ではなく，水準の効果のばらつきと誤差のばらつき (分散成分) の大きさの比較となる (詳しくは豊田 (1994) を参照されたい)．さらに，このような比較を行う場合に全体の分散のうち水準の効果の分散が占める割合を表わす指標として級内相関 (intra-class correlation；ICC) がある．この値が高ければ，水準内が類似していて水準間が異なっていることを意味し，この値が低ければ，水準間にはあまり違いがないことになる．なお，先の例では各生徒がそれぞれの学校にネストしているが，クロスしている場合も，以下で説明するモデルで分析を行うことができる．

### モ デ ル

通常の分散分析における 1 因子の変量モデルは

$$y_{ij} = \mu + \alpha_i + e_{ij}, \qquad i = 1, \ldots, I, \quad j = 1, \ldots, J \tag{58}$$

と表現される．ここで，$y_{ij}$ は水準 $i$ の $j$ 番目の標本，$\mu$ は全平均を表わす．$\alpha_i$ ($\mu_i - \mu$ で定義される水準の効果) は平均 0, 分散$\sigma^2_{\text{btw}}$ であり，誤差 $e_{ij}$ は平均 0, 分散$\sigma^2_{\text{with}}$ であることが仮定される．また，$\alpha_i, e_{ij}$ は互いに独立である．したがって，$y_{ij}$ は平均 $\mu$, 分散 $\sigma^2_{\text{btw}} + \sigma^2_{\text{with}}$ となる．

また，分散成分の推定量は水準の効果の平均平方と誤差の平均平方，水準に含まれる標本数 $J$ から以下のように構成される．

$$\hat{\sigma}^2_{\text{btw}} = (MS_{\text{btw}} - MS_{\text{with}})/J \tag{59}$$

しかし，水準間の平均平方が水準内の平均平方よりも小さい場合は $\hat{\sigma}^2_{\mathrm{btw}}$ が負になってしまい，級内相関も推定することができない．したがって，水準間に差があるときにはどのくらい差があるのかを見ることができても，その差がないときにはどのぐらい小さな差であるのかということがわからず，そのため，「差があるとはいえない」ということ以上の情報が得られない．このほかにも，標本抽出理論の枠組みでは分散成分の信頼区間を構成することができないなどの問題点も指摘されている (Box & Tiao, 1973).

ここでは，MCMC を利用して分散成分を推定するため，水準 $i$ と標本 $j$ は独立であり全体の分散に可算的に寄与するという先の仮定に基づいて，以下のような階層的なモデルを考える．

$$y_{ij} \sim N(\mu_i, \sigma^2_{\mathrm{with}}) \tag{60}$$

$$\mu_i \sim N(\theta, \sigma^2_{\mathrm{btw}}) \tag{61}$$

ここで，$\mu_i$ は水準 $i$ の真の特性値，$\theta$ は全ての標本における真の平均値を表している．つまり，各標本は水準ごとに異なる値 $\mu_i$ のまわりで共通の大きさ $\sigma^2_{\mathrm{with}}$ でばらついており，この水準ごとに異なる $\mu_i$ は共通の平均 $\theta$，分散 $\sigma^2_{\mathrm{btw}}$ の正規分布からの無作為標本であることを表している．そのため，(59) 式を介さずに分散成分の推定値を直接得ることができる．

Bugs のコードは以下の通りとなる．

```
 mu[i] ~ dnorm(theta, tau.btw)
y[i,j] ~ dnorm(mu[i], tau.with)
```

これまでと同様に，コード内では分散の逆数 tau を正規分布の分散に指定しなければならない点に注意が必要である．各母数の事前分布に関しては，例えば以下のような無情報事前分布を仮定する．

$$\theta \sim N(0, 10^{10}), \quad 1/\sigma^2_{\mathrm{with}} \sim G(10^{-3}, 10^{-3})$$

また，$\sigma^2_{\mathrm{btw}}$ については $\sigma^2_{\mathrm{with}}$ と同様にガンマ分布を用いて無情報事前分布を表現することも可能であるが，級内相関の事前分布に一様分布を仮定し，$\mathrm{ICC} = \sigma^2_{\mathrm{btw}}/(\sigma^2_{\mathrm{with}} + \sigma^2_{\mathrm{btw}})$ という関係を利用して

$$\sigma^2_{\text{btw}} = \frac{\sigma^2_{\text{with}} \times \text{ICC}}{1 - \text{ICC}} \tag{62}$$

と表現することによって推定を行うこともできる．

### MCMCによる分析

ここでは以下のようなLentner & Bishop (1986) のデータ (表5.26) を用いる．このデータはある食品加工工場にブロッコリーを出荷している農家の中から無作為に3つの農家を選び，さらにその農家で栽培されたブロッコリーを無作為にそれぞれ12個選んでその重さを測定したものである．この食品加工工場では，各農家に対してブロッコリーの重さが同じくらいになるよう指示しているが，それでも各農家によって栽培方法などが異なるため，常に大きいサイズを提供してくれる農家とそうでない農家があるかもしれない．

表 **5.26** ブロッコリーデータ

| | | | | | | |
|---|---|---|---|---|---|---|
| grower1 | 352 | 369 | 383 | 365 | 372 | 329 |
| | 348 | 340 | 362 | 359 | 371 | 351 |
| grower2 | 339 | 367 | 328 | 358 | 349 | 377 |
| | 350 | 366 | 387 | 338 | 373 | 345 |
| grower3 | 376 | 359 | 388 | 337 | 361 | 354 |
| | 326 | 374 | 361 | 378 | 362 | 340 |

ここでの目的は，最終的に工場に入荷されるブロッコリーの重さのバラツキのうち，栽培する農家の違いと，ブロッコリーの重さ自体のバラツキのどちらがより相対的に重要であるかを調べることである．全体の標本平均は358.17であり，農家ごとの標本平均はそれぞれ358.42, 356.42, 359.67と非常に近い．標本抽出理論に基づく分散分析を行っても有意な差はなく，分散成分 $\hat{\sigma}^2_{\text{btw}}$ は負の値になってしまい，級内相関も推定できない．

このデータを先のモデルで分析した．$\sigma^2_{\text{btw}}$ の事前分布に関してはICCに事前分布を設定する方法を利用し，20000回のバーンイン期間の後，80000回の繰り返しを経て各母数の推定値の事後統計量を算出した (表5.27)．

事後統計量を見ると，$\theta$ および $\mu_1, \mu_2, \mu_3$ は，平均値と中央値が近い値となっているが，$\sigma^2_{\text{btw}}, \sigma^2_{\text{with}}$, ICCでは，平均値が中央値にくらべて大きくなっており，母数の推定値の密度関数が左右対称ではないことを示唆している．推定し

表 5.27 事後統計量

| | 平均 | 標準偏差 | 中央値 | 95%信用区間 |
|---|---|---|---|---|
| $\theta$ | 358.100 | 7.315 | 358.100 | [343.800, 372.300] |
| $\mu_1$ | 358.300 | 4.258 | 358.300 | [349.900, 366.800] |
| $\mu_2$ | 357.100 | 4.297 | 357.200 | [348.400, 365.500] |
| $\mu_3$ | 359.100 | 4.296 | 359.000 | [350.700, 367.700] |
| $\sigma^2_{\mathrm{btw}}$ | 129.700 | 442.400 | 45.770 | [1.223, 741.200] |
| $\sigma^2_{\mathrm{with}}$ | 297.100 | 76.980 | 285.000 | [183.700, 481.400] |
| ICC | 0.199 | 0.191 | 0.137 | [0.004, 0.711] |

た母数のうち，$\theta$, $\sigma^2_{\mathrm{btw}}$, $\sigma^2_{\mathrm{with}}$, ICC の密度関数をプロットしたものが図 5.10 である．

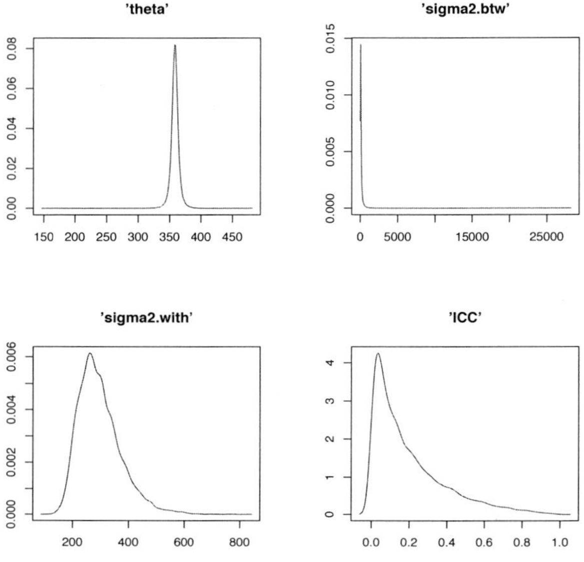


図 5.10 母数の推定値の密度関数

図 5.10 を見ると，$\sigma^2_{\mathrm{btw}}$ はかなり 0 に近いところに値が集中しているが，負の値になることはない．また，ICC は $\sigma^2_{\mathrm{btw}}$ と $\sigma^2_{\mathrm{with}}$ から計算する必要はなく，直接推定される．ICC の推定値は，中央値を推定値としたとき $\widehat{\mathrm{ICC}} = 0.137$ となるため，ブロッコリーの栽培者によるバラツキはほとんどないといえる．

## 5.14 分散分析 (枝分かれ配置)

「この新薬は従来の薬よりも良く効くかもしれない」「条件付けを変えたらネズミが迷路を抜け出す時間は早くなるのだろうか」など，興味の対象となる研究仮説を実証するために実験を行う場合，心理学などの分野における実験対象の多くは人，もしくはネズミなどの動物である．このような場合は，ある特定の人物やネズミに関する結果を調べるのが目的ではないことが多い．つまり，実験対象者は想定する母集団から無作為に抽出された個体であると見なされ，実験者はその実験結果を母集団に一般化して解釈したいと考えるだろう．

「分散分析」の節では，講義を受ける教室 (因子 $A$) と試験を受ける教室 (因子 $B$) の広さの大小が水準として取り上げられた．教室の大小やその組み合わせによって生じる試験結果の違いを調べることが目的であったから，水準の効果を非確率変数と見なすことは妥当である．一方で，被験者を因子として取り上げる場合などは，特定の水準 (人物) には興味がないため，水準の効果は無作為標本として扱い確率変数と見なした方が自然である．

分散分析では，このような確率的に変動すると考えられる水準の効果を変量効果と呼び，水準の効果を非確率変数とする場合は固定効果と呼ぶ．そして，分散分析モデルで取り上げられる因子の区別から，それぞれのモデルを変量効果モデル (変量モデル)，固定効果モデル (母数モデル) という．ただし，因子の効果が変量効果か固定効果かは，データ採取の方法やデータの見方，結果の解釈の方法によって区別されるものであるから，明確な基準があるわけではなく，あくまで実験者によって決定されるものであるということに注意が必要である (詳しくは，豊田 (1994)，生沢 (1977)，岩原 (1965) などを参照されたい)．

実際の実験では，なんらかの処理による結果の違いを記述することが目的になる場合がほとんどであるため，すべての因子が変量因子であることは少ない．したがって，以下では実験の目的となる因子 $A$ の水準間の差を調べることが目的である場面を想定し，そのために各水準に無作為に個体 (因子 $B$) を割り当て，各個体から繰り返し測定を行った場合の分散分析モデルについて取り上げる．言い換えれば，因子 $A$ が母数因子，因子 $B$ が変量因子で，因子 $B$ が因子 $A$ にネストしている枝分かれ実験である．

**モ　デ　ル**

因子 $A$ の水準 $i$ に割り当てられた個体 $j$ の $k$ 回目の特性値を,

$$y_{ijk} = \mu + a_i + \beta_{j(i)} + e_{ijk}, \quad i = 1, \ldots, I, \quad j = 1, \ldots, J, \quad k = 1, \ldots, K \tag{63}$$

と表す. 因子 $A$ の効果は固定効果であるからアルファベット $a$ で表し, 因子 $B$ の効果は変量効果であるからギリシャ文字 $\beta$ で表した. $\beta$ の添え字 $j(i)$ は, 個体 $j$ が因子 $A$ の水準 $i$ の入れ子になっていることを示している. $\mu$ と $e_{ijk}$ はそれぞれ全平均と誤差である.

従来の分散分析を行う場合は, 手元のデータのみを用いて統計量を構成するため, 分散分析表に登場する平方和, 自由度, 平均平方は, 母数モデルであっても変量モデルであっても同じ値になる. 分析モデルの違いは特性値や平均平方の期待値に反映されるため, 結果として両者のモデルでは検定統計量のつくり方が変わることになる.

一方で, ベイズ推定の枠組みでは, 当然ながらすべての効果が確率変数として扱われる. また, 検定統計量を構成することもない. 分析モデルの違いは, 柔軟なモデル構成と事前分布の設定を適切に行うことによって表現する.

(1) 式のモデルを表現するための Bugs のコードは以下のようになる.

```
   nu[i] <- theta + alpha[i]
 mu[i,j] ~ dnorm(nu[i],tau.beta)
y[i,j,k] ~ dnorm(mu[i,j],tau.e)
alpha[1] ~ dnorm(0, tau.alpha)
alpha[2] <- -alpha[1]
```

ここでは, 全平均を theta, 因子 $A$ の水準ごとの平均を nu, 因子 $B$ の水準ごとの平均を mu とおいた. 2, 3 行目で変量モデルを, 1, 2 行目で母数モデルを表している. 4, 5 行目では母数モデルに関して, $a_i$ が固定効果であるため $a_1$ と $a_2$ の和が 0 になるという制約をおいている (ここでは因子 $A$ の水準が 2 つの場合を示したが, 3 つ以上の場合については「一般化可能性理論」の節を参照されたい). 因子 $B$ の効果を表す文字が見当たらないが, それはこの効果が変量効果であり, その推定値自体に関心がなく, したがって効果の総和が 0 になるという制約もおく必要がないためである. また, tau.alpha, tau.beta, tau.e は，それぞれ固定効果 $a$，変量効果 $\beta$，誤差 $e$ の分散 $\sigma_a^2, \sigma_\beta^2, \sigma_e^2$ の逆数を示している．したがって，推定される $\sigma_a^2, \sigma_\beta^2, \sigma_e^2$ の値は，それぞれ因子 $A$ の水準間のばらつき，因子 $B$ の水準間のばらつき，因子 $B$ の水準内のばらつきの分布の分散 (分散成分) として解釈することができる．

$\theta$ や $\sigma_a^2, \sigma_\beta^2, \sigma_e^2$ の事前分布は，例えば

$$\theta \sim N(0, 10^{10}), \quad 1/\sigma_a^2,\ 1/\sigma_\beta^2,\ 1/\sigma_e^2 \sim G(10^{-3}, 10^{-3})$$

のような無情報事前分布を設定する．

**MCMC による分析**

ここでは，生沢 (1977) に示されているネズミの摂水活動の実験データを用いて分析を行う．このデータは，ネズミにある条件付けを行い，それがネズミの摂水活動を抑制するかどうかを調べた実験データの一部である．実験群と対照群にそれぞれ 3 匹のネズミを割り当て，24 時間給水停止のあとの 10 秒間の摂水回数を各ネズミについて 4 回ずつ電気的に読み取った．データは表 5.28 の通りである．

表 5.28　ネズミの摂水活動データ

| 要因 A | 要因 B(A) | 摂水回数 | | | |
|---|---|---|---|---|---|
| 統制群 | M1 | 75 | 57 | 10 | 66 |
| | M2 | 74 | 40 | 52 | 60 |
| | M3 | 54 | 9 | 64 | 58 |
| 実験群 | M4 | 63 | 31 | 63 | 58 |
| | M5 | 67 | 44 | 20 | 53 |
| | M6 | 65 | 10 | 42 | 20 |

この実験の目的は実験群のネズミと対照群のネズミの摂水回数の違いが見られるのかを調べることであるから，実験群，対照群を水準にもつ因子 $A$ は母数因子となる．また，個々のネズミに興味があるわけではないので，因子 $B$ は変量因子となる．そしてネズミはそれぞれ実験群と対照群に無作為に割り当てられているため，ネズミは各群の入れ子になっていることがわかる (図 5.11 参照)．したがって，興味の対象となるのは，$a$ の推定値と信用区間から因子 $A$ の効果が有意であるかということと，実験群・対照群間の効果のばらつき，ネズ

ミ間の摂水活動のばらつき，個々のネズミ内の摂水活動のばらつきという 3 つの分散成分の相対的な大きさを見ることである．

図 **5.11** ネズミの摂水活動実験のイメージ

MCMC による母数の推定に際しては，マルコフ連鎖から 50000 回のサンプリングを行い，そのうち最初の 10000 回をバーンイン期間として破棄した残り 40000 回の標本に基づいて母数の事後統計量を算出した．推定された母数の一部を表 5.29 に示す．

表 **5.29** 事後統計量

| | 平均値 | 標準偏差 | 中央値 | 95%信用区間 |
|---|---|---|---|---|
| $a_1$ | 0.527 | 1.998 | 0.041 | [-2.386, 6.802] |
| $\mu$ | 48.370 | 4.655 | 48.440 | [39.480, 57.390] |
| $\sigma_a^2$ | 2445000.000 | 483500000.000 | 0.363 | [0.001, 1161.000] |
| $\sigma_\beta^2$ | 15.440 | 88.390 | 0.441 | [0.001, 125.900] |
| $\sigma_e^2$ | 475.500 | 156.500 | 446.200 | [260.600, 862.400] |

Geweke の指標からはマルコフ連鎖の収束が示唆された．表 5.29 を見ると，$a_1$ の推定値の 95%信用区間が 0 を含んでいることから，実験群と対象群の摂水活動に有意に差があるとはいえない (因子 $A$ は水準が 2 つであり，$a_2$ は $a_1$ の符号を逆にしたものであるから $a_1$ のみを見ればよい)．

次に，分散成分に関しては，$\sigma_a^2$ の MCMC 標本の標準偏差が非常に大きくなってしまっている．これは，$\sigma_a^2$ と $\sigma_\beta^2$ の平均値と比較してそれらの中央値が極端に小さい値になっていることからもわかるとおり，ネズミ内の摂水回数のばらつき $\sigma_e^2$ が因子 $A$，$B$ の効果のばらつきに比較して大きいためであると考えられる．

## 5.15　一般化可能性理論

同じ人物でも冷徹だと判断されたり，時折垣間見える心遣いから優しい人だと思われたり，評価は受け取る側によってさまざまである．心遣いを厭らしいと感じる人もいるから現実世界は容易ではない．一方で，面接試験や人事考課など客観的に対象を評価する必要に迫られる場面も日常によく見られる．

なるべく客観性を保持するよう努めても，評価を複数で行う場合は各評価者の主観が少なからず影響し，同一の評価対象に対して全く同じ採点が行われることは考えにくい．このようなとき，測定対象以外に得点に影響する各要因の影響を定量的に把握し，評価データの信頼性の検討を行う方法論が，一般化可能性理論 (Brennan, 2001; 池田, 1994; 豊田, 1994) である．

### モ　デ　ル

受験者 $i$ を評価者 $j$ が採点した結果 $y_{ij}$ を

$$y_{ij} = \mu + \alpha_i + \beta_j + e_{ij}, \qquad i = 1, \ldots, I, \quad j = 1, \ldots, J \tag{64}$$

と表す．ここで，$\mu$ は全平均であり，$\alpha_i$ は $\mu_i - \mu$ と表される受験者 $i$ の $\mu$ からの偏差である．分散分析の手法に依拠する一般化可能性理論では，この偏差は受験者の相の水準 $i$ における効果と呼ばれる．例えば，作文や自己アピールなど受験者 $i$ の何らかのパフォーマンスの実力が $\mu_i$ であり，それが $\mu$ より大きければ ($i$ の効果が正ならば) 素点 $y_{ij}$ が高くなる．効果は $\mu$ からの偏差として定義されるので，総和が0という制約が入る．

一方，$\beta_j$ は水準 $j$ の効果であり，評価者 $j$ の採点の甘さである．この効果 $(\mu_j - \mu)$ が正ならば，評価者 $j$ は平均よりも甘い採点傾向があり，素点 $y_{ij}$ が高くなる．各受験者について測定が1回だけ行われる本モデルでは，受験者と評価者の交互作用は残差 $e_{ij}$ と分離できないため個別には表現されない．

受験者は，特定の受験者を超えた背後に想定される母集団から抽出され，評価者も，評価者集団の中から無作為に抽出されると考えると，(64) 式は変量効果モデルと呼ばれる統計モデルと同等である．

誤差 $e_{ij}$ が正規分布 $N(0, \sigma_e^2)$ に従っていると仮定すると，$y_{ij}$ は平均 $\mu+\alpha_i+\beta_j$,

分散 $\sigma_e^2$ の正規分布に従う．一方，受験者の効果 $\alpha$ は $N(0,\sigma_\alpha^2)$ に従い，評価者の効果 $\beta$ は $N(0,\sigma_\beta^2)$ に従っていると考える．この $\sigma_\alpha^2$ と $\sigma_\beta^2$ が，それぞれ受験者と評価者の分散成分に対応する．MCMC による推定では，効果の分布の分散として，分散成分を直接得ることができる．

$\mu$ に対する事前分布は，例えば $\mu \sim N(0.0,1000)$ のように設定する．また，事前分布としてガンマ分布を使用するため，分散を逆数として，例えば $1/\sigma_e^2 \sim G(0.001,0.001)$，$1/\sigma_\alpha^2 \sim G(0.001,0.001)$，$1/\sigma_\beta^2 \sim G(0.001,0.001)$ のように設定する．

### MCMC による分析

30 名の受験者について，共通するテーマの実際のプレゼンテーションを採点し，プレゼン力が優秀な人物を社員として選抜する状況を考えよう．評価は会社の人事担当者 4 名が 20 点を満点として総合的に行うものとする．

**表 5.30**　評価データの素点

| | 評価者 | | | |
|---|---|---|---|---|
| | 1 | 2 | 3 | 4 |
| 1 | 8 | 5 | 8 | 9 |
| 2 | 7 | 6 | 10 | 6 |
| 3 | 10 | 11 | 13 | 11 |
| 4 | 9 | 12 | 10 | 10 |
| 5 | 9 | 13 | 11 | 13 |
| ⋮ | ⋮ | ⋮ | ⋮ | ⋮ |
| 28 | 4 | 4 | 4 | 7 |
| 29 | 13 | 8 | 12 | 13 |
| 30 | 4 | 3 | 5 | 3 |

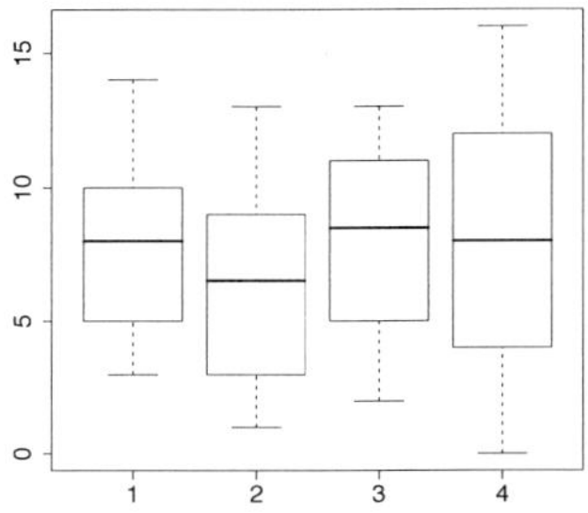


**図 5.12**　評価者ごとの素点の分布

表 5.30 は 4 名の評価者による採点結果の一部であり，図 5.12 は受験者 30 名の得点分布を評価者ごとに示したものである．「プレゼン力」は，適性テストの正誤のような単純で明確な得点化の作業では知りえない重要な特性であるが，その採点過程における評価者間のばらつきに対処する必要があることがうかがえる．

(64) 式の推定を行うためのコードは例えば以下のように指定できる．

```
y[i,j] ~ dnorm(nu[i,j], tau.e)
nu[i,j] <- mu + alpha[i] + beta[j]
for(i in 1:(I-1)){ alpha[i] ~ dnorm(0, tau.alpha) }
alpha[I] <- -sum(alpha[1:(I-1)])
for (j in 1:(J-1)){ beta[j] ~ dnorm(0, tau.beta) }
beta[J] <- -sum(beta[1:(J-1)])
```

正規分布の散らばりには分散の値ではなく，その逆数が指定されるのはこれまでと同様である．一方，効果 $\alpha$ について，最後の $\alpha_I$ を $1,\ldots,I-1$ までの総和に $-1$ を掛けたものとして指定することで，効果の総和が 0 になるよう制約をおいている．$\beta$ についても同様である．

推定においては，異なる 3 つの初期値に基づきマルコフ連鎖から各 10000 回のサンプリングを行い，前半の 5000 回を破棄して計 15000 の MCMC 標本に基づき推測を行った．なお，alpha[I] と beta[J] は自身以外の alpha[i] と beta[j] によって決定されるので，初期値は NA とする．

**表 5.31** 事後統計量

| | 平均値 | 標準偏差 | 中央値 | 95% 信用区間 |
|---|---|---|---|---|
| $\sigma_\alpha^2$ | 10.020 | 3.006 | 9.512 | [0.013, 4.767] |
| $\sigma_\beta^2$ | 0.883 | 3.943 | 0.317 | [5.614, 17.230] |
| $\sigma_e^2$ | 2.814 | 0.445 | 2.768 | [2.074, 3.805] |

表 5.31 に示した事後統計量を見ると，受験者の実力のばらつき $\sigma_\alpha^2$ が最も大きく，評価者の甘さのばらつき $\sigma_\beta^2$ は相対的に小さいことがわかる．もし，この結果と逆になってしまうような状況ならば，評価者間の評価基準のズレが大き過ぎるため適切な測定が行われていないと判断できる．

一般化可能性理論では，測定したい特性の分散が素点 $y_{ij}$ の分散に占める割合によって信頼性を定義する．ここでは，受験者の実力が測定対象であり，同一の評価者が採点する場合，$y_{ij}$ の分散は $\sigma_y^2 = \sigma_\alpha^2 + \sigma_e^2$ となるので，測定の信頼性を表す係数 $\rho$ は

$$\rho = \frac{\sigma_\alpha^2}{(\sigma_\alpha^2 + \sigma_e^2/J')} \tag{65}$$

と表される．ここで，$J'$ は $\rho$ を推定する際に想定する評価者の人数である．

$J \neq J'$ でも構わない．実際の評価場面の信頼性係数は，評価者が 4 人であったので，$10.02/(10.02+2.81/4)=0.93$ と算出される．$\rho$ の最大値は 1 であるから，プレゼンテーション能力の測定は，比較的高い精度で行われていたことがわかる．さらに一般化可能性理論では，望む信頼性が例えば 0.95 の場合，$J'$ をいくつにしたらよいかという検討も可能である．

なお，通常の分散分析の手順から，$\hat{\sigma}^2_\alpha = 9.88$，$\hat{\sigma}^2_\beta = 0.43$，$\hat{\sigma}^2_e = 2.71$ のように推定し，(65) 式から信頼性係数を推定することも当然可能である．しかし，

```
rho <- sig2subject / (sig2subject + (sig2within/4))
nine <- step(rho - 0.9)
```

というコードを付加すれば，分散成分のサンプリングと同時に $\rho$ の計算を行うことができ，図 5.13 のような $\rho$ の事後分布を得ることができる．ここで，sig2 は tau の逆数である．

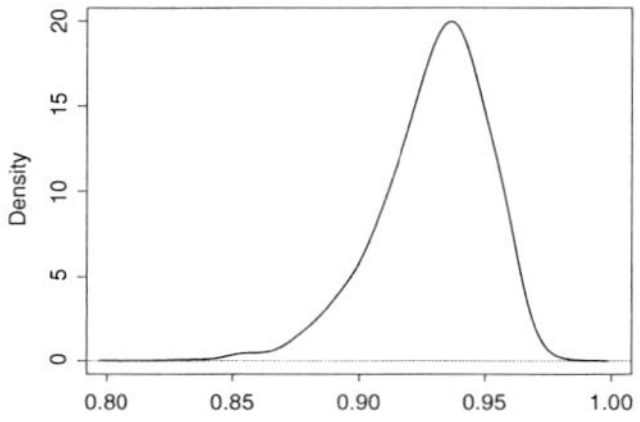


図 **5.13**　$\rho$ の事後分布

この場合，$\rho$ の推定値 (事後平均) は 0.930 となった．また，nine の結果から $\rho$ が 0.9 以上である確率が 0.905 であることもわかる．このように MCMC による分析では，一般化可能性理論における信頼性の検討を，従来よりも詳細に行うことが可能となる．

## 5.16 反復測定データの分散分析

観測対象への継時的な影響を検討するために，同じ標本から複数回にわたってデータを採取するような研究を行う場合がある．このようにして得られるデータは縦断データ (longitudinal data) や反復測度 (repeated measure) と呼ばれ，これを分析するためにさまざまな方法が開発されている．後の節において取り上げる成長曲線モデルも，その1つである．しかし本節ではそれとは異なるアプローチとして，1変量の分散分析を用いる方法を紹介する．

一般的な1変量分散分析において想定される測定の繰り返しは，同じ要因の組み合わせの下で異なる標本からの測定を行う，いわゆるセル内における繰り返しである．しかし縦断データにおける測定の反復は同じ標本からのものであり，かつ繰り返しそのものの影響を検討したいという点で，セル内の繰り返しとは全く性質が異なっている．そこで縦断データを分析する際には，乱塊 (randomized block) 法デザインまたは分割区画 (split-block) 法デザインを用いて，標本内における測定の繰り返しを要因として取り上げることが必要となる．

中でも本節では，1つの標本間要因があり，その各水準に対してネストする形で割り当てられた被験者に反復測定を行ったデータを分析するためのモデルを紹介する．これは，分割区画法デザインにおけるブロック因子の各水準に個々の標本を割り付けた状態に相当する．ただしこのモデルに基づく分析結果が正しいのは，球状性の仮定 (sphericity assumption) と呼ばれる条件が満たされるときのみであることが知られている．したがって本節で論じるモデルを解釈するためには，モデルの推定を行った後でこの仮定が成立しているかどうかを吟味し，成立していないならば一定の補正を加えることが必要となる．詳しくは Kirk (1982) などを参照のこと．ただし本節ではそこまでの範囲を扱わず，MCMC を用いて分散分析モデルを推定するところまでを論じる．

### モ デ ル

本節では，モデルに3つの因子が含まれることになる．まず1つ目の因子 $A$ として想定されるのは実験において主たる興味の対象となるような母数因子である．この因子の水準数を $I$ とする．続いて2つ目の因子として，測定の繰り

返しを表す因子 $B$ を設定する．これも母数因子であり，かつ因子 $A$ とはクロスしているものと考える．したがって各標本における測定時期は，全て共通であることが必要となる．この因子の水準数を $J$ とする．最後に3つめの因子として，標本を表すための因子 $C$ を導入する．これは因子 $A$ にネストしていることが想定され，1人の被験者は1種類の実験条件の下でしか測定を受けないことを表す．また，因子 $C$ の水準は個々の標本そのものに相当し，因子 $A$ の全ての水準において，ネストしている因子 $C$ の水準数，すなわち標本数が等しいことを仮定する．この因子の水準数を $K$ とする．

以上のような因子を分割区画法デザインに基づいて分析するモデルは，以下のとおりとなる．

$$y_{ijk} = \mu + \alpha_i + \beta_j + \gamma_{ij} + \chi_{k(i)} + \delta_{jk(i)} + e_{ijk},$$
$$i = 1, ..., I, \quad j = 1, ..., J, \quad k = 1, ..., K \qquad (66)$$

$y_{ijk}$ は因子 $A$ の水準 $i$ を割り振られた標本 $k$ の $j$ 時点目の観測値であり，これを7つの項に分解している．これらのうち $\mu$ は全平均，$\alpha_i$ は因子 $A$ の水準 $i$ の主効果，$\beta_j$ は因子 $B$ の水準 $j$ の主効果，$\gamma_{ij}$ は因子 $A$ と $B$ の交互作用を表している．以上4つの項は定数，すなわち母数因子である．したがってこれらについては，以下のような水準に渡る総和が0になるという制約が課される．

$$\sum_{i=1}^{I} \alpha_i = \sum_{j=1}^{J} \beta_j = \sum_{i=1}^{I} \gamma_{ij} = \sum_{j=1}^{J} \gamma_{ij} = 0 \qquad (67)$$

これに対して $\chi_{k(i)}$ と $\delta_{jk(i)}$ は，おのおの因子 $A$ の水準 $i$ にネストした因子 $C$ の水準 $k$ の主効果と，因子 $C$ と因子 $B$ との交互作用を表している．また，$e_{ijk}$ は誤差項である．これらは確率変数，すなわち変量因子と考えるので，

$$\chi_{k(i)} \sim N(0, \sigma_\chi^2), \quad \delta_{jk(i)} \sim N(0, \sigma_\delta^2), \quad e \sim N(0, \sigma_e^2) \qquad (68)$$

と，独自の分散をもつ平均0の正規分布に従うという仮定がおかれる．

(66) 式のようなモデルを分析するための Bugs のコードは，これまでの節において述べてきた方法の組み合わせによって記述することが可能である．全ての項は平均が0であるような正規分布から発生させられた確率変数として表現し，母数因子のみ水準間の総和が0になるような制約を加えればよい．以下では交互作用項 $\gamma_{ij}$ の制約を表している部分の抜粋を示す．

```
fifth[i, j, k] <- fourth[i, j, k] + gamma[i ,j]

for(i in 1:(I-1)){
    for(j in 1:(J-1)){
        gamma[i, j] ~ dnorm(0, tau.ij)
    }
    gamma[i, J] <- -sum(gamma[i, 1:(J-1)])
}
for(j in 1:J){ gamma[I, j] <- -sum(gamma[1:(I-1), j]) }
```

まず $i = 1, ..., I-1$ 番目までの範囲において $j = 1, ..., J-1$ と $j = J$ を相殺することで $j$ についての総和を 0 とし，最後に $i = 1, ..., I-1$ と $i = I$ を相殺することで $i$ についての総和も 0 になるよう制約を行っている．

また事前分布については，(66) 式右辺に含まれる項のうち $\mu$ 以外は平均 0 の正規分布に従って発生させられるので，その分散のみを指定すればよい．これに対して全平均 $\mu$ は，値そのものを正規分布から発生させるのが一般的である．したがって以上の全てについて無情報事前分布を設定するならば，

$$\mu \sim N(0, 10^6) \tag{69}$$

$$1/\sigma_\alpha^2, 1/\sigma_\beta^2, 1/\sigma_\gamma^2, 1/\sigma_\chi^2, 1/\sigma_\delta^2, 1/\sigma_e^2 \sim G(0.001, 0.001) \tag{70}$$

と指定することが考えられる．なお $\sigma_\cdot^2$ は，(66) 式右辺の各項が従う平均 0 の正規分布の分散である．

### MCMC による分析

ここでは Crowder & Hand (1990) に示されているヒヨコの生育に関する実験データの一部に対して，反復測定データのための分散分析を適用した例を示す．このデータは，生まれてすぐのヒヨコを 4 通りの異なる餌のうち 1 種類を用いて育てたときの体重の変化を，生後 0, 2, 4, 6, 8, 10, 12, 14, 16, 18, 20, 21 日の 12 回に渡って追跡的に測定したものである．ただし各餌につき等しく 9 匹のヒヨコが割り当てられるように，データの一部抜粋を行った．分析に用いたデータを表 5.32 に示す．

分析に際しては餌の種類を因子 $A$，測定時点を因子 $B$，個体を因子 $C$ として扱った．したがって因子の水準数は，因子 $A$ が 4, $B$ が 12, $C$ が 9 である．

表 **5.32**　ヒヨコの体重データ

| 個体 | 餌の種類 | 測定時点 0 日 | 2 日 | … | 21 日 |
|---|---|---|---|---|---|
| 1 | 1 | 42 | 51 | | 98 |
| 2 | 1 | 41 | 44 | | 124 |
| 3 | 1 | 43 | 51 | … | 175 |
| 4 | 1 | 41 | 49 | | 205 |
| ⋮ | ⋮ | | ⋮ | | |

事前分布として (69), (70) 式のような無情報事前分布を設定して 150 万回の MCMC 標本の発生を繰り返し，そのうち最初の 50 万個をバーンイン期間として破棄した残りの 100 万個の要素に基づく母数の推定値の一部を表 5.33 に示した．

表 **5.33**　反復測定データのための分散分析の推定結果

| 母数 | 平均 | 中央値 | SD | 95%信用区間 | Geweke 指標 |
|---|---|---|---|---|---|
| $\sigma_e^2$ | 388.000 | 545.700 | 268.700 | [0.004, 673.000] | 0.792 |
| $\sigma_\alpha^2$ | 208.200 | 1.103 | 4387.000 | [0.001, 1469.000] | 0.059 |
| $\sigma_\gamma^2$ | 139.400 | 132.300 | 48.840 | [64.590, 255.300] | -0.059 |
| $\sigma_\beta^2$ | 3671.000 | 3196.000 | 1967.000 | [1497.000, 8676.000] | 0.871 |
| $\sigma_\delta^2$ | 204.200 | 9.205 | 263.100 | [0.002, 642.000] | -0.814 |
| $\sigma_\chi^2$ | 16910.000 | 16280.000 | 4230.000 | [10530.000, 27010.000] | -1.987 |
| $\alpha_1$ | -1.278 | -0.019 | 8.774 | [-24.730, 11.950] | 0.955 |
| $\alpha_2$ | -0.549 | -0.009 | 8.315 | [-20.320, 14.930] | -1.268 |
| $\alpha_3$ | 0.481 | 0.006 | 8.385 | [-15.200, 20.310] | 1.030 |
| $\alpha_4$ | 1.346 | 0.024 | 11.700 | [-20.110, 32.800] | -0.691 |

Geweke の指標はおおむね絶対値が 1.96 以下となっており，マルコフ連鎖の収束が示唆されている．したがって，推定値の解釈に移る．まず変量因子については，因子 $C$ の主効果の分散成分 $\sigma_\chi^2$ が誤差分散 $\sigma_e^2$ よりも大きく，ヒヨコの個体差が有意であることがわかる．次に，母数因子については $\sigma_\beta^2$ が大きく，時点間において体重に違いが生じていることが示唆される．

これに対して縦断データの分析の際に主に興味の対象となる因子 $A$ の主効果 $\alpha$ や因子 $A$ と $B$ の交互作用 $\gamma$ については，分散成分の値が誤差よりも小さく，したがって餌の種類があまり体重の値に影響していないことがうかがえる．表 5.33 には $\alpha_i$ の推定値もあわせて示したが，中央値や 95%信用区間はほとんど重なってしまっており，明確な差は見られない．ただしこれらは，球状性の仮定の検討と補正を行う前の値であることには注意が必要である．

## 5.17 階層線形モデル

多段抽出法 (multilevel sampling method) で得られるデータには，例えば学校，県といった1次抽出単位の情報と，1次抽出単位にネストするオブザベーションの情報が含まれている．このように抽出単位の情報をもったデータを階層データと呼ぶ．マルチレベルモデル (multilevel model) とは，階層データに含まれる1次抽出単位とオブザベーションの情報を反映した統計モデルの総称であり，各抽出単位ごとに分析しただけでは得られない，データに対する統合的な考察を可能にする．本節ではマルチレベルモデルにおいて代表的な階層線形モデル (hierarchical linear model) について，MCMC を利用したベイズ推定の実行を解説する．マルチレベルモデルに関するより詳細な議論については Kreft & De Leeuw(1998) を参照されたい．なお，ここでは2段抽出の状況に限定した記述を行うが，抽出単位は必ずしも2段とは限らない．

### モ デ ル

ここでは説明のために，最も単純な階層的単回帰モデルを説明する．2段抽出の状況を考え，被験者 $i\,(=1,2,\cdots,I)$ を学校 $j\,(=1,2,\cdots,J)$ からの無作為標本とする．そして $y_{ij}$ を学校 $j$ に所属する被験者 $i$ の英語テストにおける実現値，$x_{ij}$ を勉強時間とする．このとき，勉強時間で英語のテスト得点を予測する回帰モデルは以下で表現される．

$$y_{ij} = \alpha_1 + \alpha_2 x_{ij} + e_{ij} \tag{71}$$

$\alpha_1$ と $\alpha_2$ は学校間で共通であることから，(71) 式は実質的に学校をプールした (1次抽出単位の情報を無視した) 単回帰モデルである．

しかし，全ての学校で回帰直線の切片と係数が等しいという仮定をおくのは困難である．学校によっては英語能力の高い学生が多く集まっており ($\alpha_1$ が正に大きい)，短い勉強時間で高い学習効果を得ることができる ($\alpha_2$ が正に大きい) かもしれないし，その逆の解釈も可能である．また切片と係数が等しいという仮定がおけない場合には，データの独立性が損なわれている可能性が高く，学校をプールした場合の推定値は不適切なものとなる．

そこでデータの階層構造を次のように統計モデルに反映する．

$$y_{ij} = \alpha_1 + \beta_{1j} + (\alpha_2 + \beta_{2j})x_{ij} + e_{ij} \tag{72}$$

新しく付け加えられた母数 $\beta_{1j}$ は，オブザベーション全体で定義される切片 $\alpha_1$ における学校 $j$ の差であり，ランダム切片 (random intercept) と呼ばれる．また母数 $\beta_{2j}$ は，回帰係数 $\alpha_2$ における学校 $j$ の差であり，ランダム係数 (random coefficient) と呼ばれる．また $\beta_1$ と $\beta_2$ の分散である $\sigma^2_{\beta_1}, \sigma^2_{\beta_2}$ はランダム母数 (random parameter) と呼ばれる．

(72) 式にはオブザベーション全体で定義される固定効果 ($\alpha_1$, $\alpha_2$) と，学校毎に異なるランダム効果 ($\beta_{1j}$, $\beta_{2j}$) が含まれている．つまり (72) 式では 1 次抽出単位の情報と，オブザベーションの情報が回帰モデルの切片・係数に反映されている．したがって学校という変数の存在でデータの独立性が損なわれていたとしても，これを要因としてモデルに導入しているので，(72) 式に含まれる母数の推定値は独立性の損失による弊害を受けにくい．

母数の事前分布は以下である．

$$\alpha_1, \alpha_2 \sim N(0, \sigma_e^2), \quad \boldsymbol{\beta} \sim MN(\mathbf{0}, \boldsymbol{\Sigma}), \quad \sigma_e^2 \sim IG(a_1, b_1)$$
$$\boldsymbol{\Sigma} \sim IW_2\left(\boldsymbol{R}^{-1},\ \rho\right), \quad \sigma_\alpha^2 \sim IG(a_2,\ b_2)$$

ここで $\boldsymbol{\Sigma}$ は，その要素にランダム母数を含むサイズ $2 \times 2$ の分散共分散行列である．$\boldsymbol{R}$ はウィッシャート分布の超母数であり，サイズ $2 \times 2$ の行列である．また $\rho$ は定数である．

階層線形モデルではランダム効果 $\boldsymbol{\beta}$ に関して母数間の相関を認めた分析を行う場合もあるので，事前分布における分散共分散行列 $\boldsymbol{\Sigma}$ は対角行列である必要はない．またランダム係数, ランダム切片のいずれかをモデルに導入する場合は，その分散の事前分布として逆ガンマ分布を適用する．

階層的単回帰モデルを実行するための Bugs コードは次のようになる．

```
#従属変数の分布
y[i] ~ dnorm(mu[i], tau.a)
#階層的回帰モデル
mu[i] <- alpha1 + beta[group[i],1]
       + alpha2 * x[i] + beta[group[i],2] * x[i]
```

従属変数 y が従う正規分布の平均 mu を独立変数 x による線形和で表現する．alpha は固定効果を，beta はランダム効果をそれぞれ表現しており，group[i] は $i$ 番目の被験者が属する 1 次抽出単位 (学校や国など) を表現している．特に beta[group[i],1] がランダム切片，beta[group[i],2] がランダム係数を表現している．また tau.a は誤差分散の逆数である．

母数に対する無情報事前分布の指定は次のように行う．

```
#誤差分散の事前分布
 tau.a~dgamma(0.001,0.001); sigma.a<-1/tau.a

#alpha の事前分布
 alpha1~dnorm(0.0, tau.a); alpha2~dnorm(0.0, tau.a)

#beta の事前分布 (L(beta の次元数)=2)
 for (j in 1 : J){beta[j,1:L]~dmnorm(vec[1:2],Omega[,])}

#Omega の事前分布
 Omega[1:L,1:L] ~dwish(R[,],5); Sigma[1:L,1:L]<-inverse(Omega[,])
```

ここで Omega は $\mathbf{\Sigma}$ の逆数である．以下の分析では tau.a の無情報事前分布としてガンマ分布を仮定し，その超母数を全て 0.001 とした．またランダム母数を表現する $\mathbf{\Sigma}$ に対する無情報を，$\boldsymbol{R}$ を単位行列とすることで表現した．

### MCMC による分析

ここでは Goldstein et al.(1993) のデータセットを用いて，階層線形モデルの分析例を示す．このデータは 65 の中学校から無作為抽出された 4056 名の生徒の入学前読解テスト (London reading test；LRT) と，卒業時に実施された標準化テストの $z$ 得点，そして学校の ID で構成された階層データである．

入学時に同じ学力をもっていたとしても，どの学校に入学したかでその後の学力の増減は影響を受けることが予想され，(71) 式のように学校間で固定効果が共通であるという仮定はおきにくい．そこで LRT を説明変数，卒業時テストを基準変数とした階層的単回帰分析を行い，学校間での予測式の差異を確認する．

母数に対して無情報事前分布を仮定し，ランダム切片・係数モデルを実行した．単一のマルコフ連鎖から 10 万回の標本抽出を行い，連鎖の収束に配慮して，前半の 3 万回を破棄した MCMC 標本から，母数の事後統計量を推定した．図 5.14 は推定値を利用して描画した回帰直線である．

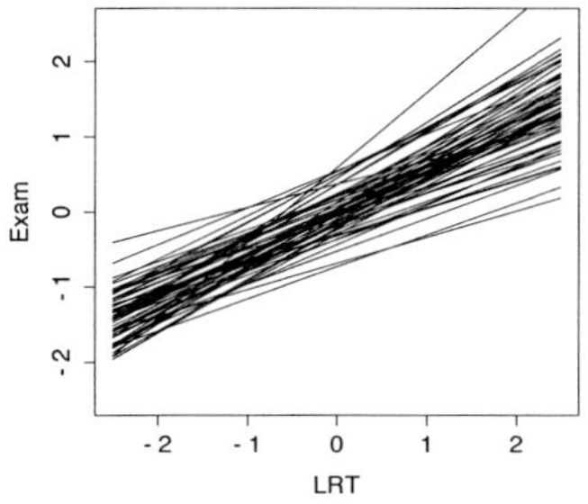


図 **5.14** ランダム切片・係数モデル

表 **5.34** 事後統計量

| | 平均値 | 標準偏差 | 95%信用区間 |
|---|---|---|---|
| $\alpha_1$ | -0.004 | 0.042 | [-0.087, 0.078] |
| $\alpha_2$ | 0.556 | 0.028 | [0.500, 0.611] |
| $\sigma_e^2$ | 0.553 | 0.012 | [0.529, 0.578] |
| $\sigma_{\beta_1}^2$ | 0.103 | 0.020 | [0.071, 0.150] |
| $\sigma_{\beta_{12}}^2$ | 0.014 | 0.009 | [-0.003, 0.034] |
| $\sigma_{\beta_2}^2$ | 0.039 | 0.008 | [0.026, 0.058] |

図から，特に学校間で切片が等しいという仮定がデータの実態に対して制約的であることがうかがえる．また LRT での中・高得点者の卒業時テストが突出している学校も見受けられ，処遇の効果における差を示唆している．

表には固定効果，ランダム母数，誤差分散 $\sigma_e^2$ の推定値が記載されている．$\beta$ の推定値に関しては煩雑となるので省略する．ランダム母数 $\sigma_{\beta_1}^2(\sigma_{\beta_2}^2)$ は $\beta_1(\beta_2)$ の分散であり，$\sigma_{\beta_{12}}^2$ は $\beta_1$ と $\beta_2$ の共分散である．

ランダム切片の分散の推定値は $\sigma_{\beta_1}^2 = 0.103$ であり，その信用区間が 0 を含んでいない．したがって切片に関して有意なバラツキが存在することが示唆された．学校間で切片が等しいという仮定はデータの実態に対して制約的だといえる．

一方ランダム係数の分散については $\sigma_{\beta_2}^2 = 0.039$ で有意であるが，値が極めて 0 に近いので実質的にバラツキがないと解釈できる．適正処遇交互作用が認められない結果と解釈できる．ただし図にも明らかなように，係数について突出した学校も存在しているため，学校単位での差異に興味がある場合には，ランダム母数の推定値のみで考察すべきでない．

誤差分散は $\sigma_e^2 = 0.553$ とランダム母数よりも相対的に大きく，どの学校に属しているかというよりも，個人差がテスト得点に寄与することが示されている．

## 5.18 項目反応理論 (2 母数 2 値モデル)

2007年4月24日，41年ぶりに「全国一斉学力調査」が実施された．これを機に，「学力テスト」に関して多くの議論が交わされている．一般的に，学力テストをめぐっては，「受験したテスト内容に結果が依存してしまうのではないか」，「受験した集団のできに結果が依存してしまうのではないか」といったテスト運用における限界を問題視する声があった．

しかし，このような問題を解決したのが，項目反応理論である．項目反応理論は，テストを作成・実施・評価・運用するための実践的な数理モデルであり，受験した集団やテスト項目に依存することなく，受験者の学力とテスト項目の難易度などを測ることができる．現在，多くの国の統一試験に用いられ，日本でも，入社のための筆記試験や語学試験などで実際に取り入れられている．

本書では，2.3節で，MCMCによる項目反応モデルの推定に関して具体的に論じた．本節では，2.3節の2値データにおける1母数モデルを発展させ，2値データにおける2母数ロジスティックモデルを紹介する．

### モ　デ　ル

1母数モデルでは，ある項目の困難度が他の項目に比べて高ければ，どの潜在的能力レベルの被験者にとっても，その項目は難しい項目であると判断された．2.3.2項の例を用いれば，項目2の困難度 (0.92) は項目1の困難度 (−0.71) より高かったため，潜在的能力レベル $\theta$ がどの値の受験者にとっても，項目2の方が項目1より難しいと解釈できる．しかし，現実において，能力レベルの低い受験者にとっては，項目 $j$ より項目 $j'$ の方が難しいが，能力レベルの高い受験者にとっては，かえって項目 $j$ の方が項目 $j'$ より難しいという場合も考えられる．

2母数モデルでは，このような状況に対応できるよう，新たに識別力母数 $\alpha_j$ を導入する．具体的には，以下のように表現する．

$$p_{ij} = \frac{1}{1+\exp\{-1.7\alpha_j(\theta_i - \beta_j)\}}, \qquad i = 1, \cdots, I, \quad j = 1, \cdots, J \quad (73)$$

(2.3.1) 式と同様に，$p_{ij}$ は受験者 $i$ の項目 $j$ に対する正答確率を表している．

そして，$\theta_i$ は受験者の潜在的特性値 (能力，学力など直接測ることのできない特性) を表す被験者母数であり，$\beta_j$ は各項目の難しさを示す困難度母数である．2 母数モデルで新たに加えられた識別力母数 $\alpha_j$ は，$\theta = 0.5$ における潜在的特性値の変化に対する正答確率の変化の度合を表す．この値が大きいと，正答確率 0.5 の位置付近の受験者の潜在特性がより際立って峻別されることを意味する．モデルの詳細に関しては，芝 (1991) を参照のこと．

(73) 式を推定するための Bugs のコードは，以下のように指定する．

```
p[i,j] <- 1/(1+exp(-1.7*a[j]*(theta[i]-b[j])))
x[i,j] ~ dbern(p[i,j])
```

コード中の `theta[i]` が被験者母数 $\theta_i$ を，`a[j]` が識別力母数 $\alpha_j$ を，`b[j]` が困難度母数 $\beta_j$ をそれぞれ表している．ここでは，2 母数モデルを 2 値型のデータ (正答：1，誤答：0) に当てはめるため，`x[i,j] ~ dbern(p[i,j])` と指定している．母数の事前分布に関しては，例えば，以下のように指定する．

$$\theta_i \sim N(0,1), \quad \alpha_j \sim N(0,0.5), \quad \beta_j \sim N(0,2)$$

ただし，$\alpha_j$ の事前分布に関しては，負の値をとらないよう，0 で切断した分布を用いる．事前分布として与える各値は 2 母数モデルにおける標準的な分布の値であり，Kim & Bolt (2007) を参考にした．Bugs では，正規分布の分散は逆数で指定しなくてはならないため，実際に Bugs のコードで指定する場合には，上式の分散の逆数を用いなくてはならない点に注意が必要である．

### MCMC による分析

ここでは，「心理統計学の期末テスト」のデータ*1)を用いて，項目母数の推定と解釈を行う．「期末テスト」の項目数は $J = 10$，受験者数は $I = 116$ である．データは，受験者ごとに各項目に関して，正答なら 1 が，誤答なら 0 が与えられている．

表 5.35 はデータの一部であり，図 5.15 は全受験者の得点分布である．図 5.15 に見られるように，10 点満点中最低点は 0，最高点は 8 であり，4 点を最頻に得点が散らばっていた．

*1)　具体的な項目内容に関しては項目例 1 を参照のこと．項目例 1 には 10 項目中 4 項目を示した．

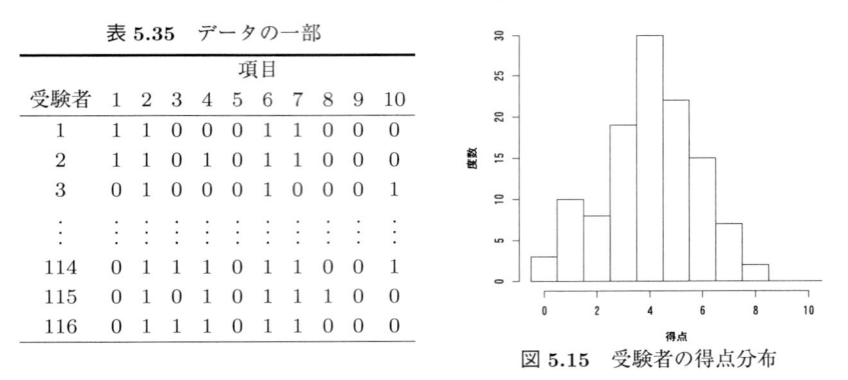

表 5.35 データの一部

| | 項目 | | | | | | | | | |
|---|---|---|---|---|---|---|---|---|---|---|
| 受験者 | 1 | 2 | 3 | 4 | 5 | 6 | 7 | 8 | 9 | 10 |
| 1 | 1 | 1 | 0 | 0 | 0 | 1 | 1 | 0 | 0 | 0 |
| 2 | 1 | 1 | 0 | 1 | 0 | 1 | 1 | 0 | 0 | 0 |
| 3 | 0 | 1 | 0 | 0 | 0 | 1 | 0 | 0 | 0 | 1 |
| ⋮ | ⋮ | ⋮ | ⋮ | ⋮ | ⋮ | ⋮ | ⋮ | ⋮ | ⋮ | ⋮ |
| 114 | 0 | 1 | 1 | 1 | 0 | 1 | 1 | 0 | 0 | 1 |
| 115 | 0 | 1 | 0 | 1 | 0 | 1 | 1 | 1 | 0 | 0 |
| 116 | 0 | 1 | 1 | 1 | 0 | 1 | 1 | 0 | 0 | 0 |

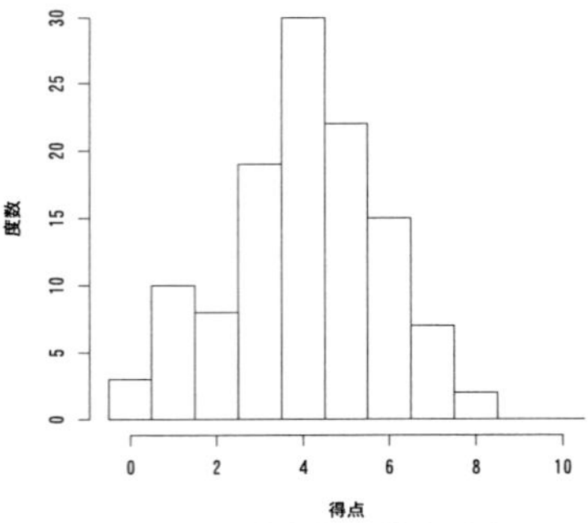

図 5.15 受験者の得点分布

MCMCの実行に関しては，マルコフ連鎖から11000回のサンプリングを行い，はじめの1000回をバーンインして，残りの10000のMCMC標本に基づき，母数の推測を行った．推定される未知母数は，$\alpha_1$ から $\alpha_{10}$，$\beta_1$ から $\beta_{10}$，$\theta_1$ から $\theta_{116}$ の計136個 $(= J + J + I = 10 + 10 + 116)$ である．

表5.36は，推定された事後統計量の一部である．例として，識別力母数と困難度母数に関しては，10項目のうち，項目2,5,9,10を，被験者母数に関しては受験者116名のうち，受験者9,37,104を示した．ちなみに，これらの受験者の得点は，それぞれ4点，0点，8点であった．図5.16は，推定された母数を元に描いた4項目の項目特性曲線 (item characteristic curve；ICC) である．

表 5.36 事後統計量

| | 平均 | 標準偏差 | 中央値 | 95 %信用区間 |
|---|---|---|---|---|
| $\alpha_2$ | 1.142 | 0.394 | 1.090 | [0.517, 2.058] |
| $\alpha_5$ | 0.798 | 0.298 | 0.748 | [0.361, 1.530] |
| $\alpha_9$ | 0.364 | 0.112 | 0.350 | [0.192, 0.618] |
| $\alpha_{10}$ | 0.429 | 0.185 | 0.397 | [0.161, 0.871] |
| $\beta_2$ | -1.402 | 0.326 | -1.354 | [-2.200, -0.907] |
| $\beta_5$ | 1.972 | 0.546 | 1.875 | [1.188, 3.249] |
| $\beta_9$ | 2.654 | 0.706 | 2.557 | [1.555, 4.245] |
| $\beta_{10}$ | 1.440 | 0.582 | 1.345 | [0.602, 2.835] |
| $\theta_9$ | 0.065 | 0.703 | 0.062 | [-1.280, 1.453] |
| $\theta_{37}$ | -1.616 | 0.701 | -1.586 | [-3.054, -0.297] |
| $\theta_{104}$ | 1.127 | 0.721 | 1.098 | [-0.283, 2.598] |

表5.36の推定された項目母数 $(\alpha, \beta)$ と，図5.16のICCから，項目2が識別

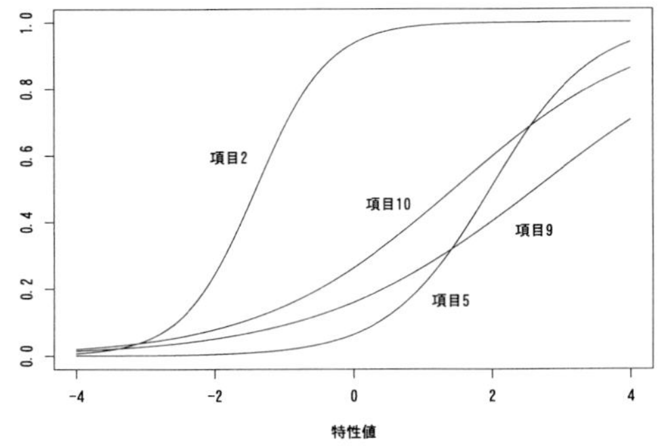


図 **5.16**　4 項目の項目特性曲線

力が高く易しい項目，項目 5 が識別力が高く難しい項目，項目 9 が識別力が低くとても難しい項目，項目 10 が識別力が低く比較的難しい項目であることがわかる．項目 5 と項目 10 では，項目 10 のほうが困難度が高く難しい項目であるが，$\theta = 0$ 付近の受験者にとっては，項目 5 の方が難しく感じることが読み取れる．項目 2 は識別力が高く，$\theta = -1$ 付近の受験者を識別できるが，$\theta = 0$ 付近では識別力の低い項目 9 の方が識別が高くなることも示唆される．

次に，推定された各受験者の学力を意味する特性値 $\theta$ を見てみる．高得点者になるほど，$\theta$ の値が高く推定されていることがわかる．受験者 37 は全問誤答で合計 0 点であった．最尤推定法で分析する場合，全問正答や全問誤答の受験者に関しては特性値が推定できないという問題点があった．しかし，MCMC を用いると，全問正答や全問誤答の受験者の特性値も推定できる．今回，全問誤答した受験者 37 の特性値も $\theta = -1.616$ と推定できた．

項目例 1：「心理統計学の期末テスト」の項目の一部

2. 項目作成時の言葉遣いについて正しいものを選びなさい．
 A　幹の言葉遣いがよければ，肢のバランスを考えなくてよい．
 B　形容詞の表現の強弱を変えただけでは回答比率は変わらない．
 C　調査目的を感づかれないためにも，質問の意図は回答者にわからない方がよい．
 D　先行する調査の中にある項目をそのまま利用してもよい．
 E　回答者がわかりやすいように，固定化したイメージを持つ言葉を使用してよい．　（正答:D）

5. 次の記述のうち正しいものを選びなさい．
 A　積率歪度は標準偏差の 3 乗の平均である．
 B　積率尖度は標準得点の 3 乗の平均である．
 C　歪度が 1.68 の時，その分布は負にゆがんでいる．
 D　通常正規分布の場合，尖度は 0 である．
 E　上記 4 つの中に正答はない．　（正答:E）

9. 中央平均とは，四分位レンジ内のデータの何か．
 A　算術平均　B　幾何平均　C　調和平均
 D　調整平均　E　中央値　（正答:A）

10. ブレインストーミングのやり方を考案したのは，
 A　川喜田次郎　B　ピアソン　C　フーコー
 D　オズボーン　E　デュルケム　（正答:D）

## 5.19 項目反応理論 (段階反応モデル)

これまで扱ってきた項目反応理論において，そのデータは，全て1-0で表現できるものに限られていた．しかし，私たちが扱いたい調査やテストの中には，正答・誤答，賛成・反対，はい・いいえなどの2値反応以外で表現したいものもある．

例えば，次の2つの問題・調査を見てみよう．

**質問** あなたは，学校給食費が保護者負担であることをどう思いますか．
「とても賛成である／賛成である／反対である／とても反対である」

このような4件法の調査に対し，「とても賛成である」と「賛成である」を1，「反対である」「とても反対である」を0とコーディングしたのでは，情報の損失が激しい．「とても賛成である」を4，「賛成である」を3，「反対である」を2，「とても反対である」を1とコーディングした方が，より，回答者の意見を生かした分析が可能となる．

**問題** 秀子さんは，1本80円の鉛筆を5本，1つ120円の消しゴムを2個買いました．

**(1)** 秀子さんは，いくら分の文房具を買いましたか．

**(2)** 秀子さんは，1000円もっていました．おつりはいくらですか．

この問題では，算数の実力$\theta$を所与としたとき，(1)と(2)の反応が独立ではない．したがって，まずは，(1)を採点し(1)が正答の人のみ，(2)の採点を行う．そして，(1)が誤答なら0点，(1)は正答で(2)が誤答なら1点，(1)も(2)も正答なら2点を与える方が，この問題の本質をとらえていると考えられる．

これら2つの問題は，まったく異なった形式のように感じる．しかし，どちらもコーディングすると，複数の値が順序関係を示しているデータととらえることができる．このようなデータを，段階反応データ (graded response data) という．そして，項目反応理論の枠組みで，段階反応データを扱うものを段階反応モデルという．

本節では，具体的に，次のような段階反応データをもとに，段階反応モデルの分析を行う．使用するデータ (Karlheinz & Melich, 1992) は，科学技術の態度を測定する 7 項目について，「強く反対 (strongly disagree)」「やや反対 (disagree)」「やや賛成 (agree)」「強く賛成 (strongly agree)」の 4 カテゴリで，392 人が回答したものである．分析には，「強く反対」を 1 から，「強く賛成」を 4 とする 4 値データに変換したものを用いる．表 5.37 に 7 項目の内容を示す．

**表 5.37**　質問項目一覧

| 項目 | 項目内容 |
|---|---|
| 快適 | 科学技術は私たちの生活をより便利で，より快適なものにしている． |
| 環境 | 科学技術は環境の保護と修復に何ら重要な役割を果たしえない． |
| 仕事 | 科学技術研究のアプリケーションは，仕事をより面白くする． |
| 未来 | 科学技術のおかげで，次世代により多くのチャンスがある． |
| 技術 | 新しい技術は，科学の基礎研究には依存していない． |
| 産業 | 科学技術の研究は産業の発展に重要な貢献をしていない． |
| 利益 | 科学技術のもたらす有害な影響よりも，利益の方が大きい． |

### モ　デ　ル

段階反応モデルでは，まず，項目 $j\,(=1,\cdots,J)$ の反応 $u_j$ が $C$ 個の値をとる順序尺度の離散変数であると仮定する．

$$u_j = 1,\cdots,c,\cdots,C \tag{74}$$

本データでは，$J=4$, $C=4$ となる．このとき，尺度値 $\theta$ の被験者が $u_j=c$ と反応する確率 $p_{jc}(\theta)$ は，尺度値 $\theta$ の被験者が $u_j \geq c$ と反応する確率 $p^*_{jc}(\theta)$ を用いて，次のように表現できる．

$$p(u_j = c|\theta) = p_{jc}(\theta) = p^*_{jc-1}(\theta) - p^*_{jc}(\theta) \tag{75}$$

(75) 式は，$\theta$ を変数と見ると段階反応モデルにおける項目 $j$ のカテゴリ $c$ の項目特性曲線を表している．これを IRCCC (item response category characteristic curve) と呼ぶ．また，$p^*_{jc}(\theta)$ は，境界特性曲線 (boundary characteristic curve；BCC) と呼ばれる．BCC は，$\theta$ の値によらず，

$$p^*_{j0}(\theta) = 1, \quad p^*_{jC}(\theta) = 0 \tag{76}$$

である．$1 \leq c \leq C-1$ の BCC に関しては，2 値の ICC を利用する．

$$p^*_{jc}(\theta) = \frac{1}{1+\exp(-1.7a_j(\theta - b^*_{jc}))}, \quad 1 \leq c \leq C-1 \tag{77}$$

このとき，項目内でBCCが交差しないように，項目内のカテゴリは識別力が等しいと仮定する．そのため，識別力母数 $a_j$ には，カテゴリを表す添え字はつかない．また，2値データにおける困難度母数の解釈は，五分五分の確率で1か0の反応をする尺度値 (位置母数) であった．しかし，段階反応モデルでは，困難度だけを位置母数として解釈することはできない．$2 \leq u_j \leq C-1$ に関しては，$p_{jc} \neq 0.5$ であるため，位置母数を以下のように定義する．$C-1$ 個の困難度 $b^*_{jc}$ から $C$ 個の位置母数 $b_{jc}$ を以下のように導出する必要がある．

$$b_{j1} = b^*_{j1}, \quad b_{jC} = b^*_{jC-1}$$
$$b_{jc} = \frac{b^*_{jc-1} + b^*_{jc}}{2}, \quad 2 \leq c \leq C-1 \tag{78}$$

段階反応モデルの詳細は豊田 (2002) の第8,9章を参照のこと．以下に，本節で使用する4値の段階反応データを分析するためのBugsコードの一部を示す．

```
pstar[i,j,1] <-1/(1+exp(-1.7*a[j]*(theta[i]-bstar[j,1])));
pstar[i,j,2] <-1/(1+exp(-1.7*a[j]*(theta[i]-bstar[j,2])));
pstar[i,j,3] <-1/(1+exp(-1.7*a[j]*(theta[i]-bstar[j,3])));
```

ここで i が被験者を，j が項目を表しており，カテゴリ $c$ に関しては，モデルの中で直接指定している．a[j] が識別力母数 $a_j$，bstar[j,] が困難度母数 $b^*_{jc}$ を表している．母数に対する事前分布は，本節では次のように指定した．

```
a[j] ~ dnorm(0,1)I(0,);  bstar[j,1] ~ dnorm(0,0.25);
bstar[j,2] ~ dnorm(0,0.25) I(bstar[j,1], );
bstar[j,3] ~ dnorm(0,0.25) I(bstar[j,2], );
```

識別力母数 a[j] は，負の値をとらないよう，0で切断した分布を用いる．また，困難度母数 b[j,2] と b[j,3] に関しても，上記のような切断分布を指定する必要がある．

### MCMCによる分析

MCMCの実行に際しては，マルコフ連鎖から50000回のサンプリングを行い，はじめの10000回をバーンイン期間として破棄し，残りの40000個のMCMC標本に基づき，事後統計量を算出した．その結果が表5.38である．紙面の都合上，ここでは，項目 1「快適」と項目 2「環境」の推定結果のみを示す．ほぼ全ての母数において，Geweke の指標が ±1.96 に収まっていたことから，マルコフ連鎖の収束が示唆された．

表 5.38　事後統計量

| | 平均 | 標準偏差 | 95%信用区間 | | 平均 | 標準偏差 | 95%信用区間 |
|---|---|---|---|---|---|---|---|
| $a_1$ | 1.199 | 0.245 | [0.797, 1.757] | $a_2$ | 0.386 | 0.099 | [0.241, 0.616] |
| $b^*_{11}$ | -2.623 | 0.489 | [-3.686, -1.779] | $b^*_{21}$ | -4.102 | 0.906 | [-6.091, -2.489] |
| $b^*_{12}$ | -1.426 | 0.251 | [-1.975, -0.988] | $b^*_{22}$ | -1.385 | 0.336 | [-2.127, -0.799] |
| $b^*_{13}$ | 0.815 | 0.154 | [0.552, 1.153] | $b^*_{23}$ | 1.202 | 0.328 | [0.651, 1.933] |
| $b_{11}$ | -2.623 | 0.489 | [-3.686, -1.779] | $b_{21}$ | -4.102 | 0.906 | [-6.091, -2.489] |
| $b_{12}$ | -2.025 | 0.358 | [-2.800, -1.399] | $b_{22}$ | -2.743 | 0.604 | [-4.080, -1.667] |
| $b_{13}$ | -0.306 | 0.086 | [-0.493, -0.156] | $b_{23}$ | -0.091 | 0.158 | [-0.407, 0.220] |
| $b_{14}$ | 0.815 | 0.154 | [0.552, 1.153] | $b_{24}$ | 1.202 | 0.328 | [0.651, 1.933] |

推定された位置母数 $b_{jc}$ と識別力母数 $a_j$ から描いた IRCCC が，図 5.17 と図 5.18 である．図 5.17 より，質問項目「快適」の IRCCC は左に寄っているので，「科学技術は私たちの生活をより快適なものにしている」という考えに賛成と答えやすい項目であることがわかる．また，識別力が高く，とりわけ「強く賛成」と「強く反対」と答える領域が明確に分離されていることが観察される．

一方，図 5.18 より，質問項目「環境」は識別力が低いため，曲線の変化が「快適」よりも緩慢である．各カテゴリ間の反応確率の差も小さく，科学技術に対する態度によって明確に答える領域が分離される項目ではないと判断できる．

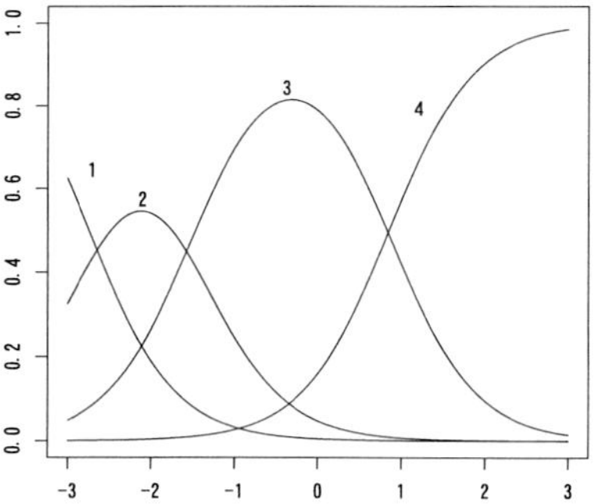

図 5.17　項目 1「快適」の IRCCC

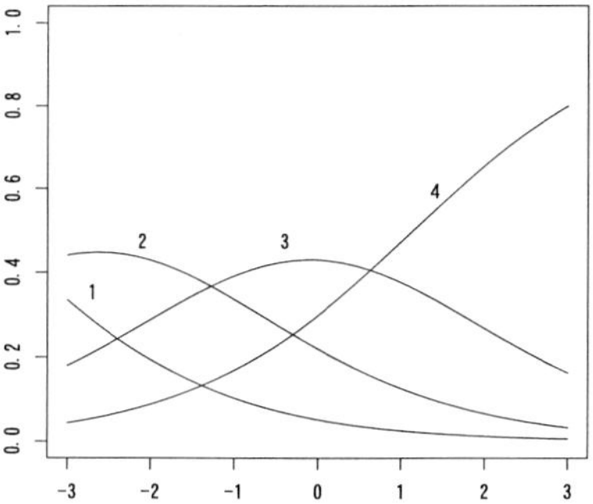

図 5.18　項目 2「環境」の IRCCC

## 5.20 項目反応理論 (名義反応モデル)

2値データに対応したモデルはシンプルであり扱いやすいが，実際に適応できる場面は限定される．心理学や社会学などの社会科学で得られるデータは3つ以上のカテゴリをもった多値型であることが多く，そのようなデータに対応したモデルが必要となる．前節では段階反応データに対して段階反応モデルが導入されたが，本節では多値データのうち，名義カテゴリをもつ場合のモデルである名義反応モデル (nominal response model；NRM) を論じる．

Bock (1972) は能力試験における多肢選択項目に関して，誤答も情報を含むという観点から，反応を正誤の2値化するのではなく，どう間違えたかを含んだ反応を扱うことを提案した．このモデルの特徴は，選びうる選択肢全てに対して選択確率を定義することで，能力レベルごとに選びやすい誤答を知ることができ，能力を測定する上でより多くの情報を得るという点にある．モデルの詳細については豊田 (2005) などを参照のこと．

当該モデルが適用され得るデータとして例えば，本節の分析事例で使用する豊田（2002）の学力テストから以下の問題を挙げる．

**問題**　無作為抽出法を用いると

1）標本誤差も非標本誤差も，影響を推定できる．
2）標本誤差の影響だけを推定できる．
3）非標本誤差の影響だけを推定できる．
4）標本誤差も非標本誤差も，影響を推定できない．
5）誤差はない．

この問いに対する正答は選択肢2であり，各選択肢間に順序関係はない．上記のように，順序関係のない選択肢の中から1つを選択して得られるデータに対して名義反応モデルは利用される．なお本モデルを発展させたモデルとして混合名義反応モデルがあるので，そちらも参照されたい．

### モ デ ル

被験者 $i$ が項目 $j$ の $K$ 個のカテゴリの中からカテゴリ $k$ を選択する確率を $p_{ijk}$ とすると，名義反応モデルの定義式は以下となる．

$$p_{ijk} = \frac{\exp(\zeta_{jk} + \lambda_{jk}\theta_i)}{\sum_{k'=1}^{K} \exp(\zeta_{jk'} + \lambda_{jk'}\theta_i)} \tag{79}$$

モデルを識別させるため，モデルの制約として

$$\sum_{k=1}^{K} \zeta_{jk} = 1, \quad \sum_{k=1}^{K} \lambda_{jk} = 1$$

とする．

Bugs で (79) 式を表現するには以下のようにする．なお (79) 式と同様に $i$ が被験者，$j$ が項目，$k$ がカテゴリを表す添え字である．

```
prop[i,j,k]<-exp(zeta[j,k]+lambda[j,k]*theta[i])
p[i,j,k]<-prop[i,j,k]/(sum(prop[i,j,]))
```

被験者 $i$ の項目 $j$ への反応を r[i,j] とし，これが上で定義される母数 p[i,j,] の多項分布に従うとする．

```
r[i,j]~dcat(p[i,j,])
```

dcat() は多項分布を表し，これを用いることで反応パタンをそのままの形で分析できる．

$\theta, \zeta, \lambda$ の各母数の事前分布には例えば Bolt et al. (2001) を参照し，

$$\theta \sim N(0,1), \quad \zeta \sim N(0,1), \quad \lambda \sim N(0,1)$$

とする．

### MCMC による分析

ここでは豊田 (2002) の学力テストデータを用いる．このデータは大学生 226 名から得られた，基礎的な統計学の試験における反応パタンである．試験は 5 つの選択肢の中から回答する形式であるため，カテゴリ数は 5 である．本例では試験の中から 6 項目を選び分析に使用する．

表 5.39 データの一部

| 被験者 | 項目 1 | 項目 2 | 項目 3 | 項目 4 | 項目 5 | 項目 6 |
|---|---|---|---|---|---|---|
| 1 | 2 | 2 | 4 | 2 | 1 | 3 |
| 2 | 5 | 1 | 2 | 1 | 1 | 5 |
| 3 | 2 | 1 | 4 | 3 | 4 | 3 |
| 4 | 2 | 2 | 3 | 1 | 4 | 5 |
| 226 | 4 | 4 | 2 | 3 | 1 | 3 |

MCMC の実行に際してはマルコフ連鎖から 25000 回のサンプリングを行い，始めの 1000 回をバーンインして 24000 個の MCMC 標本を母数の推定に利用した．分析の結果は以下の通りである．

表 5.40 事後統計量

| 項目 | $\lambda_1$ | $\zeta_1$ | $\lambda_2$ | $\zeta_2$ | $\lambda_3$ | $\zeta_3$ | $\lambda_4$ | $\zeta_4$ | $\lambda_5$ | $\zeta_5$ |
|---|---|---|---|---|---|---|---|---|---|---|
| 1 | 0.070 | -1.404 | 0.657 | 2.196 | -0.361 | -1.025 | -0.095 | -1.247 | -0.272 | 1.48 |
| 2 | 0.402 | 2.453 | 0.466 | -0.074 | -0.109 | -1.116 | -0.027 | 0.501 | -0.733 | -1.764 |
| 3 | -1.335 | -0.417 | -1.14 | 1.119 | 0.522 | 0.357 | 2.171 | 0.984 | -0.218 | -2.043 |
| 4 | 0.117 | 1.169 | 2.352 | 0.298 | -0.77 | -0.276 | -1.518 | 0.093 | -0.182 | -1.284 |
| 5 | 0.313 | 1.845 | 0.061 | 0.045 | -0.223 | -1.131 | 0.003 | 0.08 | -0.154 | -0.838 |
| 6 | 0.523 | -1.622 | -0.402 | -0.731 | 0.218 | 0.873 | -0.607 | 0.114 | 0.268 | 1.366 |

紙面の都合上具体的に示すことはしないが，Geweke の Z スコアがいずれも ±1.96 以内に収まっており，母数の収束が示唆される．よって上記の結果の解釈を行うが，名義反応モデルの母数の解釈は難しい．そのため (79) 式で定義される項目カテゴリ反応関数 (item category response function；ICRF) を実際に描いて解釈を行う．全 6 項目の中から項目 4 と項目 6 について，ICRF を描いたのが以下の図 5.19，図 5.20 である．

図 5.19 は項目 4 に関するもので，モデルの概要で挙げた無作為抽出法に関する問題である．よってカテゴリ 2 が正解となり，学力が高くなるほど当該選択肢の回答確率も高くなっている．内容的に正解から遠いカテゴリ 4 は学力の低い層で回答確率が高く，逆に正解に近いカテゴリ 1 は中程度の学力層にも回答されていることがわかる．よって推定の結果は妥当なものと考えられる．

また図 5.20 は項目 6 に関するもので，問題と選択肢は以下のとおりである．

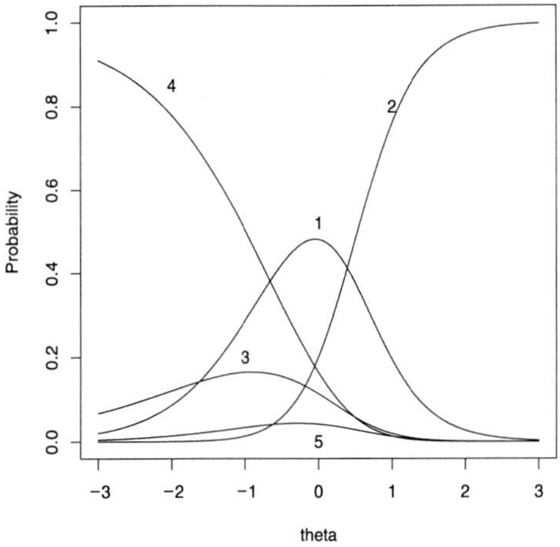


図 **5.19** 項目 4 の ICRF

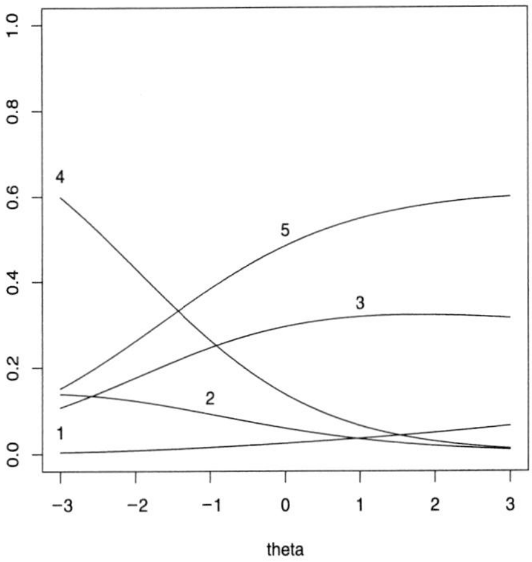


図 **5.20** 項目 6 の ICRF

**問題**　非標本誤差の例として適切でないのは

1) 質問数が多すぎて後半は回答しない.
2) プライベートな質問, 見栄を張りたくなるような質問に対する虚偽の回答.
3) 不在や回答拒否による調査不能.
4) 調査員の不正 (メイキング).
5) 上の 4 つはすべて適切である.

カテゴリ 5 が正解であり, 学力が高くなるほど当該選択肢の回答確率も高くなっている. この項目ではカテゴリ 3 が学力の高い層が回答しやすい, いわば惑わしの選択肢として機能している. 同じ誤答でもカテゴリ 4 とカテゴリ 3 では, 後者を選んだほうが学力は高いと考えられる.

## 5.21 項目反応理論 (部分採点・評定尺度モデル)

「神の存在を信じますか」という質問に対して，「全く信じない」，「信じない」，「信じる」，「心から信じる」という評定尺度で回答させた場合，「信じない」と「信じる」のどちらを選択するかという部分的評価は，例えば「信じる」と「心から信じる」のどちらかを選択する部分的評価よりも難しいだろう．「信じない」と「信じる」の間には極めて深い溝がある．このように，隣接するカテゴリ間での部分的評価を考慮する点が部分採点モデル (partial credit model；PCM) の特徴である．上述した質問文のように，項目を形成する下位課題において，隣接するカテゴリ間で定義される難易度が，段階が上がるにつれて必ずしも上昇しない場合に適した手法である．

段階反応型の項目反応モデルとして，部分採点モデル，評定尺度モデル (rating scale model；RSM) が良く知られている．両モデルは良く似ているが，本節ではより一般的な部分採点モデルについて，MCMC を利用したベイズ推定の実行を試みる．各モデルの数理的導出の詳細に関しては豊田 (2005, 第 2 章) を参照されたい．

### モ デ ル

部分採点モデル：Masters (1982) によって考案された部分採点モデルは，互いに隣り合うカテゴリ $k\,(=1,\cdots,K)$ とカテゴリ $k-1$ との両者から，一方を選択する確率を元に導出されるため，「部分採点」という形容がなされている．

カテゴリ $k$ とカテゴリ $k-1$ の内，カテゴリ $k$ を選択する確率は，ラッシュモデルを利用して次のように表現される．

$$\frac{P_{ijk}}{P_{ijk-1}+P_{ijk}}=\frac{\exp(\theta_i-\beta_{jk})}{1+\exp(\theta_i-\beta_{jk})} \tag{80}$$

ここで $i\,(=1,\cdots,I)$ は被験者を，$j\,(=1,\cdots,J)$ は項目をそれぞれ示している．したがって $P_{ijk}$ は被験者 $i$ が項目 $j$ のカテゴリ $k$ に反応する確率である．そして $\beta_{jk}$ はカテゴリ $k-1$ からカテゴリ $k$ へのステップ母数と解釈される．カテゴリ数が 2 である場合には，(80) 式の左辺の分母 $P_{ijk-1}+P_{ijk}$ は 1 になるが，2 以上である場合には，$P_{ijk-1}+P_{ijk}<1$ となる．カテゴリ数が 2 で

ある場合に (80) 式の分母が 1 にならないのは，これがカテゴリ $k$ とカテゴリ $k-1$ の部分的評価を表現しているためである．

(80) 式 はカテゴリ数だけ定義できるが，$\sum_{k=1}^{K} P_{ijk}=1$ を考慮してこれを変形していくと，次のように部分採点モデルが導出される．

$$P_{ijk}=\frac{\exp\left[\sum_{k'=1}^{k}(\theta_i-\beta_{jk'})\right]}{\sum_{k=1}^{K}\exp\left[\sum_{k'=1}^{k}(\theta_i-\beta_{jk'})\right]} \tag{81}$$

(81) 式は被験者 $i$ が項目 $j$ のカテゴリ $k$ を選択する確率である．上述したように，互いに隣り合うカテゴリ間での部分的評価をモデリングしているという特徴がある．また (81) 式の指数内を識別力母数 $a_j$ を加えて $a_j(\theta_i-\beta_{jk})$ と表現したモデルは，一般化部分採点モデル (general partial credit model；GPCM, Muraki,1992) と呼ばれる．PCM, GPCM において，母数推定の際には $\beta_{j1}=0$ と制約し解を求める．

ベイズ推定のための無情報事前分布は，例えば以下を利用できる．

$$\beta_{jk}\sim N(0,10)$$

評定尺度モデル：評定尺度モデル (Andrich, 1978a; 1978b) は部分採点モデルに先立って考案された多値型段階反応のための項目反応モデルである．モデル式は次で定義される．

$$P_{ijk}=\frac{\exp\left[k(\theta_i-\beta_j)+\omega_k)\right]}{\sum_{k'=1}^{k}\exp\left[k'(\theta_i-\beta_j)+\omega_{k'})\right]} \tag{82}$$

ここで $\beta_j$ は項目 $j$ の困難度であり，$\omega_k$ はカテゴリ係数 (category coefficient) と呼ばれる母数で，カテゴリ $k$ までの累加的な閾値を表現しており，項目全体で一意に定められる母数である．具体的には $\omega_k=-\sum_{k'=1}^{k}\tau_{k'}$ と表現される．$\tau_k$ はカテゴリ $k$ の閾値と呼ばれる．$\beta_i+\omega_k$ を項目 $i$ のカテゴリ $k$ における困難度母数と解釈できるが，$\omega_k$ が項目ごとに定義されないため，部分採点モデルにおけるステップ母数 $\beta_{ik}$ と比較すると制約的なモデリングを行っていることが理解できる．

ベイズ推定のための無情報事前分布は，例えば以下を利用できる．

$$\beta_j \sim N(0,10), \quad \tau_k \sim N(0,10)$$

部分採点モデルと評定尺度モデルのための Bugs コードは次のようになる．

```
#thetaの分布
  theta[i]~dnorm(0,1)
#項目反応
  r[i,j]~dcat(p[i,j,])
#確率モデル
  pp[i,j,k]<-exp(k*(theta[i])-sum(b[j,1:k]))#部分採点モデル
  pp[i,j,k]<-exp(k*(theta[i]-b[j])-sum(tau[1:k]))#評定尺度モデル
  p[i,j,k]<-pp[i,j,k]/(sum(pp[i,j,]))
```

ここで theta[i] は被験者 $i$ の能力母数を，b[j,k] は部分採点モデルにおける，項目 $j$ のカテゴリ $k-1$ からカテゴリ $k$ へのステップ母数を表している．b[j] は評定尺度モデルにおける項目 $j$ の困難度であり，sum(tau[1:k]) はカテゴリ $k$ のカテゴリ係数 $\omega_k$ を表現している．

### MCMC による分析

ここでは British Social Attitudes Survey (Brook et al., 1991) に含まれる，環境問題に対する危機感を測定する 6 項目への項目反応を，部分採点モデルによって分析する．このデータは，例えば「川や海の汚染について」，「問題でない」，「やや問題である」，「非常に問題である」のように 3 件法で評価させている．以下では，「問題でない=1」，「やや問題である=2」，「非常に問題である=3」とコーディングし分析した．

単一のマルコフ連鎖から 21000 回の標本抽出を行い，連鎖の収束に配慮して前半の 3000 回を破棄した MCMC 標本から，母数の事後統計量を推定した．表 5.41 には推定された統計量が記載されている．

ここでは項目 3「放射性廃棄物の輸送と貯蔵」，項目 4「大気汚染」に関する項目反応を分析する．また図 5.21 と図 5.22 は表 5.41 の推定値を元に描画されたカテゴリ特性曲線である．

表 5.41 より項目 3 のステップ母数は $\beta_{3,2} = -2.311$, $\beta_{3,3} = -1.534$ であり，項目 4 のステップ母数は $\beta_{4,2} = -3.492$, $\beta_{4,3} = -0.818$ である．

表 5.41 事後統計量

| 母数 | 平均 | SD | 95% 信用区間 | 母数 | 平均 | SD | 95% 信用区間 |
|---|---|---|---|---|---|---|---|
| $\beta_{1,2}$ | -2.768 | 0.290 | [-3.346,-2.221] | $\beta_{4,2}$ | -3.492 | 0.379 | [-4.288,-2.796] |
| $\beta_{1,3}$ | -0.677 | 0.151 | [-0.969,-0.380] | $\beta_{4,3}$ | -0.818 | 0.152 | [-1.128,-0.522] |
| $\beta_{2,2}$ | -3.354 | 0.441 | [-4.275,-2.573] | $\beta_{5,2}$ | -2.381 | 0.304 | [-3.000,-1.799] |
| $\beta_{2,3}$ | -1.820 | 0.180 | [-2.180,-1.475] | $\beta_{5,3}$ | -1.553 | 0.173 | [-1.896,-1.213] |
| $\beta_{3,2}$ | -2.311 | 0.300 | [-2.905,-1.725] | $\beta_{6,2}$ | -1.484 | 0.208 | [-1.891,-1.074] |
| $\beta_{3,3}$ | -1.534 | 0.172 | [-1.871,-1.207] | $\beta_{6,3}$ | -0.340 | 0.156 | [-0.615,-0.010] |

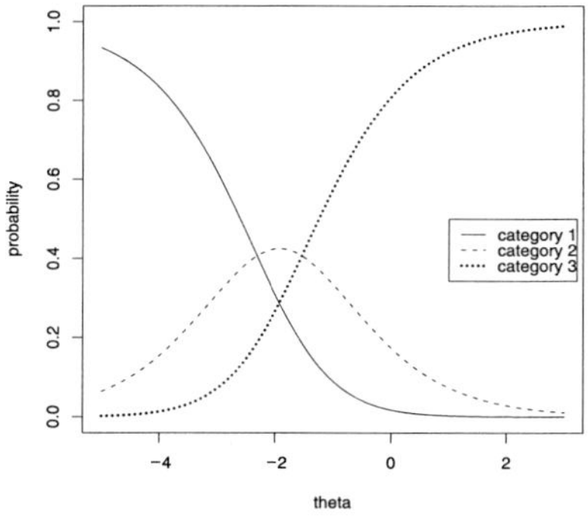

図 5.21 項目 3「放射性廃棄物の輸送と貯蔵」

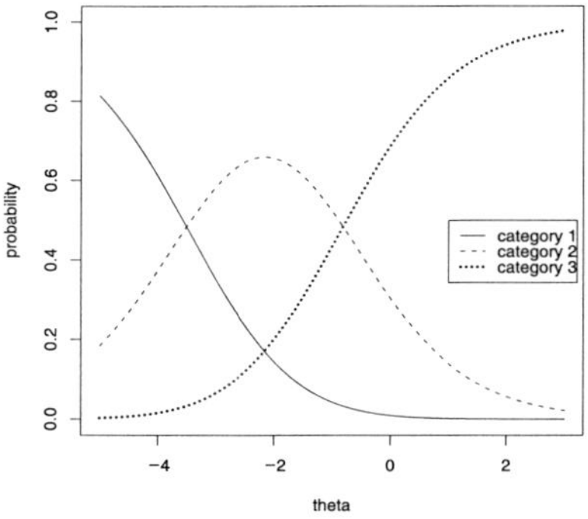

図 5.22 項目 4「大気汚染」

項目 4 は項目 3 に比較して，ステップ 1 (カテゴリ 1 とカテゴリ 2 の部分評価) とステップ 2 (カテゴリ 2 とカテゴリ 3 の部分評価) の困難度が離れている．大気汚染に関して，少なくとも問題 (カテゴリ 2「やや問題である」) だと認識しているが，早急に対処されるべき重大な問題 (カテゴリ 3「非常に問題である」) とまでは考えていない被験者が，少なからず存在していることを示している．この性質を反映して図 5.22 では，カテゴリ 2 に対する反応確率が図 5.21 よりも大きくなっている．

一方，項目 3 は項目 4 に比較して，ステップ 1 とステップ 2 の困難度が近い．少しでも放射性廃棄物の問題を認識している人は，その問題を重く受け止め「非常に問題がある」と回答する傾向にあると解釈できる．

以上のように部分採点モデルを利用することで，項目の下位課題 (ステップ) ごとの被験者の反応について詳細な解釈が行える．

## 5.22 項目反応理論 (連続反応モデル)

テストではこれまで扱ってきたような多肢選択式の項目だけでなく，記述式あるいは小論文形式の項目も出題される.「10年後の自分について自由に英作文しなさい」とか「江戸時代の文化の特徴について800字程度で記述せよ」といった問題は，鉛筆を転がして回答できるものではなく，テスト後の真っ白な回答用紙を見て頭を抱えたことのある人もいるかもしれない.

このような記述式あるいは小論文形式の項目には，10点や20点など大きな配点が割り当てられることが多い．例えば，ある記述式の項目に20点が割り当てられているとしよう．この場合，2母数段階反応モデルを考えたとしても，推定すべき母数の数は識別力に関して1個，困難度に関して20個あり，計21個もの母数を推定しなくてはならない．Samejima (1973) の連続反応モデル (continuous response model；CRM) は，項目得点を多値カテゴリではなく連続得点として考えることで，より少ない母数の数で項目反応を表現する．この節では，2母数ロジスティックモデルにおける連続反応モデルを用いて，配点の大きな項目の性質を調べる方法について見ていこう.

### モ デ ル

連続反応モデルは段階反応モデルの自然な拡張によって導出される．いま，項目 $j$ $(j = 1, \cdots, J)$ はカテゴリ 0 から $K_j$ までの $K_j + 1$ カテゴリをもつとする．ここで，すべてのカテゴリを $K_j$ で割ると，これらのカテゴリは0から1までの $K_j + 1$ カテゴリとして再表現される．さらに，カテゴリ数を無限大まで増加させ，カテゴリの間隔を極限まで小さくすると，項目 $j$ の得点は $K_j + 1$ 個の離散的な多値カテゴリではなく，区間 [0,1] の連続変数として定義できる．以下では，回答の区間を [0,1] ではなく $[0, K_j]$ とし，満点が $K_j$ 点である連続変数 $x_j$ を扱う.

被験者 $i$ $(i = 1, \cdots, I)$ が項目 $j$ において $x_j$ 点とる確率を $p_i(x_j)$，$x_j$ 点以上とる確率を $p_i^*(x_j)$ とすると，

$$p_i(x_j) = \lim_{\Delta x_j \to 0} \frac{p_i^*(x_j) - p_i^*(x_j + \Delta x_j)}{\Delta x_j} \tag{83}$$

と定義される．2 母数ロジスティックモデルを考えると，被験者 $i$ が項目 $j$ において $x_j$ 点以上とる確率は

$$p_i^*(x_j) = \frac{1}{1+\exp(-1.7\alpha_j(\theta_i - \beta_{x_j}))} \tag{84}$$

と表わされる．$\beta_{x_j}$ は項目 $j$ において $x_j$ 点以上の値をとる困難度であり，$x_j$ の値が大きくなるほど $\beta_{x_j}$ の値も大きくなる．ここでは，Samejima (1973) よりロジスティック関数の逆関数を用いることで

$$\beta_{x_j} = \beta_j + \frac{1}{a_j}\log\frac{x_j}{K_j - x_j} \tag{85}$$

と定義する．$\alpha_j$ は項目 $j$ の識別力を，$\beta_j$ は項目 $j$ の困難度を表す．また $a_j$ は逆関数における識別力を表す母数であり，$a_j$ の値が小さい項目ほど識別力は高い．連続反応モデルの詳細に関しては，豊田 (2005) の 2.4 節を参照されたい．

それぞれの母数の事前分布は例えば以下のように設定される．

$$\theta_i \sim N(0,1), \quad \alpha_j \sim LogN(0,1), \quad a_j \sim LogN(0,1), \quad \beta_j \sim N(0,10^2)$$

被験者の特性値 $\theta_i$ は標準正規分布に従うとする．またここでは，識別力母数は正の値をとることから対数正規分布に従うと考える．

続いて，Bugs のコードを用いてモデルを表現する．2 母数ロジスティックモデルにおける連続反応モデルは以下のように指定する[*1)]．

```
pstar[i,j,1] <- 1
for (k in 2:MK[j]){
  pstar[i,j,k] <-1/(1+exp(-1.7*alpha[j]*(theta[i]-beta[j]
                    -(1/a[j])*log(dk[k]/(PERFCT-dk[k]))))) }
for (k in 1:MK[j]-1) {
   p[i,j,k] <- pstar[i,j,k]-pstar[i,j,k+1] }
p[i,j,MK[j]] <- pstar[i,j,MK[j]]

u[i,j] <- x[i,j]+1
u[i,j] ~ dcat(p[i,j,1:MK[j]])
```

pstar[i,j,k] は被験者 $i$ が項目 $j$ においてカテゴリ $k$ 以上をとる確率を，p[i,j,k] は被験者 $i$ が項目 $j$ においてカテゴリ $k$ をとる確率を表し，PERFCT

*1) 服部 (2006) を参照されたい．

は項目の満点を，MK[j] は項目 $j$ のカテゴリ数を表す．さらに，x[i,j] は被験者 $i$ の項目 $j$ における得点を，u[i,j] は得点 x[i,j] に対応するカテゴリを表している．ここで，u[i,j] は p[i,j,1:MK[j]] の分布に従っている．また，dk[k] は $k$ 番目のカテゴリの得点を表し，

```
dk[k] <- k-1
```

と指定する．

### MCMCによる分析

普段わたしたちは家族や友人，会社や学校といったさまざまな方面から多くのサポートを受けて生活している．以下では，物質的または心理的サポートの受けやすさや，それに対する満足度を調査したデータ*1)を用いて，サポートに対する意識を調べてみよう．表5.42は分析に使用したデータの一部である．項目1は普段受けている精神的サポートの程度を評価した項目である．同様に，項目2は普段受けている実質的サポートの程度を評価した項目であり，項目3は社会的サポートの程度を評価した項目である．これら3つの項目はそれぞれ0点から20点の21カテゴリをもっており，サポートを受けていると感じるほど高い評価得点が与えられる．

**表 5.42** 精神的，実質的，社会的サポートに対する評価得点

| 回答者 | 項目 1 | 項目 2 | 項目 3 |
|---|---|---|---|
| 1 | 13 | 11 | 13 |
| 2 | 12 | 7 | 10 |
| 3 | 14 | 13 | 14 |
| 4 | 15 | 15 | 15 |
| 5 | 9 | 7 | 9 |
| ⋮ | ⋮ | ⋮ | ⋮ |

MCMCの実行ではアルゴリズムの更新回数を50000回とし，バーンイン期間を5000回として45000個のMCMC標本を発生させた．推定結果は表5.43

*1) Rのパッケージ DAAG に含まれる socsupport というデータにおいて，esupport(項目 1)，psupport(項目 2)，supsources(項目 3) の3項目を抜き出して分析した．ここでは，欠損を含む回答者を除外した計90名のデータを使用した．

の通りである．Geweke 指標から収束状況を確認すると，すべての母数において Z 値は ±1.96 以内であり母数の収束は示唆されたと判断される．

表 5.43 事後統計量

| | 平均 | 標準偏差 | 中央値 | 95%信用区間 | Geweke 指標 |
|---|---|---|---|---|---|
| $\beta_1$ | -1.944 | 0.314 | -1.912 | [-2.653, -1.411] | -0.713 |
| $\beta_2$ | -0.486 | 0.182 | -0.481 | [-0.849, -0.143] | -0.674 |
| $\beta_3$ | -0.772 | 0.154 | -0.767 | [-1.088, -0.489] | -1.241 |
| $\alpha_1$ | 0.951 | 0.178 | 0.946 | [0.624, 1.319] | -0.688 |
| $\alpha_2$ | 1.722 | 0.739 | 1.564 | [0.915, 3.487] | 1.034 |
| $\alpha_3$ | 2.087 | 0.836 | 1.893 | [1.109, 4.303] | -1.908 |
| $a_1$ | 0.395 | 0.055 | 0.394 | [0.290, 0.508] | -0.659 |
| $a_2$ | 0.511 | 0.070 | 0.509 | [0.379, 0.654] | 0.033 |
| $a_3$ | 0.418 | 0.044 | 0.418 | [0.334, 0.507] | -1.388 |

困難度の推定値に関しては，全ての項目で負の値を示しており，これら 3 つのサポートに対する評価は高い傾向にあると解釈できる．それぞれの項目の推定値を比較すると，項目 2 の困難度が一番高く，次いで項目 3，項目 1 の順になっている．しかし，$\hat{\beta}_2$ と $\hat{\beta}_3$ の 95%信用区間は重なっていることから，両者の困難度の間に有意差は見られないと考えられる．したがって，この調査においては，項目 1 に対する評価得点は項目 2 および項目 3 よりも高い傾向にあり，精神的サポートを受けていると感じる程度は実質的あるいは社会的サポートよりも大きいと解釈される．また，項目 2 と項目 3 に対する評価得点には明確な差が見られなかったことから，実質的サポートと社会的サポートは受けていると感じる程度が同程度であると考えられる．

続いて識別力の推定値を見ると，$\hat{\alpha}_j$ に関しては項目 3 の識別力が最も高く，次いで項目 2，項目 1 の順になっており，$\hat{a}_j$ に関しては項目 1 の識別力が最も高く，次いで項目 3，項目 2 の順になっている．しかしながら，$\hat{\alpha}_j$ と $\hat{a}_j$ のいずれの母数においても 3 つの項目の 95%信用区間は重なっていることから，この場合，項目ごとの識別力の間に有意差は見られないことが示唆される．

## 5.23 多次元 IRT

押入れのおもちゃ箱の中にカラフルな立方体がひっそりと眠っていないだろうか．小さい頃に遊んだ記憶が懐かしいルービックキューブだが，各面に同じ色をそろえるまでにかかる時間を競う国際大会まで開かれているほど，子供から大人までを本気で夢中にさせてしまう魅惑のおもちゃである．ルービックキューブをいかに速く完成することができるかには，空間を正しくとらえるための数学的・幾何学的な思考力が求められるとともに，実際に素早い動きを可能にするためには手先の器用さも重要な能力のように思われる．

これまでに紹介されたIRTモデルでは，項目が測定している尺度値の次元は単一であるという仮定の下で構成されていた．しかしながら，テストが1次元以上の潜在的能力を測定している可能性も十分に考えられる．例えば，数学のテストの中に文章題が含まれており，項目に正答するために計算能力だけではなく文章理解能力も必要とされる場合には，1つの潜在特性だけで反応パタンを説明することはできないだろう．複数の潜在的能力が同時に関与して反応パタンを決定しているという状況をモデル化したものが多次元IRTモデルである．

多次元IRTのモデルは，複数の能力同士の関係をどのように表現するかによって大きく2種類に分けられる．1つは補償型のモデルであり，もう1つは非補償型のモデルである．補償型のモデルでは，複数の能力同士が互いに補い合って作用すると仮定している．よって，ある能力が低くても別の能力が十分に高ければ問題に正答できると考える．これに対して非補償型のモデルでは，多次元的な能力はいずれも課題の達成のためには必要不可欠なものであり，どれか1つの能力が低ければ，どんなに他の能力が高くとも全体としての問題に正答することは困難になると考える．補償型のモデルとしては多次元ロジスティックモデル，多次元正規累積反応モデルなどが，非補償型のモデルとしては複合潜在特性モデル (multicomponent latent trait model；MLTM) が代表的である．

### モ デ ル

ここでは，豊田 (2005) 3.1節を元に，多次元ロジスティックモデルによる分析を行う．多次元ロジスティックモデルは，2母数ロジスティックモデルを被

験者母数が $L$ 次元の場合に一般化したモデルとして以下のように表現される.

$$P(u_{ji}=1|\boldsymbol{a}_i,d_i,\boldsymbol{\theta}_j)=\frac{\exp[\boldsymbol{a}_i'\boldsymbol{\theta}_j+d_i]}{1+\exp[\boldsymbol{a}_i'\boldsymbol{\theta}_j+d_i]} \tag{86}$$

$P(u_{ji}=1|\boldsymbol{a}_i,d_i,\boldsymbol{\theta}_j)$ ：項目 $i$ への被験者 $j$ の正答確率.

$u_{ji}$ ：項目 $i$ への被験者 $j$ の 2 値反応 (正答ならば 1, 誤答ならば 0).

$\boldsymbol{\theta}_j$ ：被験者 $j$ の能力母数ベクトル. $L$ 個の $\theta_j$ を要素にもつ.

$\boldsymbol{a}_i$ ：識別力母数ベクトル. $L$ 個の $a_i$ を要素にもつ.

$d_i$ ：項目の困難度に関する母数.

(86) 式の exp の累乗は

$$\sum_{l=1}^{L} a_{il}(\theta_{jl}-b_{il}) \tag{87}$$

と書き直すことができる. ここで $a_{il}$ と $\theta_{jl}$ はそれぞれ $\boldsymbol{a}_i$ と $\boldsymbol{\theta}_j$ の $L$ 次元目の要素である. よって $d_i$ は

$$-\sum_{l=1}^{L} a_{il}b_{il}=d_i \tag{88}$$

で与えられる.

$L=2$ を想定した場合, (86) 式は, Bugs のコードでは以下のように表現される.

```
p[j,i] <- exp(a1[i]*theta[j,1]+a2[i]*theta[j,2]+d[i])/
          (1+exp(a1[i]*theta[j,1]+a2[i]*theta[j,2]+d[i]))
x[j,i]~dbern(p[j,i])
```

2 値の反応データは, 成功確率 p[j,i] のベルヌーイ分布に従っていると仮定している.

また, $\theta_1$ と $\theta_2$ には, $\boldsymbol{\mu}=[0\ 0]'$, $\boldsymbol{\Sigma}=\begin{bmatrix}1 & 0\\ 0 & 1\end{bmatrix}$ の 2 変量正規分布を仮定する. そして各母数の事前分布には, 例えば平均 0, 分散 0.5 の正規分布を指定する.

$$a_1,\ a_2,\ d\sim N(0,2)$$

多次元ロジスティックモデルにおける $l$ 次元の識別力母数は $a_{il}$ であり, すべての次元を考慮した多次元識別力 (multi-dimentional discrimination；MDISC) は

$$\mathrm{MDISC}_i = \sqrt{\sum_{l=1}^{L} a_{il}^2} \tag{89}$$

と定義される．また，多次元困難度 (multi-dimentional difficulty；MDIFF) は多次元の $\theta_j$ が形成する空間の原点からIRSの傾斜が最大となる点までの距離であり，

$$\mathrm{MDIFF}_i = \frac{-d_i}{\mathrm{MDISC}_i} \tag{90}$$

によって与えられる．$d_i$ の値が負に大きくなるほど $\mathrm{MDIFF}_i$ は大きくなる．

**MCMCによる分析**

ここでは，25項目からなる試験を3000人が受験した状況を考える．使用したデータは，各項目に関して正答ならば1，誤答ならば0を与えた2値データである．データの一部を表5.44に示した．最低点は1点，最高点は25点，平均得点は13.008点であった．合計得点のヒストグラムは図5.23のとおりであり，14点を最頻値として正規分布に従っていることが見てとれる．

表 5.44　データ概要

| | 項目 | | | | | | |
|---|---|---|---|---|---|---|---|
| 受験者 | 1 | 2 | 3 | ⋯ | 23 | 24 | 25 |
| 1 | 0 | 1 | 0 | ⋯ | 0 | 0 | 1 |
| 2 | 0 | 1 | 0 | ⋯ | 1 | 1 | 1 |
| 3 | 1 | 0 | 1 | ⋯ | 0 | 1 | 1 |
| ⋮ | ⋮ | ⋮ | ⋮ | ⋮ | ⋮ | ⋮ | ⋮ |
| 3000 | 1 | 0 | 1 | ⋯ | 1 | 0 | 1 |

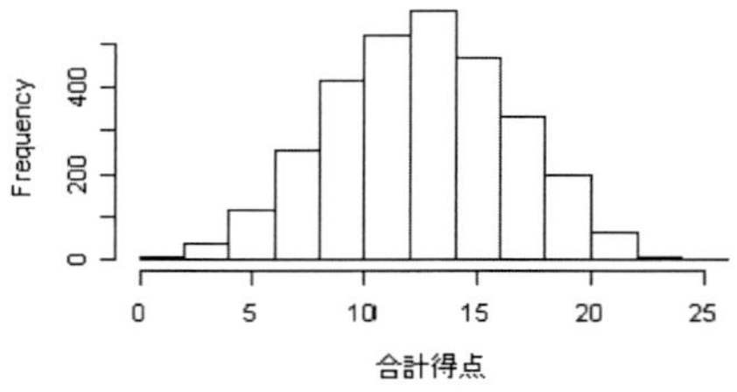


図 5.23　得点のヒストグラム

MCMCの分析においては，マルコフ連鎖から15000回のサンプリングを行い，前半の5000回をバーンインして10000個のMCMC標本を用いて推定を行った．全25項目について $a_1$，$a_2$，$d$ の各母数に関して事後統計量を求めた．ただし，項目1の2次元目の識別力母数 $a_{12}$ は，あらかじめ0に固定して分析を行っている．ここでは明示しないが，Gewekeの指標を確認するとほぼすべての母数において絶対値1.96以内であったので，収束が示唆されたと判断し解

表 **5.45** 平均と $\mathrm{MDISC}_i$ および $\mathrm{MDIFF}_i$

| 項目 | $a_1$ | $a_2$ | $d$ | $\mathrm{MDISC}_i$ | $\mathrm{MDIFF}_i$ |
|---|---|---|---|---|---|
| 項目 1 | 0.814 | (0.000) | -0.486 | 0.814 | 0.598 |
| 項目 2 | 0.630 | 0.660 | 0.191 | 0.913 | -0.210 |
| 項目 3 | 0.803 | -0.116 | 0.291 | 0.811 | -0.358 |
| 項目 17 | 0.397 | 0.330 | -2.507 | 0.516 | 4.857 |

釈に移る．表 5.45 には，項目 1，項目 2，項目 3，項目 17 を取り上げて，各母数の事後分布の平均値と，そこから算出した $\mathrm{MDISC}_i$ と $\mathrm{MDIFF}_i$ を示した．

さらに上記 4 項目の IRS を図 5.24 に示した．項目 1 と項目 3 は識別力はほぼ同じだが，$d_i$ の値が項目 1 では負，項目 3 では正である．$\mathrm{MDIFF}_i$ を見ると項目 1 より項目 3 の方が易しい問題であり，項目 1 に比較して項目 3 では，IRS の変曲点が両次元の値が小さい座標へ移動している．また，IRS の形状からこれら 2 つの項目は主に $\theta_1$ のみを識別する項目であり，$\theta_2$ がどのような値をとっても正答率にはほとんど影響がないことがわかる．項目 2 は 2 つの次元で識別力がほぼ等しく，両次元における $\theta$ の値が高いほど正答率が高くなっていく様子が IRS の滑らかな曲面からうかがえる．最後に項目 17 は $\mathrm{MDIFF}_i = 4.857$ で，25 項目の中で最も難しい項目であった．2 つの次元の $\theta$ がともにかなり高くなければ正答できない問題であることが IRS の形状からも読みとれる．

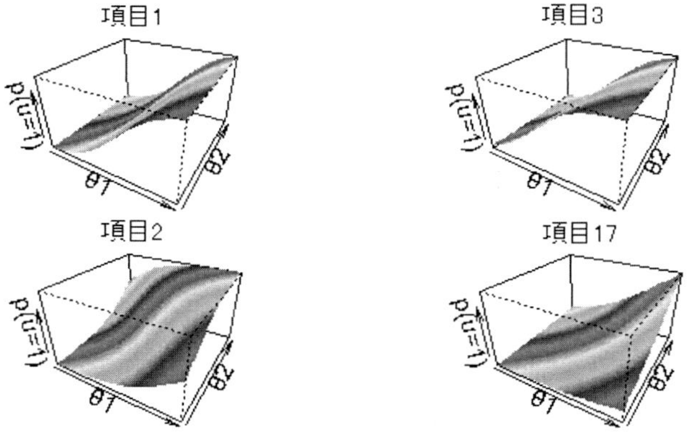


図 **5.24** 4 項目の IRS

## 5.24 項目反応理論 (混合名義反応モデル)

大学入試に立ち向かう若かりし日，情熱あふれる自分に戻った気持ちで次の問題に挑戦してみよう．

**問題** アクセントの位置が正しいものを選択して下さい．

| | | | | |
|---|---|---|---|---|
| 1) | 1. áccesory | 2. accésory | 3. accesóry | 4. accesorý |
| 2) | 1. escalátor | 2. éscalator | 3. escálator | 4. escalatór |
| 3) | 1. kilometér | 2. kilómeter | 3. kílometer | 4. kilométer |
| 4) | 1. návigator | 2. navígator | 3. navigátor | 4. navigatór |
| 5) | 1. helícopter | 2. helicópter | 3. helicoptér | 4. hélicopter |
| 6) | 1. supermárket | 2. supermarkét | 3. supérmarket | 4. súpermarket |

はたして解けただろうか．勉強（英語）に情熱を注いだ人は容易に正解の選択肢を選べたであろう．勉強以外に情熱を注いでしまった人には少し難しかったかもしれない．多肢選択問題を扱うモデルの１つである名義反応モデルは，すべての選択肢に関する選択確率をモデル化し，潜在的特性値に応じてどのような選択肢が選択されやすいかについて考察することが可能であった．

正答以外の選択肢についても検討できるのが名義反応モデルの利点であるが，時として被験者間で共通の誤答傾向が認められる場合がある．データに含まれるそのような特徴を説明する方法の１つとしては，被験者が明示的ではない共通の特徴 (ある一貫した問題解決方略や誤った計算規則が採用されていることなど) を有する複数の下位集団から成立していると仮定して分析することが挙げられる．混合名義反応モデルでは，被験者の背後に有限な複数の潜在的クラスを想定し，クラスの違いによる潜在的特性値の違いや項目に対する回答傾向の違いを検討することができる．

### モ デ ル

混合名義反応モデルにおいて，各被験者は $C$ 個の潜在的なクラスのいずれかに属すると仮定される．1 から $C$ までの値をとる，潜在クラスを示す離散変数 $w_i$ が各被験者に与えられるとすると，クラス $c$ に属する $i$ 番目の被験者の項目

$j$ における $k$ 番目のカテゴリの選択傾向 (propensity) は

$$z_{ijk|c} = [z_{ijk}|w_i = c] = \lambda_{jk}\theta_i + \zeta_{cjk} \tag{91}$$

と表現される．(91) 式最右辺において，$\lambda_{jk}$ は項目 $j$ のカテゴリ $k$ が選択傾向に及ぼす効果を，$\zeta_{cjk}$ は $c$ 番目のクラスに属することによる項目 $j$ のカテゴリ $k$ の選択傾向への効果を表している．各項目において母数 $\lambda_{jk}, k = 1, ..., K$ はクラス間で共通であるとし，これによりクラス間で異なる $\zeta_{cjk}$ によって反応カテゴリに対する回答傾向の違いを説明することが可能となる．また $\theta_i$ に関してはあらかじめ推定された潜在的特性値を固定値として採用する．潜在特性値の事前推定には通常の名義反応モデルなどが利用される．選択傾向を用いると，混合名義反応モデルは

$$p_{ijk|c} = f(y_{ij} = k \mid w_i = c) = \frac{\exp(z_{ijk|c})}{\sum_{k'=1}^{K} \exp(z_{ijk'|c})} \tag{92}$$

となる．$p_{ijk|c}$ によって $c$ 番目の潜在クラスに属する被験者 $i$ が $j$ 番目の項目における $k$ 番目のカテゴリを選択する確率を表現している．

各被験者の属するクラスが明確でないとき，それぞれの被験者は $C$ 個の潜在クラスのいずれかに属することになるため，各クラスの構成比率を $\boldsymbol{\pi} = (\pi_1, .., \pi_c, .., \pi_C)'$ とすると，$j$ 番目の項目において $k$ 番目のカテゴリを選択する確率は

$$p_{ijk} = f(y_{ij} = k) = \sum_{c=1}^{C} \pi_c p_{ijk|c} \tag{93}$$

として表現されることとなる．ただし，$0 \leq \pi_c \leq 1, \sum_{c=1}^{C} \pi_c = 1$ である．

モデルの識別のため，すべての項目，クラスについて，$\sum_{k=1}^{K} \lambda_{jk} = 0$ かつ，$\sum_{k=1}^{K} \zeta_{cjk} = 0$ の制約をおくのは通常の名義反応モデルと同様である．なお，混合名義反応モデルに関する詳細は Bolt et al. (2001) を参照されたい．

Bugs によって混合名義反応モデルを記述するコードの一部を以下に示す．

```
w[i]~dcat[pi[1:G]]
z[i,j,k]<-exp(lambda[j,k]*theta[i]+zeta[w[i],j,k])
p[i,j,k]<-z[i,j,k]/(sum(z[i,j,]))
y[i,j]~dcat(p[i,j,])
```

1番目のコードは各被験者に与えられる潜在的なクラスを表す変数 `w[i]` が母数 $\boldsymbol{\pi}$ の多項分布に従うことを表現している．また，2,3 番目のコードは本文中の (91), (92) 式にそれぞれ対応しており，前のコードの `w[i]` および，`theta[i]` などの値に応じて決定される，被験者 $i$ の項目 $j$ におけるカテゴリ $k$ への選択傾向と選択確率を表している．そして，最後のコードは各項目への回答が `p[i,j,]`（サイズは $K$）を母数とする多項分布から生じることを表している．

本モデルの母数に関する事前分布は以下のように設定する．

$$[\theta_i \mid w_i = c] \sim N(\mu_c, \sigma_c^2), \quad \boldsymbol{\pi} = (\pi_1, ..., \pi_C) \sim Dirich(10^{-2}, ..., 10^{-2})$$
$$\lambda_{jk},\ \zeta_{cjk},\ \mu_c \sim N(0,1), \quad 1/\sigma_c^2 \sim G(2,4)$$

**MCMCによる分析**

本節の最初に挙げた英語のアクセント問題 (全 6 項目) に 600 人の被験者が回答した状況を想定し，架空のデータセットに対して混合名義反応モデルを適用する．ここでは，アクセント問題になれていて正解選択肢を選択しやすいクラスとアクセント問題になれておらず日本語アクセントに近い選択肢を選択しやすいクラスの 2 つがあることを仮定して分析を行う．

母数の推定に当たってはあらかじめ各個人の潜在的特性値を推定しておく必要があるが，今回は被験者の潜在的特性値は既知であるものとして分析を行う．マルコフ連鎖からの標本抽出においては，はじめの 5000 回をバーンイン期間とし，その後の 15000 標本を母数の推定に利用した．各母数に関するトレースの確認により，潜在クラスを扱うモデルに見られるラベル交換問題は認められず，母数空間に関する制約は課さなかった．

分析結果より，2 つのクラスの構成比率はクラス 1 が約 25%，クラス 2 が約 75% であることが認められる．各クラスにおける潜在的特性値の平均値と標準偏差の推定値はそれぞれ $\hat{\mu}_1 = -0.162, \hat{\mu}_2 = 1.098$ と $\hat{\sigma}_1 = 1.063, \hat{\sigma}_2 = 0.823$ となった．2 つのクラスにおいて違いの顕著であった項目 3 に関する母数の推定値を表 5.46 に示した．また，図 5.25 と図 5.26 には推定値を利用して各クラスにおける項目カテゴリ反応関数 (item category response function) を示した．クラス 1 では，潜在的特性値の値の増加に伴い日本語アクセントの選択肢

4（kilométer）が高い確率で選択される傾向があり，日本語アクセントに頼った回答を行っていることが示唆される．また，クラス 2 では正答である選択肢 2（kilómeter）の選択確率が高く，このクラスは英単語のアクセントをよく理解しているクラスであることが示唆される．

**表 5.46** 事後統計量

| | 平均 | 標準偏差 | 中央値 | 95% 信用区間 |
|---|---|---|---|---|
| $\lambda_{31}$ | -1.040 | 0.193 | -1.033 | [-1.444, -0.685] |
| $\lambda_{32}$ | 0.473 | 0.116 | 0.471 | [0.253, 0.702] |
| $\lambda_{33}$ | 0.223 | 0.133 | 0.222 | [-0.040, 0.485] |
| $\lambda_{34}$ | 0.344 | 0.137 | 0.342 | [0.081, 0.616] |
| $\zeta_{131}$ | -0.353 | 0.217 | -0.343 | [-0.796, 0.050] |
| $\zeta_{132}$ | 0.079 | 0.179 | 0.084 | [-0.284, 0.421] |
| $\zeta_{133}$ | -0.804 | 0.242 | -0.800 | [-1.307, -0.350] |
| $\zeta_{134}$ | 1.078 | 0.142 | 1.076 | [0.808, 1.358] |
| $\zeta_{231}$ | -1.543 | 0.407 | -1.508 | [-2.446, -0.836] |
| $\zeta_{232}$ | 2.250 | 0.195 | 2.244 | [1.884, 2.647] |
| $\zeta_{233}$ | 1.033 | 0.216 | 1.026 | [0.621, 1.475] |
| $\zeta_{234}$ | -1.740 | 0.353 | -1.723 | [-2.464, -1.078] |
| $\mu_1$ | -0.162 | 0.089 | -0.162 | [-0.338, -0.012] |
| $\mu_2$ | 1.098 | 0.039 | 1.098 | [1.020, 1.176] |
| $\sigma_1$ | 1.063 | 0.064 | 1.060 | [0.946, 1.195] |
| $\sigma_2$ | 0.823 | 0.028 | 0.822 | [0.771, 0.881] |
| $\pi_1$ | 0.253 | 0.018 | 0.253 | [0.218, 0.289] |
| $\pi_2$ | 0.747 | 0.018 | 0.747 | [0.711, 0.782] |

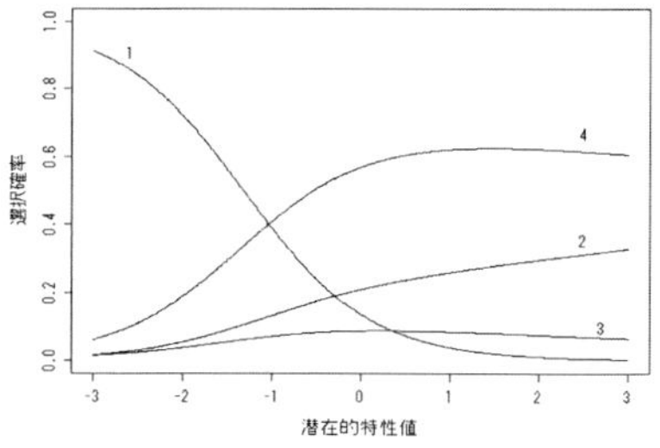


図 **5.25** 項目 3 の ICRF（クラス 1）

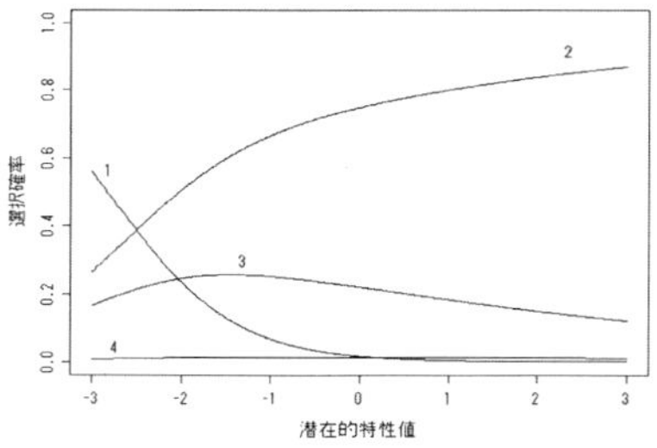


図 **5.26** 項目 3 の ICRF（クラス 2）

## 5.25 項目反応理論における特異項目機能 (DIF) の分析

クイズ番組に常連の雑学王の男性が，女性のファッションの問題になるとまったく答えられなくなることもあれば，日本人より秋葉原に詳しい外国人もいる．男性ゆえ，オタク気質ゆえの得手不得手があるものである．しかし，入学試験や公務員試験においても同様に，ある集団に属するがゆえの有利，不利があるような場合は重要な問題となる．

このように，ある問題がテストが測ろうとする能力以外の要因 (性別，経済社会的地位，人種など) の違いによって，ある特定の集団に不利 (有利) に働いている場合，その項目は特異項目機能 (differential item functioning；DIF) が生じているという．つまり，能力が同一であるにもかかわらず，所属する集団の違いから正答率に差が生じる項目がないかを調べることが DIF 分析の目的である (詳しくは Holland & Wainer (1993)，渡辺・野口 (1999) などを参照されたい)．

DIF 分析のための統計的手法は，項目反応理論を用いないものも含め多数提案されているが，ここでは，項目反応理論を利用し，2 値データにおける 1 母数ロジスティックモデルを DIF 分析のために拡張したモデルを紹介する．

### モ デ ル

DIF を考慮した 1 母数ロジスティックモデルでは，興味の対象となる DIF 項目の困難度母数が下位集団ごとに異なり，残りの項目は共通の値であると仮定する．つまり，下位集団 $g\,(=1,\cdots,G)$ に属する受験者 $i\,(=1,\cdots,I)$ の DIF 項目 $j\,(=1,\cdots,J)$ に関する正答確率 $p_{gij}$ は，「項目反応理論 (2 母数 2 値)」の節に登場した 2 母数ロジスティックモデルを，

$$p_{gij} = \frac{1}{1+\exp[-1.7\alpha(\theta_{gi}-\beta_{gj})]} \tag{94}$$

と書き直すことによって表現する．

ここでは，困難度母数 $\beta$ が下位集団ごとに異なることが仮定されるため，項目を表す添え字 $j$ の前に下位集団を表す添え字 $g$ が付されている．つまり困難度母数 $\beta_{gj}$ は下位集団 $g$ の DIF 項目 $j$ に対する困難度であるから，この値が

高いほど下位集団 $g$ にとってこの項目が難しいと解釈する．DIF 項目ではない残りの項目に関しては，集団によらず共通の値 $\beta_j$ とする．また，識別力母数 $\alpha$ に関しては，1 母数モデルであるため全ての項目に関して同一であり，推定すべき $\alpha$ の値は 1 つである．$\theta_{gi}$ は下位集団 $g$ の能力分布に従う受験者 $i$ の潜在的特性値を表す．

以上のことから，DIF を考慮した 2 母数ロジスティックモデルは Bugs のコードで以下のように表現できる．

```
p[i,j] <- 1/(1+exp(-1.7*a*(theta[i]
            - nondif[j]*b.com[j] - dif[j]*b.dif[gm[i],j] )))
x[i,j] ~ dbern(p[j,k])
theta[i] ~ dnorm(mu[gm[i]],tau[gm[i]])
```

`gm[i]` には受験者が所属する下位集団 $g$ を表す 1 から $G$ までの変数を用意する．`nondif` には，困難度母数の値を共通にする項目には `1` を，DIF 項目には `0` を示すダミー変数を用意し，反対に，`dif` には，困難度母数の値を共通にする項目には `0` を，DIF 項目には `1` を示すダミー変数を用意する．こうすることによって，DIF 項目でのみ下位集団ごとに困難度母数 $\beta$ が異なることを表現している．`b.com[j]` は $\beta_j$，`b.dif[gm[i],j]` は $\beta_{gj}$ である．2 行目では，2 値型データを扱うため，反応パタンデータ `x[i,j]` はベルヌーイ分布に従うことを指定しており，また，$\theta$ は下位集団ごとに分布が異なると仮定されているので，最終行で各集団で異なる平均と分散 (`tau` は分散の逆数) をもつ正規分布を指定している．

さらに，以下のようなコードを入れることによって 2 つの集団の困難度の差を定義し，その分布の信用区間が 0 を含むかどうかを見ることもできる．

```
DIF <- b.dif[1,j] - b.dif[2,j]
```

母数の事前分布に関しては，例えば以下のように指定する．

$$\mu_g \sim N(0,1), \quad 1/\sigma_g^2 \sim G(2,4),$$
$$\alpha \sim N(0,0.5), \quad \beta_j, \beta_{gj} \sim N(0,2)$$

$\alpha$ に関しては，コード中では `a~dnorm(0,2)I(0,)` とすることで，0 以下の値をとらないという制約をおく (対数正規分布を指定してもよい).

### MCMCによる分析

ここでは, Thissen et al. (1993) におけるテストデータを用いる. このデータは大学生を対象にして実施された全100項目からなるスペリングテストに含まれる4項目 (infidelity, panoramic, succumb, girder) である. 受験者数は659人であり, そのうち男性が285人, 女性が374人である. 正答を1, 誤答を0とした2値データのため, 受験者のとりうる回答パタンの組み合わせは全部で16通りとなる. 表5.47にはこの16通りの反応パタンと, その反応パタンをとった受験者数を男女別に示した.

**表 5.47** スペリングテストの反応パタンと男女別の度数

| 反応パタン | 男性 | 女性 | 反応パタン | 男性 | 女性 |
|---|---|---|---|---|---|
| 0 0 0 0 | 22 | 29 | 0 0 0 1 | 10 | 7 |
| 1 0 0 0 | 30 | 50 | 1 0 0 1 | 27 | 30 |
| 0 1 0 0 | 13 | 15 | 0 1 0 1 | 14 | 4 |
| 0 0 1 0 | 1 | 6 | 0 0 1 1 | 1 | 0 |
| 1 1 0 0 | 24 | 67 | 1 1 0 1 | 54 | 63 |
| 1 0 1 0 | 5 | 12 | 1 0 1 1 | 8 | 10 |
| 0 1 1 0 | 1 | 2 | 0 1 1 1 | 8 | 6 |
| 1 1 1 0 | 10 | 22 | 1 1 1 1 | 57 | 51 |

項目ごとの正答率は, 項目1が男性：75.4%, 女性：81.6%, 項目2が男性：63.5%, 女性：61.5%, 項目3が男性：31.9%, 女性：29.1%であるが, 項目4は, 男性：62.8%, 女性：45.7%と正答率に開きがある. そこでここでは項目4をDIF項目として扱う. 被験者母数に関しては, 男性の平均が0, 分散が1であるという制約をおいた. MCMCの実行に際しては, 15000回のサンプリングを行い, はじめの5000回をバーンイン期間として破棄した10000個のMCMC標本を用いて事後統計量を算出した. その結果が表5.48である (男性を $g=1$, 女性を $g=2$ で表している).

Gewekeの Z スコアは絶対値1.96を上回るものがなく, マルコフ連鎖の収束が示唆された. 被験者母数の分布に関して見ると, 男性の平均0に対して女性の平均の推定値が $\hat{\mu}_2 = 0.036$ であり, 分散は男性が1に対して, 女性は $\hat{\sigma}^2 = 0.911$ である. しかし, 標準誤差を加味すると両者の分布には差があると

表 **5.48**　事後統計量

| | 平均 | 標準偏差 | 中央値 | 95%信用区間 |
|---|---|---|---|---|
| $\mu_2$ | 0.036 | 0.116 | 0.034 | [-0.186, 0.269] |
| $\sigma_2^2$ | 0.911 | 0.206 | 0.889 | [0.579, 1.373] |
| $\alpha$ | 0.744 | 0.070 | 0.742 | [0.610, 0.888] |
| $\beta_1$ | -1.310 | 0.148 | -1.302 | [-1.624, -1.045] |
| $\beta_2$ | -0.493 | 0.109 | -0.495 | [-0.704, -0.285] |
| $\beta_3$ | 0.879 | 0.132 | 0.870 | [0.649, 1.160] |
| $\beta_{14}$ | -0.536 | 0.133 | -0.530 | [-0.810, -0.295] |
| $\beta_{24}$ | 0.215 | 0.143 | 0.214 | [-0.069, 0.507] |
| DIF | -0.751 | 0.179 | -0.744 | [-1.132, -0.418] |

はいえない.

次に，困難度に関しては，表 5.48 より，項目 4 の男女別の推定値は男性が $-0.536$ であるのに対し，女性が 0.215 である．これらの推定値をもとに ICC を描いたものが図 5.27 である．項目 4 は粗い破線が男性の ICC を，細かい破線が女性の ICC を示している．この図を見ると男性の項目 4 の ICC は女性の項目 4 の ICC よりも明らかに項目 2 に近い．また，性別による困難度の差を表す DIF の値は 95%信用区間が 0 を含んでいないことが見てとれる．以上のことから，この項目は女性には難しい項目であることが示唆された.

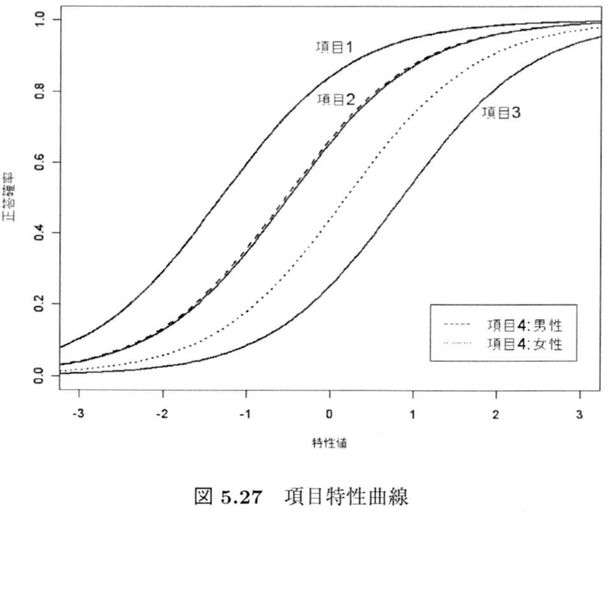


図 **5.27**　項目特性曲線

## 5.26 正規混合モデル

正規混合モデル (normal mixture model) は，第4章で紹介された潜在混合モデリングの一種であり，データが混合正規分布から得られたものと仮定できる場合にこのモデルを利用して分析することが可能である．正規混合モデルを利用して分析するときの主要な目的の1つは，得られたデータがどの母集団に属しているかを明らかにし，各母集団の特徴を調べることである．この場合，もしデータに教師信号となるべき基準変数が存在するならば判別分析を利用すればよい．しかしデータの種類によっては，基準変数が存在しないという場合も少なくないであろう．正規混合モデルはこのようなときに利用可能な分析手法であり，基準変数そのものが不明な場合の判別分析といえる．

例えば，本例で使用する表5.49に示されているデータを見てみよう．この表はFlury & Riedwyl (1988) によって使用されたスイス銀行の紙幣の特徴を示したデータである．紙幣は全部で200枚あり，表5.49にはその紙幣の特徴として「下部マージン幅 (mm)」と「絵の対角線の長さ (mm)」のデータが示されている．

ここで，後の情報からこの紙幣のデータには真札と偽札が混じっていること

表 5.49 紙幣のマージン幅と対角線の長さ

| | マージン | 対角線 |
|---|---|---|
| 1 | 9.7 | 139.8 |
| 2 | 11.0 | 139.5 |
| 3 | 8.7 | 140.2 |
| 4 | 9.9 | 140.3 |
| 5 | 11.8 | 139.7 |
| ⋮ | ⋮ | ⋮ |
| 196 | 9.0 | 141.7 |
| 197 | 9.1 | 141.1 |
| 198 | 8.0 | 141.2 |
| 199 | 9.1 | 141.5 |
| 200 | 7.8 | 141.2 |

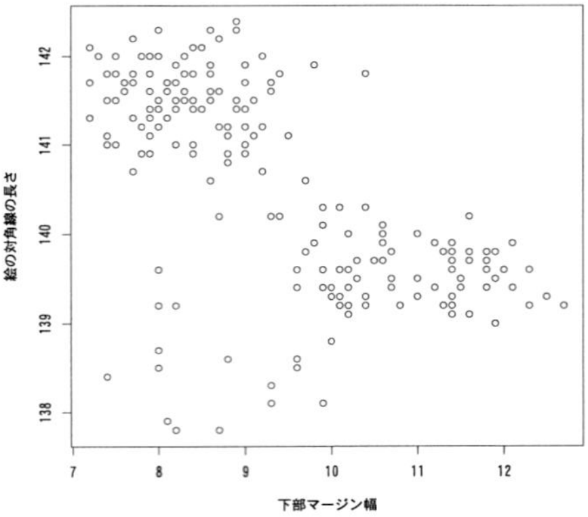

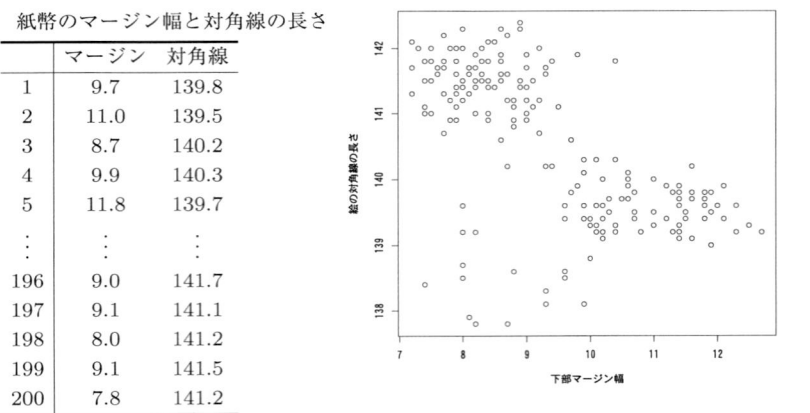

図 5.28 真札と偽札の混合データの散布図

が明らかになったとする．図 5.28 で示したように散布図を描くと，確かに大きく 2 つの集団に分かれていることが見てとれる．しかし，紙幣の真偽となるべき教師情報がないため単純に判別分析は使用できない．正規混合モデルはこのような状況において使用可能な分析手法である．なお，理論的な詳細は豊田 (2000) の 11.1 節を参照されたい．

### モ デ ル

$i = 1, \ldots, I$ において，個体 $i$ から観測変数 $y_i$ が得られたとする．また，各母集団を $c = 1, \ldots, C$ で表すとする．このとき，得られたデータの確率密度分布 $p(y)$ は，$C$ 個の正規分布 $f(x|\mu_c, \sigma_c^2)$ の重み付き線形結合

$$p(y) = \sum_{c=1}^{C} \pi_c f(y|\mu_c, \sigma_c^2) \tag{95}$$

によってモデル化できる．このような分布を混合正規分布 (normal mixture distribution) という．ここで，重み係数 $\pi_c$ は各分布の構成比率であり，混合パラメータ (mixing parameter) とも呼ばれる．この混合パラメータは，以下の条件を満たすものとする．

$$\sum_{c=1}^{C} \pi_c = 1, \quad 0 \leq \pi_c \leq 1 \tag{96}$$

一方，各個体から複数の観測変数が得られた場合，上記のモデルを以下のように多変量正規分布を用いて記述し直せばよい．

$i = 1, \ldots, I$ および $j = 1, \ldots, J$ において，個体 $i$ から $J$ 個の観測変数が得られたとする．このとき，得られたデータの確率密度分布 $p(y)$ は，以下のような $C$ 個の多変量正規分布 $f(\boldsymbol{y}|\boldsymbol{\mu}_c, \boldsymbol{\Sigma}_c)$ の重み付き線形結合で表現できる．

$$p(y) = \sum_{c=1}^{C} \pi_c f(\boldsymbol{y}|\boldsymbol{\mu}_c, \boldsymbol{\Sigma}_c) \tag{97}$$

本例では偽札と真札の 2 種類の集団を仮定するので，2 つの多変量正規分布の混合を考える．よって，各個体の観測変数 $\boldsymbol{y}_i$ は，2 つの多変量正規分布のうちの一方から得られたものとする．したがって，最終的に推定すべき母数は $\mu_1$，$\mu_2$，$\boldsymbol{\Sigma}_1$，$\boldsymbol{\Sigma}_2$，$\pi_1$，$\pi_2$ となる．ただし，$\pi_1 = 1 - \pi_2$ として計算可能である．このとき事前分布は，例えば以下のように設定する．

$$\mu_c \sim N(0, 10^6), \quad \boldsymbol{\Sigma}_c^{-1} \sim W(\boldsymbol{I}, 2)$$

また，$\pi_c$ に関してはディリクレ分布に従っているとする．

多変量の正規混合モデルを Bugs で表現する場合のコードは例えば以下のようになる．

```
y[i,1:2] ~ dmnorm(mu[i,1:2], Inv_Sigma[L[i],1:2,1:2])
mu[i,1] <- alp[L[i],1]
mu[i,2] <- alp[L[i],2]
L[i] ~ dcat(pi[1:2])
```

ここで L[i] は，$i$ 番目の個体が属する真の集団を表すラベル変数である．また dcat は，引数（本例の場合，集団の構成比率）に基づきカテゴリカルデータを発生する分布であり，構成比率の総和が 1 となる条件を含んでいる関数である．

コードを見るとわかるように，mu[i,1] <- alp[L[i],1] のようにラベル変数 L[i] で切り替えることによって複数の母集団を表現するのが正規混合モデルを実装するときのポイントである．ここで，Inv_Sigma は多変量正規分布における分散共分散行列の逆行列であるということに注意する必要がある．

### MCMC による分析

ここでは表 5.49 で示された，偽札と真札が混合したデータセットを使用して分析を行った．サンプリングは 15000 回行い，前半の 5000 回を破棄して，後半の 10000 標本で母数の推定を行った．分析の結果を表 5.50 と表 5.51 に示す．

**表 5.50**　事後統計量 ($C = 1$)

| | 平均 | 標準偏差 | 中央値 | 95% 信用区間 | Geweke 指標 |
|---|---|---|---|---|---|
| $\pi_1$ | 0.500 | 0.036 | 0.500 | [0.430, 0.568] | -0.120 |
| $\bar{x}_1$ | 10.510 | 0.118 | 10.520 | [10.280, 10.750] | 0.569 |
| $\bar{x}_2$ | 139.400 | 0.058 | 139.400 | [139.300, 139.600] | 0.273 |
| $\sigma_1^2$ | 1.353 | 0.195 | 1.337 | [1.024, 1.780] | -0.332 |
| $\sigma_2^2$ | 0.316 | 0.046 | 0.312 | [0.238, 0.418] | 0.363 |
| $\sigma_{21}$ | 0.244 | 0.073 | 0.240 | [0.111, 0.396] | -0.497 |
| $\rho_{21}$ | 0.372 | 0.092 | 0.377 | [0.181, 0.541] | -0.638 |

表 5.51 事後統計量 ($C = 2$)

| | 平均 | 標準偏差 | 中央値 | 95% 信用区間 | Geweke 指標 |
|---|---|---|---|---|---|
| $\pi_2$ | 0.500 | 0.036 | 0.500 | [0.432, 0.570] | 0.120 |
| $\bar{x}_1$ | 8.319 | 0.067 | 8.318 | [8.190, 8.453] | -0.580 |
| $\bar{x}_2$ | 141.500 | 0.045 | 141.500 | [141.400, 141.600] | 0.480 |
| $\sigma_1^2$ | 0.438 | 0.064 | 0.432 | [0.329, 0.581] | -0.169 |
| $\sigma_2^2$ | 0.188 | 0.031 | 0.185 | [0.137, 0.260] | 1.045 |
| $\sigma_{21}$ | -0.017 | 0.032 | -0.016 | [-0.083, 0.043] | -1.328 |
| $\rho_{21}$ | -0.058 | 0.107 | -0.058 | [-0.265, 0.156] | -1.461 |

表 5.50 は 1 つ目の母集団，表 5.51 は 2 つ目の母集団における事後統計量である．両方の集団において，Geweke の指標の絶対値が 1.96 の範囲内に収まっており，収束していることが示唆される．なお，$\rho_{21}$ は 2 つの変数間の相関係数である．

これら 2 つの表を見比べてみると，表 5.50 に示されている集団は「下部マージン幅が長く，絵の対角線が短い」という特徴を有しているクラスであると考えられる．また，表 5.51 に示されている集団からは「下部マージン幅が短く，絵の対角線が長い」ことが読み取れる．この結果と過去の真札に関する情報を合わせることで，表 5.51 の特徴が真札，表 5.50 の特徴が偽札であると同定できる．

最後にもう一度 Bugs のコードを振り返ってみよう．まず `mu[i,1]<-alp[L[i],1]` であるが，これは SEM の測定方程式において切片項のみが残っている特殊な場合と考えられる．また，観測変数は多変量正規分布から発生されていると考えるため，分散部分は行列となっている．これは SEM において，誤差間に共分散を設定する場合に相当する．ラベル変数 `L[i]` に関しては，複数の母集団，すなわち多母集団であることを意味している．したがって正規混合モデルとは，SEM における平均構造のある多母集団モデルのことであり，本節で示した Bugs のコードも SEM を表現した特殊な場合と見なすことが可能である．

## 5.27　潜在クラス分析

「君の性格はわがままでひと見知りだから猫型だね」とか「あなたは従順で社交的だから犬型だね」というような分類をされたことはないだろうか．このように，特定の行動特性や性格特性に当てはまるか否かといったパタンから対象を複数のタイプへ分類することは日常われわれがよくやることである．

犬型猫型分類がそうであるかは定かでないが，一般に対象の分類はそれぞれのカテゴリの特徴の違いを明確にし，それによって対象の背後にある全体構造の把握を容易にする．一例として，マーケティングの分野では，人々を同質性をもった下位集団 (セグメント) に分類して理解し，それぞれの下位集団に対して異なった方法で販売促進活動を展開することが常套手段となっている．

潜在クラス分析は，正解・不正解，はい・いいえなどの 2 値をとる質的データの回答パタンから，背後にあると想定される集団 (潜在クラス) やその特徴について考察するための分析である．

### モ　デ　ル

$J$ 個の項目 $\boldsymbol{y} = (y_1, .., y_j, .., y_J)$ が 2 値 (ここでは正解 $= 1$, 不正解 $= 0$ とする) の名義変数であり，観測変数の背後には $C$ 個の潜在クラスが存在するものとする．このとき，$w_i$ が被験者 $i$ が所属するクラスを示す潜在変数であるとすると，$c$ 番目のクラスに属する被験者が $j$ 番目の項目に対して正解する確率は

$$p_{cj} = f(y_{ij} = 1 \mid w_i = c) \tag{98}$$

と表現される．したがって不正解確率は $1 - p_{cj}$ となる．そして，$p_{cj}$ がわかっているとすれば，クラス $c$ に属する被験者 $i$ の項目 $j$ に対する回答は

$$f(y_{ij} \mid p_{cj}, w_i = c) = p_{cj}^{y_{ij}} (1 - p_{cj})^{(1-y_{ij})} \tag{99}$$

のベルヌーイ分布に従う．

いま $J$ 個の項目すべてに関してその正解確率がわかっているとする．同一クラス内では各項目に対する反応が独立であるという局所独立の仮定が成立するとすれば，クラス $c$ に所属する被験者 $i$ の $J$ 個の項目に対する観測変数ベクト

ル $\boldsymbol{y}_i = (y_{i1}, .., y_{ij}, .., y_{iJ})$ が従う確率分布は (99) 式を $J$ 個分掛け合わせることによって

$$f(\boldsymbol{y}_i \mid \boldsymbol{p}_c, w_i = c) = \prod_{j=1}^{J} f(y_{ij} \mid p_{cj}, w_i = c) \tag{100}$$

となる．ただし，$\boldsymbol{p}_c = (p_{c1}, .., p_{cj}, .., p_{cJ})$ である．

上式までは，被験者 $i$ が特定のクラス $c$ に所属することを前提とした確率分布である．ここで，被験者 $i$ が，構成比率 $\boldsymbol{\pi} = (\pi_1, .., \pi_c, .., \pi_C)'$(ただし，$\sum_{c=1}^{C} \pi_c = 1$ とする) である $C$ 個の潜在クラスのうちのいずれかに所属しているとすれば，全体母集団から無作為に抽出された被験者 $i$ の観測変数ベクトル $\boldsymbol{y}_i$ の分布は

$$f(\boldsymbol{y}_i \mid \boldsymbol{P}, \boldsymbol{\pi}) = \sum_{c=1}^{C} \pi_c f(\boldsymbol{y}_i \mid \boldsymbol{p}_c, w_i = c) \tag{101}$$

と表現される．ただし，$\boldsymbol{P} = (\boldsymbol{p}_1, .., \boldsymbol{p}_c, .., \boldsymbol{p}_C)'$ である ($\boldsymbol{P}$ はサイズ $C \times J$ の行列)．そして，観測変数ベクトル $\boldsymbol{y}_i$ の実現値が独立に $I$ 個観測されたとき，それを縦に並べた $I \times J$ の多変量データ行列 $\boldsymbol{Y} = (\boldsymbol{y}_1, .., \boldsymbol{y}_i, .., \boldsymbol{y}_I)'$ の尤度は

$$f(\boldsymbol{Y} \mid \boldsymbol{P}, \boldsymbol{\pi}) = \prod_{i=1}^{I} f(\boldsymbol{y}_i \mid \boldsymbol{P}, \boldsymbol{\pi}) \tag{102}$$

となる．潜在クラス分析では上式を利用して，$\boldsymbol{\pi}$ (各潜在クラスへどのくらいの確率で所属するのか)，および $\boldsymbol{P}$ ($c$ 番目の潜在クラスに属する個人の $j$ 番目の項目に正解する確率を表す行列) を推定することが主眼となる．潜在クラス分析の詳細については豊田 (2000, 第 8 章) などを参照されたい．

以下には，本分析例で使用した，潜在クラス数を 2 とした場合の Bugs のコードの一部を示す．記述の際には，各被験者の所属する潜在クラスと項目への反応を以下のような形式で指定する．

```
w01[i]~dbern(pi1)
w12[i]<-w01[i]+1
y[i,j]~dbern(P[w12[i],j])
```

上のコードにおいて w01[i]~dbern(pi1) は，i 番目の被験者が潜在的に所属するクラスを表す 0 か 1 のカテゴリカルな変数が，1 番目のクラスへの所属確

率を表すパラメータ pi1 のベルヌーイ分布に従って生じることを表す．本例では2つのクラスを想定しているため，片方のクラスへの所属確率 $(\pi_1)$ のみがパラメータとなっている．これにより各被験者には所属を表す0か1の値が与えられる．それに続く w12[i]<-w01[i]+1 は，1つ下のコードでの利用のため，カテゴリカルな変数を1と2へと変換するものである．

そして，y[i,j]~dbern(P[w12[i],j]) によって，被験者 i の項目 j に対する反応が，被験者の所属クラスにおける項目 j への反応確率をパラメータとするベルヌーイ分布に従って生じることを表現している．つまり，P[w12[i],j] は $p_{cj}$ を表し，最後のコードが (99) 式に対応している．

本モデルにおいては，クラス1への所属確率 $\pi_1$ と各クラスにおける項目 $j$ に対する反応確率 $p_{cj}$ に以下のような事前分布を設定した．

$$\pi_1 \sim \beta(0.5, 0.5)\mathrm{I}(0, 0.5), \quad p_{cj} \sim \beta(0.5, 0.5), \quad c = 1, 2, \quad j = 1, .., 7$$

$\pi_1$ に関して0から0.5の範囲の制約を課しているのは，所属確率の低いクラスをクラス1と特定し，ラベル交換問題に対処するためである．

**MCMCによる分析**

潜在クラス分析の適用場面の1つとして，医療場面が挙げられる．複数の症状の有無から，ある疾患をもつ人が検査対象者のうちどの程度含まれているのかを推測したり，個人に関する疾患の可能性を診断したりするために利用されている．

ここでは，乳がんの疑われる腫瘍に関する種々の検査結果のデータを潜在クラスモデルによって分析し，腫瘍の悪性・良性の分類およびそれぞれの場合における各検査結果に対する反応特徴について考察する．分析には Bennett et al.(1992) のデータから7つの変数，300標本を使用する (表5.52)．表5.53は上記のデータにおいて各検査項目に関して0(正常) から10(極めて異常) の値で判断された結果を，3以上なら1，そうでなければ0として2値化したものである．

MCMCによって12000回のサンプリングを行い，そのうち3000回をバーンイン期間として破棄した．残りの9000標本から得られた推定値を表5.54に示した．$\hat{\pi}_1 = 0.483$ より，腫瘍は所属確率約48%のクラス1と約52%のクラ

表 5.52 7つの検査項目

| | |
|---|---|
| $y_1$ | bare nuclei (裸核状の異型細胞の存在) |
| $y_2$ | bland chromatin (有糸分裂) |
| $y_3$ | epithelial cell size (上皮細胞の大きさ) |
| $y_4$ | normal nucleoli (核小体の正常性) |
| $y_5$ | clump thickness (細胞塊の密度) |
| $y_6$ | cell shape uniformity (細胞形状の斉一性) |
| $y_7$ | cell size uniformity (細胞サイズの斉一性) |

表 5.53 データの一部

| $y_1$ | $y_2$ | $y_3$ | $y_4$ | $y_5$ | $y_6$ | $y_7$ |
|---|---|---|---|---|---|---|
| 0 | 0 | 0 | 0 | 1 | 0 | 0 |
| 1 | 0 | 1 | 0 | 1 | 1 | 1 |
| ⋮ | ⋮ | ⋮ | ⋮ | ⋮ | ⋮ | ⋮ |
| 0 | 0 | 0 | 0 | 0 | 0 | 0 |
| 0 | 0 | 1 | 1 | 1 | 1 | 1 |

ス2へと分類できることがわかる．クラス1に含まれる個体に関しては，全ての検査に対して69%以上の高い確率で正常ではないと判断がなされている．このことから，クラス1は悪性腫瘍のグループであると判断できる．一方，クラス2は，5番目の項目に対しては3割弱は正常でないと判断されているものの，それ以外の項目に対してはほぼ異常が認められておらず，良性腫瘍のグループであると判断できる．

表 5.54 事後統計量

| | 平均 | 標準偏差 | 中央値 | 95% 信用区間 | Geweke 指標 |
|---|---|---|---|---|---|
| $p_{11}$ | 0.843 | 0.031 | 0.845 | [0.779, 0.898] | -0.669 |
| $p_{12}$ | 0.747 | 0.037 | 0.748 | [0.673, 0.817] | -0.697 |
| $p_{13}$ | 0.724 | 0.039 | 0.726 | [0.646, 0.796] | -0.298 |
| $p_{14}$ | 0.693 | 0.039 | 0.694 | [0.614, 0.765] | -0.429 |
| $p_{15}$ | 0.908 | 0.025 | 0.910 | [0.855, 0.950] | 1.169 |
| $p_{16}$ | 0.882 | 0.029 | 0.884 | [0.820, 0.933] | -1.027 |
| $p_{17}$ | 0.814 | 0.035 | 0.815 | [0.741, 0.878] | -1.529 |
| $p_{21}$ | 0.052 | 0.020 | 0.050 | [0.020, 0.097] | -0.116 |
| $p_{22}$ | 0.064 | 0.021 | 0.062 | [0.028, 0.111] | 0.105 |
| $p_{23}$ | 0.028 | 0.014 | 0.025 | [0.007, 0.061] | 1.358 |
| $p_{24}$ | 0.025 | 0.015 | 0.023 | [0.004, 0.059] | -0.627 |
| $p_{25}$ | 0.291 | 0.037 | 0.291 | [0.221, 0.365] | 0.634 |
| $p_{26}$ | 0.023 | 0.013 | 0.021 | [0.005, 0.054] | 0.585 |
| $p_{27}$ | 0.004 | 0.005 | 0.002 | [0.000, 0.019] | -1.072 |
| $\pi_1$ | 0.483 | 0.014 | 0.487 | [0.449, 0.499] | 0.068 |

## 5.28 成長曲線モデル

オブザベーションの成長や変化を分析するには2種類の方法が考えられる．1つはそのオブザベーションを構成する母集団を考慮し，その母集団全体の変化を1つの曲線あるいは直線で記述する方法であり，もう1つは得られたオブザベーションの数だけ曲線や直線を描き観察する方法である．

前者は母集団の性質を明らかにするために母数の推定を行って分析をするのであり，これは従来の多変量解析や通常の構造方程式モデリングによる解析に相当する．この分析の特徴は，個々それぞれに違う形で表現されたオブザベーションを要約し，集団全体の概要を把握できることにある．しかし，この長所がそのまま短所にもなっている．すなわち，個体差が大きい分野では，要約された特徴が全体の性質を表していないこともあり，曖昧な全体像しか得られていない場合がある．

一方後者では，オブザベーション数が多いと，その全てを描いて特徴を把握し記述するのはほぼ不可能となり，有益な情報は得られなくなる．例えば，マーケティングにおけるPOSデータなどは100万件を超えるオブザベーションデータを得られることも珍しくなく，この方法での解析は事実上不可能といわざるをえない．

このような「個人か全体か」という状況を打開する手法として，成長曲線モデルというものが提案されている．これは，個々のオブザベーションごとに統計モデルを設定し，各統計モデルの母数自身を確率変数として扱い，統計モデルの母数の分布を推定する手法である．成長曲線モデルのこのような性質を利用することによって，集団内の多数の成長曲線の統計的性質を論じるだけでなく，個々のオブザベーションの成長曲線を推定・記述することが可能になる．

この成長曲線には，解釈のしやすさから線形1次式を当てはめることが多い．しかし理論上は2次式や3次式，あるいはそれ以外の非線形な成長曲線を当てはめることもでき，より複雑なモデルを表現することも可能である．

### モ　デ　ル

$i=1,\ldots,I$ および $t=1,\ldots,T$ とし，個体 $i$ のそれぞれにおいて時点 $t$ での観測値が得られたとする．このとき，観測値 $y_{it}$ は

$$y_{it} = L_i + \alpha_{it} S_i + e_{it} \tag{103}$$

$$L_i = \mu_L + \nu_{L_i} \tag{104}$$

$$S_i = \mu_S + \nu_{S_i} \tag{105}$$

というモデルで表現できる (Zhang et al., 2007)．ここで $L$ は切片，$S$ は傾きを表す潜在変数であり，個人ごとに異なるランダム効果母数 (random-effects parameter) である．一方，切片と傾きを表現する因子の平均値である $\mu_L$ と $\mu_S$ は，それぞれ母集団全体としての成長曲線の切片と傾きを意味しており，固定効果母数 (fixed-effects parameter) である．ここで $\boldsymbol{\omega}_i = (L_i, S_i)'$，$\boldsymbol{\mu} = (\mu_L, \mu_S)'$ とし，$\boldsymbol{\omega}$ は $MN(\boldsymbol{\mu}, \boldsymbol{\Phi})$ に従っているものとする．さらに，$\mu_L$ と $\mu_S$ は平均 0 の正規分布に，$\boldsymbol{\Phi}$ の逆行列はウィッシャート分布に従っているとする．

また $\alpha$ は傾きに付随するパス係数であり，この値を調整することでいろいろな成長曲線を描くことができる．例えば 4 時点までを仮定し，$\alpha_{i1},\ldots,\alpha_{i4}$ をそれぞれ $0,1,2,3$ という値に設定すれば従来の線形な成長曲線となる．あるいは $\alpha_{i1}$ と $\alpha_{i4}$ を 0 と 1 に固定し，$\alpha_{i2}$ と $\alpha_{i3}$ を推定することもできる．この場合，$\alpha_{it}$ は平均 0 の正規分布に従っているとする．さらに，$\boldsymbol{\alpha} = (0, 0.8, 0.95, 1)$ とすれば指数型成長曲線を意味し，$\boldsymbol{\alpha} = (1, 0.8, 0.25, 0)$ とすれば非線形減少曲線を表現できる．しかし，指数型の曲線など非線形な曲線を当てはめる場合は，非線形成長曲線モデルを利用してモデル化することも可能である．詳しくは本章の非線形成長曲線モデルの項を参照されたい．

これら母数の事前分布は，例えば以下のように設定する．

$$1/\sigma_e^2 \sim G(10^{-3}, 10^{-3}), \quad \alpha_{it} \sim N(0, 10^6)$$
$$\boldsymbol{\omega}_i \sim MN(\boldsymbol{\mu}, \boldsymbol{\Phi}), \quad \boldsymbol{\Phi}^{-1} \sim W(\boldsymbol{I}, 2)$$
$$\mu_L \sim N(0, 10^6), \quad \mu_S \sim N(0, 10^6)$$

成長曲線モデルを Bugs で表現する場合のコードは例えば以下のようになる．

```
y[i,t] ~ dnorm(MuY[i,t], tau.e)
MuY[i,t] <- omega[i,1]+omega[i,2]*A[t]
omega[i,1:2] ~ dmnorm(mu[i,1:2], Inv_phi[1:2,1:2])
```

ここで i は個体の番号を，t は時点を表している．また，傾きに付随するパス係数 $\alpha_t$ は A[t] で表現している．omega[i,1:2] は切片と傾きをまとめたものである．なお，tau.e は分散の逆数 $1/\sigma_e^2$，Inv_phi[1:2,1:2] は分散共分散行列の逆行列 $\Phi^{-1}$ であることに注意する必要がある．

### MCMCによる分析

ここでは，気象庁[*1)]が公開している日本の各地点における年平均気温のデータを使用する．選択した地点は，1900 年以降欠測なく観測が継続されている旭川，長野，石垣島など 36 地点である．また時点は，1900 年以降の 10 年ごととし，2000 年までの 11 時点のデータを使用した．使用したデータの一部を表 5.55 に，経年における各地点ごとの温度変化を図 5.29 に示す．

**表 5.55** 各地点における年平均気温

| | 1900 年 | 1910 年 | ··· | 2000 年 |
|---|---|---|---|---|
| 旭川 | 4.7 | 5.3 | ··· | 6.8 |
| 網走 | 4.9 | 5.6 | ··· | 6.4 |
| 札幌 | 6.4 | 6.6 | ··· | 9.0 |
| 根室 | 5.2 | 5.3 | ··· | 6.3 |
| 寿都 | 7.9 | 7.6 | ··· | 8.7 |
| ⋮ | ⋮ | ⋮ | ⋮ | ⋮ |
| 多度津 | 15.1 | 15.4 | ··· | 16.7 |
| 高知 | 15.7 | 15.4 | ··· | 17.1 |
| 徳島 | 15.2 | 15.1 | ··· | 16.7 |
| 名瀬 | 21.0 | 20.8 | ··· | 21.7 |
| 石垣島 | 23.5 | 23.3 | ··· | 24.5 |

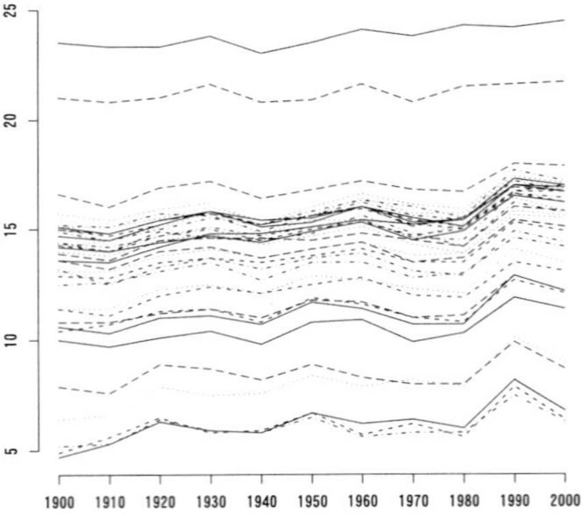

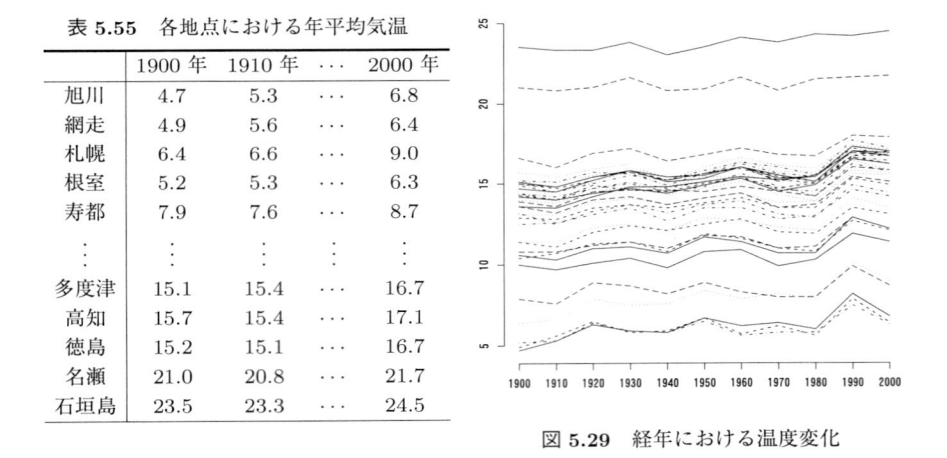

**図 5.29** 経年における温度変化

本分析では，傾きに付随するパス係数の最初と最後を 0 と 1 に固定し，それ

*1) http://www.jma.go.jp/jma/index.html

以外は推定することにした．サンプリングは 15000 回行い，前半の 5000 回を破棄して，後半の 10000 標本で母数の推定を行った．その推定の結果を表 5.56 に示す．表 5.56 の全ての母数において，Geweke の指標の絶対値が 1.96 の範囲内に収まっており，収束していることが示唆される．

$\alpha_t$ を見るとおおむね右上がりに上昇していることがわかる．また，切片 $\mu_L$ は 1900 年における日本の年平均気温の平均値を示しており，約 13 ℃であった．傾き $\mu_S$ は年平均気温の上昇率であり，本例では傾きに付随するパス係数の最初の値を 0，最後の値を 1 に固定しているので，1900 年から 2000 年までの 100 年間で約 1.7 ℃上昇していることを意味している．この結果は地球温暖化を示唆しているものと考えられる．一方，切片と傾きの相関係数 $\rho_{LS}$ は $-0.34$ と弱い負の相関を示していたが，これはもともと気温の低い地点ほどその後の気温上昇が大きくなっているからだと考えられる．

**表 5.56** 事後統計量

| | 平均 | 標準偏差 | 中央値 | 95% 信用区間 | Geweke 指標 |
|---|---|---|---|---|---|
| $\alpha_2$ | -0.076 | 0.036 | -0.075 | [-0.149, -0.007] | 0.473 |
| $\alpha_3$ | 0.317 | 0.031 | 0.318 | [0.255, 0.377] | -0.144 |
| $\alpha_4$ | 0.435 | 0.031 | 0.435 | [0.375, 0.495] | -0.101 |
| $\alpha_5$ | 0.198 | 0.033 | 0.198 | [0.134, 0.262] | 0.155 |
| $\alpha_6$ | 0.501 | 0.031 | 0.501 | [0.441, 0.562] | 0.389 |
| $\alpha_7$ | 0.594 | 0.030 | 0.594 | [0.535, 0.654] | 0.136 |
| $\alpha_8$ | 0.304 | 0.032 | 0.304 | [0.241, 0.366] | 0.294 |
| $\alpha_9$ | 0.275 | 0.032 | 0.276 | [0.214, 0.336] | 0.535 |
| $\alpha_{10}$ | 1.262 | 0.040 | 1.262 | [1.185, 1.344] | 0.296 |
| $\mu_L$ | 13.010 | 0.638 | 13.010 | [11.760, 14.250] | -0.228 |
| $\mu_S$ | 1.713 | 0.088 | 1.711 | [1.545, 1.887] | -0.337 |
| $\sigma_L^2$ | 14.580 | 3.692 | 14.020 | [9.146, 23.590] | 0.064 |
| $\sigma_S^2$ | 0.143 | 0.044 | 0.136 | [0.079, 0.247] | -0.170 |
| $\rho_{LS}$ | -0.340 | 0.169 | -0.353 | [-0.635, 0.019] | -0.213 |
| $\sigma_e^2$ | 0.066 | 0.005 | 0.066 | [0.057, 0.077] | 0.667 |

## 5.29 非線形成長曲線モデル

子供のころ，家の柱に自分の身長を記録してその成長過程を観察した人は多いのではないだろうか．動物や植物のみならず社会・経済など物事の成長過程には関心が抱かれることが多い．成長曲線モデル (growth curve model) は時間に伴う対象の成長過程を記述・予測するための数理モデルであり，対象に関して繰り返し測定されたデータ (縦断的データ) において主に適用される．ここでは，一変量の成長データに関して非線形成長曲線モデルを適用した分析例を紹介する．

### モ デ ル

時間に関係する変数を $t$ とすると，その時点でのオブザベーション $i$ に関する測定値 $y_{ti}$ は以下のように表現される．

$$y_{ti} = f(t, \boldsymbol{\theta}) + e_{ti} \tag{106}$$

関数 $f$ は $t$ に関して単調増加関数であることが多く，この曲線を成長曲線 (growth curve) と呼ぶ．幼少期における身長の成長など比較的単純な成長過程の記述には $f$ として 1 次・2 次式などの線形のモデルが適用される．また，長期間の成長過程のようにより複雑な現象の記述には非線形な成長曲線が採用される．代表的なものとして，ゴンペルツ型，ロジスティック型，指数型の曲線が挙げられる．(106) 式における $\boldsymbol{\theta}$ は成長曲線を特徴づける母数を要素とするベクトルであり，その推定に興味がある．ここでは，下記のような指数型の非線形関数を考える．

$$f(t, \boldsymbol{\theta}) = \alpha - \beta\gamma^{t} \tag{107}$$

母数ベクトルは $\boldsymbol{\theta} = (\alpha, \beta, \gamma)'$ であり，これらの母数の推定値を知ることで対象の成長過程を理解することが可能となる．非線形成長曲線モデルによる分析の観点としては，「始点」「成長速度」「飽和点」の 3 つがあり，「始点」は対象において成長のはじまる点を，「成長速度」は成長していく際の速さを，「飽和点」は成長における限界となる点をそれぞれ意味している．

(107) 式は，$0 < \beta$, $0 < \gamma < 1$ であるとき下に凹な単調増加関数となり，そのとき $\alpha - \beta$ が「始点」，$\gamma$ が「成長速度」，$\alpha$ が成長の「飽和点」を表す．また，$\gamma$ は値が小さいほど成長速度が速いことを示す母数である．図 5.30 左図は $\alpha = 4, \beta = 3$，右図は $\alpha = 3.5, \beta = 3$ であり，各図中において，上から $\gamma = 0.3, 0.6, 0.9$ としたときの 3 本の成長曲線を示している．非線形成長曲線モデルの詳細については豊田 (2000, 第 11 章) などを参照のこと．

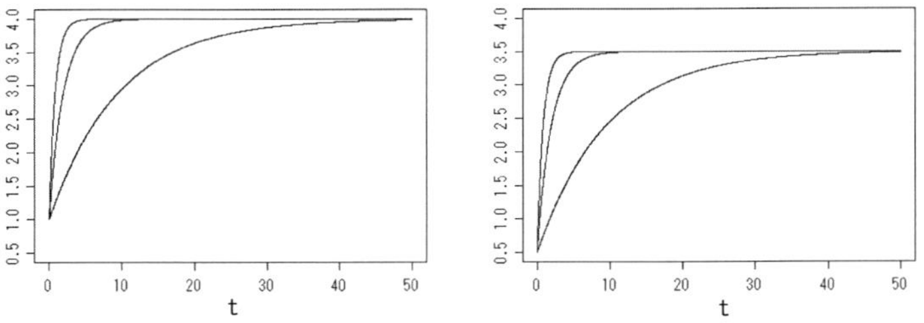

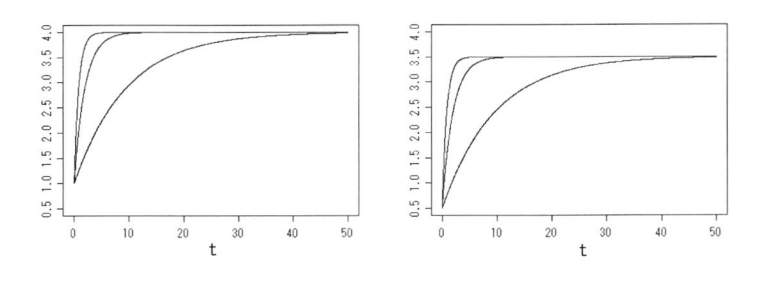

図 **5.30**　モデル母数の解釈

Bugs のコードを記述する際には，(106),(107) 式を以下のような形式で指定する．

```
Y[i] ~ dnorm(mu[i], tau)
mu[i] <- alpha - beta * pow(gamma,t[i])
```

上のコードは，成長を示す特性値である確率変数 $Y$ が平均 $\mu$，分散 $\sigma_e^2$ の正規分布に従い，平均 $\mu$ が (107) 式のように構造化されていることを意味している．なお，tau は分散の逆数（$1/\sigma_e^2$）を表している．また，[i] の付いている変数は観測対象ごとに値が特定されるものである．

本例で扱うモデルでは，$\alpha, \beta, \gamma$ および，誤差分散の逆数 $1/\sigma_e^2$ に関して以下のような事前分布を用いた．

$$\alpha \sim N(0, 10^6), \quad \beta \sim N(0, 10^6)$$
$$\gamma \sim U(0, 1.0), \quad 1/\sigma_e^2 \sim G(10^{-3}, 10^{-3})$$

$\alpha, \beta, 1/\sigma_e^2$ に関しては無情報事前分布を採用し，$\gamma$ に関しては，とりうる値の範囲を考慮して $[0,1]$ の一様分布を採用した．

### MCMCによる分析

ここでは，文部科学省によって毎年公表されている「学校保健統計調査報告*1)」の中から一部を利用する．分析対象とするのは東京都の過去50年間における11歳女子の平均身長のデータである．標本数は全部で50であり，測定値は表5.57のようになっている．このデータを用いて，2006年までの50年の経過で東京都における11歳女子の平均身長がどのように変化したかを非線形成長曲線モデルによって分析する．

**表 5.57** 東京都11歳女子50年間の平均身長推移データ

| 標本 | 1 | 2 | 3 | ··· | 48 | 49 | 50 |
|---|---|---|---|---|---|---|---|
| 経過年数 (t) | 1 | 2 | 3 | ··· | 48 | 49 | 50 |
| 平均身長 (y) | 138.7 | 139.2 | 140 | ··· | 147.5 | 147.3 | 147.3 |

マルコフ連鎖から10万回のサンプリングを行い，はじめの5万回をバーンインとしてその後の5万標本を母数の推定に利用した．図5.31に各母数に関する初期値からのサンプリングの様子を示した．また，Gewekeの指標が全ての母数に関して ±1.96 の範囲に収まっていることから，マルコフ連鎖が定常分布へと収束していることが示唆された．

**表 5.58** 事後統計量

| | 平均 | 標準偏差 | 中央値 | 95% 信用区間 | Geweke 指標 |
|---|---|---|---|---|---|
| $\alpha$ | 148.300 | 0.288 | 148.300 | [147.800, 148.900] | -0.858 |
| $\beta$ | 9.749 | 0.239 | 9.742 | [9.281, 10.230] | -0.922 |
| $\gamma$ | 0.951 | 0.004 | 0.951 | [0.943, 0.959] | -0.763 |
| $\sigma_e^2$ | 0.160 | 0.034 | 0.155 | [0.106, 0.239] | -1.531 |

表5.58の推定結果を検討すると，事後標準偏差は小さく推定値は比較的安定していることが認められる．始点である $\hat{\alpha} - \hat{\beta} = 138.55$ であることから，50年ほど前には約138.5cmであった11歳女子の平均身長が，現在では9cm

*1) http://www.mext.go.jp/b_menu/toukei/001/index03.html

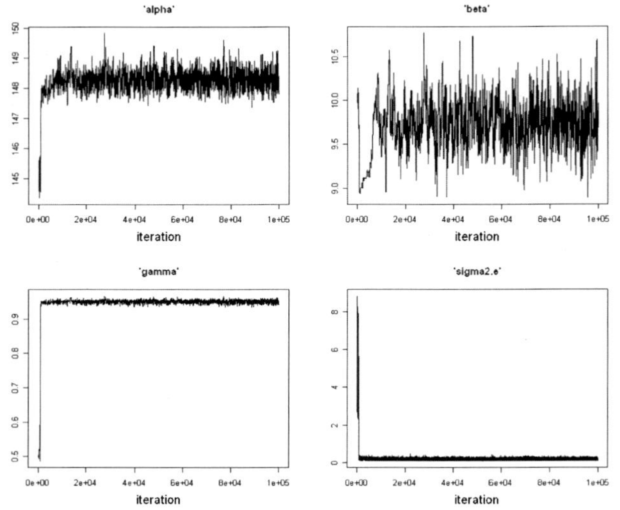


図 **5.31**　各母数のトレース

も高くなったことがわかる．また，飽和点 $\hat{\alpha} = 148.3$ であるので，この先も148.3cm くらいまでは平均身長の成長が続くと予想される．さらに，成長速度 $\hat{\gamma} = 0.951$ から，50 年間での 11 歳女子の平均身長の成長は緩やかであることが示唆される．

図 5.32 には推定された成長曲線と実測値のプロットを示した．$\hat{\sigma_e^2} = 0.160$ であり，実測値を比較的精度よく予測する曲線が描かれている．

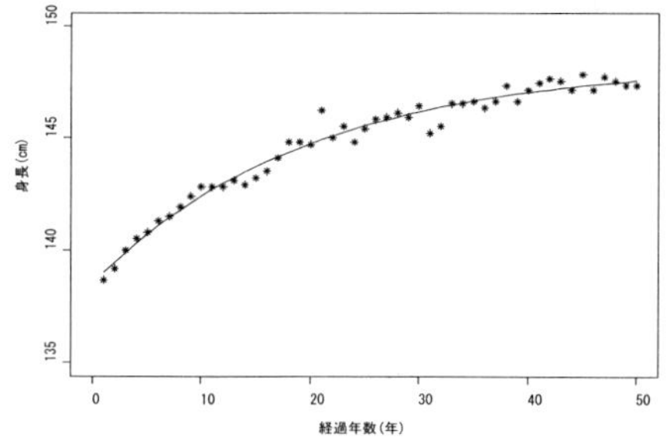


図 **5.32**　実測値と推定された成長曲線

## 5.30 因子分析

物理学をはじめとした自然科学では，何らかの現象を解明する目的で実験や観察，調査が行われる．その際，正確な測定を行うために実験機器など，いろいろな装置を利用することが多い．しかし，どの場合も共通していえることは，その対象が観測可能であるということである．

一方，心理学でも実験や調査は行われる．しかし，心理学が対象とするものの中には，直接その対象を測定することが不可能である場合がある．例えば，知能や能力，あるいは社交性などの性格といった構成概念などである．このような場合，複数の観測可能な変数を用いて，その背後に潜在変数を仮定することで，当該現象を説明するモデルを構築するというアプローチがとられる．このように，ある1つの現象を複数の観測項目に基づき，現象の本質を構成する潜在因子を仮定してモデル化する分析手法を因子分析という．

この因子分析には大きく分けて，確認的因子分析と探索的因子分析がある．前者の確認的因子分析は，特定の因子から特定の観測変数への影響を仮定した上で，その仮説の正しさを検証する目的で実施される分析である．それゆえに検証的因子分析と呼ばれることもある．それに対して後者の探索的因子分析ではそのような仮説をおかず，因子数や因子の意味がまったくの未知である場合に実施される．そしてそのような状況の下で，全ての因子が全ての観測変数に影響を及ぼすという仮定をおき，得られた複数の観測変数を説明するのに最適な因子数の決定をする．さらに特定の因子と結びつきの強い観測変数を選別することで，モデルの単純構造を発見することを目的として分析がなされる．

本節ではSEMの枠組みから因子分析を説明する．そのためここでは，因子分析のうち，特に確認的因子分析について述べる．なお，理論における詳細は豊田 (2000) の2.2節を参照されたい．

### モデル

$i = 1, \ldots, I$ および $j = 1, \ldots, J$ において，個体 $i$ から $J$ 個の観測変数が得られたとする．このとき，結果 $y_{ij}$ は

$$y_{ij} = \alpha_j + \boldsymbol{\lambda}'_j \boldsymbol{f}_i + e_{ij} \tag{108}$$

というモデルで表現できる．ここで，$\alpha_j$ は切片，$\boldsymbol{\lambda}'_j$ は因子負荷量の横ベクトル，$\boldsymbol{f}_i$ は共通因子ベクトル，$e_{ij}$ は独自因子である．

通常因子分析では，共通因子と独自因子の平均は 0 と仮定する．したがって，(108) 式の両辺の期待値をとると，右辺は切片項のみとなる．これはつまり，切片は各観測変数が因子からの影響を受ける前の平均的な値であることを意味する．

一方，因子負荷量は共通因子が観測変数に与える影響の強さを表しており，絶対値が大きいほどその因子の影響が強く観測値に反映するということを意味している．また独自因子は，通常の意味での誤差と共通因子では説明しきれなかった各観測変数に固有の変動を表す特殊因子との和である．

各母数の事前分布は，例えば以下のように設定する．

$$1/\sigma_e^2 \sim G(10^{-3}, 10^{-3}), \quad \alpha_j \sim N(0, 10^3)$$
$$\boldsymbol{f}_i \sim MN(\boldsymbol{0}, \boldsymbol{\Phi}), \quad \boldsymbol{\Phi}^{-1} \sim W(8\boldsymbol{I}, 30)$$
$$\lambda_{jk} \sim N(0, \sigma_{\lambda_{jk}}^2), \quad 1/\sigma_{\lambda_{jk}}^2 \sim G(10^{-3}, 10^{-3})$$

ここで，$\sigma_e^2$ は独自因子の分散であり，$\boldsymbol{\Phi}$ は共通因子の分散共分散行列である．また，$\lambda_{jk}$ は $k$ 番目の共通因子から $j$ 番目の観測変数への因子負荷量であり，正規分布 $N(0, \sigma_{\lambda_{jk}}^2)$ に従っていると考える．

(108) 式の因子分析モデルを Bugs で表現する場合のコードは例えば以下のようになる．

```
y[i,j] ~ dnorm(mu[i,j], tau.e[i])
mu[i,j] <- alpha[j] + lam[1]*f[i,1] + lam[2]*f[i,2] +・・・
```

ここで i は個体の番号を，j は観測変数の番号を表している．

上記の式からわかるように，観測変数 y[i,j] が平均 mu[i,j]，分散 tau.e[i] の正規分布に従っており，その中の平均 mu[i,j] が alpha[j]+lam[1]*f[i,1]+lam[2]*f[i,2]+・・・で表現されている．1 因子のモデルの場合は，alpha[j]+lam[1]*f[i] のように記述すればよい．

なお，tau.e は分散の逆数 $1/\sigma_e^2$ であることに注意する必要がある．また通常の因子分析と同様に潜在因子の分散を 1，あるいは因子ごとに因子負荷量の 1 つを 1 に固定して識別条件を満たしておくことも重要である．

### MCMCによる分析

ここでは 2002 年に，信州大学の教育学部で実施された恋愛意識調査の結果の一部を使用する．この質問紙は全部で 69 項目で構成されており，「一途度」，「自尊感情」，「社交性」，「自己装飾性」，「道徳性」，「独占欲」，「楽観性」の 7 つの構成概念を測定する目的で作成された．本例では，この中で社交性と道徳性に注目し，それらに関係する測定項目を 4 つずつ選択して，平均構造を導入した 2 因子の確認的因子分析を行う．

社交性は「人見知りをする」，「人と話すのが苦手だ」，「初対面の人に自分から話しかけることができる」，「初めて会った人とうちとけるまでに時間がかかる」の 4 項目で，道徳性は「約束を守れないことがある」，「借りた物を期限内に返す」，「人の秘密をばらしてしまうことがある」，「待ち合わせの時間を守る」の 4 項目で構成されている．本調査の評定尺度は「1」を当てはまらない，「5」を当てはまるとした 5 件法であり，293 名の学部 2 年生を対象に実施された．得られたデータの一部を表 5.59 に示す．

**表 5.59** 調査データの素点

| | 道徳性 | | | | 社交性 | | | |
|---|---|---|---|---|---|---|---|---|
| | 項目 1 | 項目 2 | 項目 3 | 項目 4 | 項目 1 | 項目 2 | 項目 3 | 項目 4 |
| 1 | 2 | 4 | 2 | 1 | 2 | 3 | 4 | 1 |
| ⋮ | ⋮ | ⋮ | ⋮ | ⋮ | ⋮ | ⋮ | ⋮ | ⋮ |
| 293 | 2 | 2 | 3 | 3 | 1 | 2 | 3 | 2 |

識別条件を満たすため，分析では $\lambda_1$ と $\lambda_5$ を 1 に固定した．サンプリングは 50000 回行い，前半の 10000 回を破棄して，後半の 40000 標本で母数の推定を行った．その推定の結果を表 5.60 に示す．表 5.60 において，すべての母数の Geweke の指標が ±1.96 の範囲内に収まっており収束していることが示唆される．

因子負荷量の推定値を見ると，社交性に関しては全て同符号（正の値）になっており，全項目において社交性の特性が高い人ほど尺度得点も高くなることがわかる．また，標準偏差の値も小さく結果も安定している．しかし道徳性に関しては，項目 3 と項目 4 において値が負となっており，これらの項目に関しては道徳性の特性が高い人ほど尺度得点が低くなるという結果となった．これは，この 2 つの項目が虚偽尺度として機能したからではないかと考えられるが，断定はできない．いま一度，項目を吟味しなおす必要がある．

一方，独自性の分散の部分である $\sigma_e^2$ に注目すると，それほど高い値とはなっておらず，各 4 項目における 1 因子性が示唆されている．また，因子間の分散と共分散から因子間相関を計算すると $-0.006$ となり道徳性と社交性の間はほぼ無相関であると考えられる．

**表 5.60** 事後統計量

| | 平均 | 標準偏差 | 中央値 | 95% 信用区間 | Geweke 指標 |
|---|---|---|---|---|---|
| $\alpha_1$ | 3.386 | 0.071 | 3.386 | [3.246, 3.525] | 0.890 |
| $\alpha_2$ | 3.441 | 0.075 | 3.441 | [3.292, 3.588] | 0.514 |
| $\alpha_3$ | 2.627 | 0.070 | 2.628 | [2.488, 2.763] | -0.971 |
| $\alpha_4$ | 2.270 | 0.072 | 2.270 | [2.129, 2.411] | -0.295 |
| $\alpha_5$ | 2.434 | 0.073 | 2.434 | [2.292, 2.577] | -0.291 |
| $\alpha_6$ | 3.137 | 0.071 | 3.137 | [3.001, 3.277] | -0.499 |
| $\alpha_7$ | 3.056 | 0.077 | 3.056 | [2.906, 3.207] | -0.389 |
| $\alpha_8$ | 2.605 | 0.071 | 2.605 | [2.467, 2.744] | -0.346 |
| $\lambda_1$ | 1 | — | — | — | — |
| $\lambda_2$ | 1.334 | 0.176 | 1.326 | [1.013, 1.705] | -0.773 |
| $\lambda_3$ | -0.603 | 0.129 | -0.600 | [-0.866, -0.358] | 0.564 |
| $\lambda_4$ | -1.341 | 0.174 | -1.334 | [-1.704, -1.026] | 0.227 |
| $\lambda_5$ | 1 | — | — | — | — |
| $\lambda_6$ | 0.957 | 0.087 | 0.954 | [0.795, 1.138] | -0.525 |
| $\lambda_7$ | 1.056 | 0.097 | 1.052 | [0.877, 1.259] | 0.808 |
| $\lambda_8$ | 1.063 | 0.092 | 1.058 | [0.895, 1.257] | 0.409 |
| $\sigma_{e_1}^2$ | 1.036 | 0.108 | 1.032 | [0.835, 1.259] | -0.777 |
| $\sigma_{e_2}^2$ | 0.904 | 0.120 | 0.901 | [0.676, 1.150] | 1.082 |
| $\sigma_{e_3}^2$ | 1.291 | 0.114 | 1.285 | [1.085, 1.532] | 0.844 |
| $\sigma_{e_4}^2$ | 0.756 | 0.113 | 0.753 | [0.543, 0.983] | -0.437 |
| $\sigma_{e_5}^2$ | 0.751 | 0.084 | 0.748 | [0.597, 0.927] | 0.239 |
| $\sigma_{e_6}^2$ | 0.734 | 0.078 | 0.730 | [0.592, 0.898] | 1.447 |
| $\sigma_{e_7}^2$ | 0.812 | 0.088 | 0.808 | [0.650, 0.997] | -1.303 |
| $\sigma_{e_8}^2$ | 0.556 | 0.071 | 0.553 | [0.426, 0.702] | -1.408 |
| $\sigma_{f_{11}}^2$ | 0.437 | 0.085 | 0.429 | [0.292, 0.625] | 0.543 |
| $\sigma_{f_{12}}^2$ | -0.004 | 0.043 | -0.004 | [-0.088, 0.081] | 0.092 |
| $\sigma_{f_{22}}^2$ | 0.789 | 0.115 | 0.782 | [0.580, 1.033] | -0.435 |

## 5.31 多母集団分析

脳の構造上の違いから,「口喧嘩では，男性より女性の方が強い」,「男性の方が女性よりも空間認識に長けている」といったことがいわれる．実際は，口喧嘩の強い男性や，地図の読み取りが得意な女性もいるだろうが，私たちはときとして，個人差ではなく，性別間で，性質や考え方に差があると考える．

例えば，5.30 節では，大学生を対象とした恋愛意識調査データの確認的因子分析の例を示した．この分析において標本は，大学生という単一母集団から抽出されたものと仮定され，性別の情報は考慮されなかった．しかし，先ほどの意見を思い出すならば，男女により回答傾向が異なるという可能性も否定できず，男女による違いも検証してみたいものである．

男女差を検討する際，このような単一の母集団を仮定した分析では，集団による差を見出すことはできなかった．だからといって，集団ごとにそれぞれ分析し，母数の値を別々に推定したのでは，集団間の比較基準がなくなってしまい，男女の比較は行えない．そこで，これらの問題を解決する分析手法が多母集団分析である．多母集団分析は，ある程度比較の枠組みを共通させた上で，議論の的となる研究仮説の部分のみを対比させ，母集団間の特徴の違いを比較することが可能となる．

本節では，因子分析モデルを多母集団で分析し，男女の 2 母集団間の違いを検討する．確認的因子分析で扱った 293 名のデータのうち，性別のわかっている 291 名（男性：121 名，女性：170 名）を分析の対象とする．5.30 節の因子分析と同様に，因子は「道徳性」と「社交性」の 2 つとし，それらを測定する観測変数がそれぞれ 4 つである確認的因子分析モデルを想定し，多母集団分析を行う．

ちなみに,「道徳性」は「約束を守れないことがある」,「借りた物を期限内に返す」,「人の秘密をばらしてしまうことがある」,「待ち合わせの時間を守る」の 4 項目,「社交性」は「人見知りをする」,「人と話すのが苦手だ」,「初対面の人に自分から話しかけることができる」,「初めて会った人とうちとけるまでに時間がかかる」の 4 項目で構成されている．調査の評定尺度は「1」を当てはまらない,「5」を当てはまるとした 5 件法であった．

### モ デ ル

まず，分析の興味が，$G(g=1\cdots,G)$ 個の母集団から抽出された標本であるとする．そして，$g$ 番目の母集団から抽出された対象のモデル式は，5.30 節の表記にならって，

$$y_{ij}^{(g)}=\alpha_j^{(g)}+\boldsymbol{\lambda}_j'^{(g)}\boldsymbol{f}_i^{(g)}+e_{ij}^{(g)} \tag{109}$$

と表現する．確認的因子分析のモデル式との違いは，式中の全てのベクトルと行列の右肩に，添え字 $(g)$ を付している点だけである．添え字 $(g)$ は，$g$ 番目の母集団を意味している．本例では，男女の 2 母集団を想定するため $G=2$ であり，男性を第 1 群 $(g=1)$，女性を第 2 群 $(g=2)$ とする．

ここで，$y_{ij}^{(g)}$ は，$g$ 番目の母集団の個体 $i\,(i=1,\ldots,I^{(g)})$ から得られた $j\,(j=1,\ldots,J^{(g)})$ 番目の観測変数である．$\alpha_j^{(g)}$ は $g$ 番目の母集団の切片，$\boldsymbol{\lambda}_j'^{(g)}$ は $g$ 番目の母集団の因子負荷量の横ベクトル，$\boldsymbol{f}_i^{(g)}$ は $g$ 番目の母集団の共通因子ベクトル，$e_{ij}^{(g)}$ は $g$ 番目の母集団の独自因子である．男女の違いによる因子比較を行えるようにするため，第 1 群の因子 $f_1^{(1)}$ と $f_2^{(1)}$ の平均 $\alpha_{f1}^{(1)},\alpha_{f2}^{(1)}$ と分散 $\sigma_{f1}^{2(1)},\sigma_{f2}^{2(1)}$ に次のような制約をおく．

$$\alpha_{f1}^{(1)}=0,\quad \alpha_{f2}^{(1)}=0,\quad \sigma_{f1}^{2(1)}=1,\quad \sigma_{f2}^{2(1)}=1 \tag{110}$$

そして，第 2 群の因子平均 $\alpha_{f1}^{(2)},\alpha_{f2}^{(2)}$ と分散 $\sigma_{f1}^{2(2)},\sigma_{f2}^{2(2)}$ は自由母数とし，その値を推定することで，母集団間の因子比較が可能となる．さらに解釈しやすいように，第 1 群と第 2 群の因子負荷と切片は群間で等しいという制約を課すこととする．多母集団分析の詳細に関しては，豊田 (1998) の第 14 章を参照のこと．

Bugs では，以下のように，母集団ごとにそれぞれモデルを記述する．

```
##  第 1 群（男性）
mu1[i,1] <- alpha[1]+lam[1]*f1[i,1]
mu1[i,2] <- alpha[2]+lam[2]*f1[i,1]  ・・・
mu1[i,5] <- alpha[5]+lam[5]*f1[i,2]
mu1[i,6] <- alpha[6]+lam[6]*f1[i,2]  ・・・
##  第 2 群（女性）
mu2[i,1] <- alpha[1]+lam[1]*f2[i,1]
mu2[i,2] <- alpha[2]+lam[2]*f2[i,1]  ・・・
mu2[i,5] <- alpha[5]+lam[5]*f2[i,2]
mu2[i,6] <- alpha[6]+lam[6]*f2[i,2]  ・・・
```

ここで i は個体を，j は観測変数を表している．群間で等値の制約を課す母数以外は，群ごとにそれぞれの母数を指定する．mu1 で第1群の観測変数の平均を，mu2 で第2群の観測変数の平均を表している．また，第1群の $f_1^{(1)}, f_2^{(1)}$ は f1[i,1],f1[i,2]，第2群の $f_1^{(2)}, f_2^{(2)}$ は f2[i,1],f2[i,2] と表現している．一方，等値の制約を課す母数に関しては，両群ともに同じ引数（切片 alpha，因子負荷 lam）で指定することにより，等値を表現する．また，5.30 節と同様に，識別条件を満たすため，因子負荷量 lam[1],lam[5] = 1 とした．

事前分布に関しても，等値の制約を課さない母数に関しては，群ごとにそれぞれ指定する必要がある．例えば以下のように指定する．

$$1/\sigma_e^{2(1)},\ 1/\sigma_e^{2(2)} \sim G(10^{-3}, 10^{-3}),\quad \boldsymbol{f}_i^{(1)} \sim MN(\mathbf{0}, \boldsymbol{\Phi}^{(1)})$$
$$\boldsymbol{f}_i^{(2)} \sim MN(\boldsymbol{\Psi}, \boldsymbol{\Phi}^{(2)}),\quad \boldsymbol{\Psi} \sim N(0,1),\quad \boldsymbol{\Phi}^{(2)-1} \sim W(\boldsymbol{I}, 2)$$
$$\alpha_j \sim N(0, 10^3),\quad \lambda_{jk} \sim N(0, \sigma^2_{\lambda_{jk}}),\quad 1/\sigma^2_{\lambda_{jk}} \sim G(10^{-3}, 10^{-3})$$

ここで，$\sigma_e^{2(1)}, \sigma_e^{2(2)}$ は独自因子の分散であり，$\boldsymbol{f}_i^{(1)}$ と $\boldsymbol{f}_i^{(2)}$ は第1群と第2群の共通因子である．$\boldsymbol{\Phi}^{(1)}$ は第1群の分散共分散行列であり，対角要素（分散）を1に固定し，非対角要素（共分散）を一様分布 $U(-1,1)$ から発生させた．$\boldsymbol{\Psi}$ は第2群の共通因子の平均，$\boldsymbol{\Phi}^{(2)}$ は分散共分散行列である．また，$\lambda_{jk}$ は $k$ 番目の共通因子から $j$ 番目の観測変数への因子負荷量であり，正規分布 $N(0, \sigma^2_{\lambda_{jk}})$ に従っていると考える．

ただし，分散を1に固定した場合，因子負荷量の符号が反転することがある．その場合は例えば「非社交性」や「非道徳性」のように，因子の意味を逆転させて解釈すればよい．

### MCMCによる分析

MCMCの実行に際しては，マルコフ連鎖から 70000 回のサンプリングを行い，はじめの 20000 回をバーンイン期間として破棄し，残りの 50000 個の標本に基づき，事後統計量を算出した．その結果を表 5.61 に示す．ちなみに，Geweke の指標はほぼすべての母数において ±1.96 の範囲内に収まっていたため，収束していることが示唆された．

推定された第2群の因子平均を見てみると，因子1「道徳性」の平均 $\alpha_{f1}^{(2)}$ は $-0.101$ と，第1群の因子1の平均 $\alpha_{f1}^{(1)} = 0$ よりわずかに低かった．一方，因子 2「社交性」に関しては，$\alpha_{f2}^{(2)}$ が 0.077 であったので，第 1 群の平均よりわずかに高かった．しかし，第 1 群と第 2 群の差はわずかなため，男女によって「道徳性」と「社交性」の回答傾向に差があるとはいえないことがわかった．

因子の分散に関しては，$\sigma_{f11}^{2(2)} = 0.812$，$\sigma_{f22}^{2(2)} = 0.928$ であり，どちらの因子も第 2 群の方が第 1 群よりもわずかに小さかった．よって，男性よりも女性の方が，回答傾向の散らばりは少ないと判断できる．また，第 1 群の因子間相関 $\sigma_{f12}^{2(1)}$ は，$-0.070$ であった．$\sigma_{f12}^{2(1)}$ は，分散を 1 に固定しているため，$\sigma_{f12}^{2(2)}$ のように共分散ではなく相関係数である点に注意が必要である．推定値より「道徳性」と「社交性」は男女ともに無相関であると考えられる．

因子平均，分散・共分散のいずれの値も，第 1 群と第 2 群との差はわずかであることから，男女によって「道徳性」と「社交性」に大きな違いはないことが示唆された．

**表 5.61** 事後統計量

| | 平均 | 標準偏差 | 95%信用区間 | | 平均 | 標準偏差 | 95%信用区間 |
|---|---|---|---|---|---|---|---|
| $\alpha_{f1}^{(1)}$ | 0 | – | – | $\alpha_{f1}^{(2)}$ | -0.101 | 0.131 | [-0.359, 0.155] |
| $\alpha_{f2}^{(1)}$ | 0 | – | – | $\alpha_{f2}^{(2)}$ | 0.077 | 0.126 | [-0.172, 0.321] |
| $\sigma_{f11}^{2(1)}$ | 1 | – | – | $\sigma_{f11}^{2(2)}$ | 0.812 | 0.139 | [0.571, 1.113] |
| $\sigma_{f22}^{2(1)}$ | 1 | – | – | $\sigma_{f22}^{2(2)}$ | 0.928 | 0.146 | [0.673, 1.244] |
| $\sigma_{f12}^{2(1)}$ | -0.070 | 0.108 | [-0.280, 0.142] | $\sigma_{f12}^{2(2)}$ | -0.054 | 0.086 | [-0.227, 0.113] |
| $\alpha_1$ | 3.460 | 0.114 | [3.238, 3.685] | $\lambda_1$ | 1 | – | – |
| $\alpha_2$ | 3.504 | 0.110 | [3.288, 3.722] | $\lambda_2$ | 0.940 | 0.107 | [0.732, 1.151] |
| $\alpha_3$ | 2.573 | 0.082 | [2.410, 2.733] | $\lambda_3$ | -0.485 | 0.091 | [-0.666, -0.309] |
| $\alpha_4$ | 2.208 | 0.107 | [1.997, 2.415] | $\lambda_4$ | -0.956 | 0.103 | [-1.165, -0.757] |
| $\alpha_5$ | 2.390 | 0.107 | [2.185, 2.602] | $\lambda_5$ | 1 | – | – |
| $\alpha_6$ | 3.100 | 0.099 | [2.909, 3.299] | $\lambda_6$ | 0.884 | 0.071 | [0.749, 1.028] |
| $\alpha_7$ | 3.006 | 0.106 | [2.800, 3.218] | $\lambda_7$ | 0.969 | 0.076 | [0.824, 1.123] |
| $\alpha_8$ | 2.557 | 0.101 | [2.361, 2.761] | $\lambda_8$ | 0.967 | 0.070 | [0.834, 1.109] |
| $\sigma_{e1}^{(1)}$ | 1.070 | 0.192 | [0.736, 1.485] | $\sigma_{e1}^{(2)}$ | 0.742 | 0.129 | [0.505, 1.010] |
| $\sigma_{e2}^{(1)}$ | 1.092 | 0.181 | [0.774, 1.482] | $\sigma_{e2}^{(2)}$ | 0.932 | 0.149 | [0.667, 1.250] |
| $\sigma_{e3}^{(1)}$ | 1.527 | 0.210 | [1.170, 1.988] | $\sigma_{e3}^{(2)}$ | 1.099 | 0.131 | [0.867, 1.382] |
| $\sigma_{e4}^{(1)}$ | 0.734 | 0.150 | [0.468, 1.055] | $\sigma_{e4}^{(2)}$ | 0.904 | 0.146 | [0.642, 1.215] |
| $\sigma_{e5}^{(1)}$ | 0.695 | 0.124 | [0.483, 0.963] | $\sigma_{e5}^{(2)}$ | 0.732 | 0.107 | [0.544, 0.962] |
| $\sigma_{e6}^{(1)}$ | 0.927 | 0.143 | [0.680, 1.239] | $\sigma_{e6}^{(2)}$ | 0.604 | 0.087 | [0.450, 0.790] |
| $\sigma_{e7}^{(1)}$ | 0.789 | 0.130 | [0.562, 1.071] | $\sigma_{e7}^{(2)}$ | 0.860 | 0.118 | [0.651, 1.113] |
| $\sigma_{e8}^{(1)}$ | 0.540 | 0.102 | [0.362, 0.762] | $\sigma_{e8}^{(2)}$ | 0.601 | 0.093 | [0.435, 0.800] |

## 5.32 非線形 SEM

直接観測することのできない構成概念が観測変数に対して非線形な影響を与えるモデルは，さまざまな応用研究分野において考えられるものである．この節では，潜在変数の非線形の項を伴う SEM を用いて車の相場に影響する要因を調べてみよう．

表 5.62 は 1993 年に行われた新車に対する調査データ (Lock, 1993) の一部である．欠測値を含むオブザベーションを削除したため標本数は 82 台であった．このデータでは大型車やスポーツカーは除外されており一般乗用車のみが扱われている．$y_1$ は標準仕様の車の値段 ($1000) を，$y_2$ はプレミアム仕様の車の値段 ($1000) を示す観測変数であり，$y_3$ は最大馬力を，$y_4$ は燃料タンクの容量を示している．また $y_5$ は定員数，$y_6$ は積載量を表している．各観測変数の内容から，$y_1$ と $y_2$ はその車の相場を，$y_3$ と $y_4$ はエンジンの性能を，$y_5$ と $y_6$ は車の収容能力を代表する指標であると仮定される．

ここで車の相場に対しては，エンジンの性能や収容能力といった要因がそれぞれ影響していると考えられるが，その一方で，エンジンの性能と収容能力の間には交互作用の影響も見られるかもしれない．そのため以下では，相場を $\eta$，エンジン性能を $\xi_1$，収容能力を $\xi_2$ という潜在変数で表現し，エンジン性能 $\xi_1$ と収容能力 $\xi_2$ ならびにそれらの交互作用 $\xi_1\xi_2$ が相場 $\eta$ に与える影響を検討してみよう．ここでは，母数の収束を良好にするため各観測変数を標準化してから分析を行った．

表 5.62 1993 年の新車データ

| $y_1$ | $y_2$ | $y_3$ | $y_4$ | $y_5$ | $y_6$ |
|---|---|---|---|---|---|
| 12.9 | 18.8 | 140 | 13.2 | 5 | 11 |
| 29.2 | 38.7 | 200 | 18.0 | 5 | 15 |
| 25.9 | 32.3 | 172 | 16.9 | 5 | 14 |
| 30.8 | 44.6 | 172 | 21.1 | 6 | 17 |
| 23.7 | 36.2 | 208 | 21.1 | 4 | 13 |
| ⋮ | ⋮ | ⋮ | ⋮ | ⋮ | ⋮ |

### モ デ ル

4.1 節の表記を用いて測定方程式と構造方程式のモデルを表現すると，まず測定方程式は

$$\boldsymbol{y}_i = \boldsymbol{\mu} + \boldsymbol{\Lambda}\boldsymbol{\omega}_i + \boldsymbol{\epsilon}_i, \quad i = 1, \cdots, 82 \tag{111}$$

と定義される．観測変数ベクトルは $\boldsymbol{y} = (y_1, \cdots, y_6)'$，切片ベクトルは $\boldsymbol{\mu} = (\mu_1, \cdots, \mu_6)'$ であり，因子スコアベクトルは $\boldsymbol{\omega}_i = (\eta_i, \xi_{i1}, \xi_{i2})'$ である．因子負荷行列は各観測変数の内容を考慮することで

$$\boldsymbol{\Lambda}' = \begin{bmatrix} 1.0 & \lambda_{21} & 0 & 0 & 0 & 0 \\ 0 & 0 & 1.0 & \lambda_{42} & 0 & 0 \\ 0 & 0 & 0 & 0 & 1.0 & \lambda_{63} \end{bmatrix} \tag{112}$$

と設定する．行列内の 0 または 1.0 の要素はモデルを識別するために固定母数として扱う．誤差変数ベクトルは $\boldsymbol{\epsilon}_i = (\epsilon_1, \cdots, \epsilon_6)'$ であり，$N(\mathbf{0}, \boldsymbol{\Psi}_\epsilon)$ に従う．$\boldsymbol{\Psi}_\epsilon$ は観測変数の誤差分散 $\psi_{\epsilon j}$ $(j = 1, \cdots, 6)$ からなる対角行列である．$\boldsymbol{\epsilon}_i$ と $\boldsymbol{\omega}_i$ は独立である．

また，非線形構造方程式は以下のように定義される．

$$\eta_i = \gamma_1\xi_{i1} + \gamma_2\xi_{i2} + \gamma_3\xi_{i1}\xi_{i2} + \delta_i, \quad i = 1, \cdots, 82 \tag{113}$$

$\gamma_3$ が潜在変数 $\xi_{i1}$ と $\xi_{i2}$ の間の交互作用の大きさを表している．$\boldsymbol{\xi}_i$ と $\delta_i$ は独立であり，それぞれ $N(\mathbf{0}, \boldsymbol{\Phi})$，$N(0, \psi_\delta)$ に従う．ここで $\boldsymbol{\Phi}$ は $\boldsymbol{\xi}_i$ の因子間共分散行列を示している．非線形 SEM の詳細については，Lee (2007) の第 8 章を参照されたい．

それぞれの母数に無情報事前分布を考える場合，たとえば以下のようになる．

$$\boldsymbol{\mu} \sim N(\mathbf{0}, \boldsymbol{I}), \quad 1/\psi_{\epsilon j} \sim G(10^{-3}, 10^{-3}), \quad \boldsymbol{\Lambda}_j|\psi_{\epsilon j} \sim N(\mathbf{0}, \psi_{\epsilon j}\boldsymbol{I})$$
$$\boldsymbol{\Phi}^{-1} \sim W_2(\boldsymbol{I}, 2), \quad 1/\psi_\delta \sim G(10^{-3}, 10^{-3}), \quad \boldsymbol{\Gamma}|\psi_\delta \sim N(\mathbf{0}, \psi_\delta\boldsymbol{I})$$

では，上記で定義したモデルを Bugs で表現してみよう．モデルの設定にあたっては測定方程式と構造方程式を次のように再公式化する．測定方程式に関しては，$y_{ij}$ は $N(\mu_{ij}, \psi_{\epsilon ij})$ に従うものとし，

$$\mu_{i1} = \alpha_1 + \eta_i, \quad \mu_{i2} = \alpha_2 + \lambda_{21}\eta_i,$$
$$\mu_{i3} = \alpha_3 + \xi_{i1}, \quad \mu_{i4} = \alpha_4 + \lambda_{42}\xi_{i1},$$
$$\mu_{i5} = \alpha_5 + \xi_{i2}, \quad \mu_{i6} = \alpha_6 + \lambda_{63}\xi_{i2}$$

と表現し直す．各潜在変数から観測変数への因子負荷はひとつ1.0に固定する．

構造方程式に関しては，$\xi_{i1}$ と $\xi_{i2}$ が所与のときの $\eta_i$ の条件付分布を $N(\nu_i, \psi_\delta)$ とし，

$$\nu_i = \gamma_1\xi_{i1} + \gamma_2\xi_{i2} + \gamma_3\xi_{i1}\xi_{i2}$$

と表現する．これによりBugsのコードは次のように指定される．

```
#測定方程式
for(j in 1:6){y[i,j]~dnorm(mu[i,j],psi[j])}
mu[i,1]<- alpha[1]+eta[i]
mu[i,2]<- alpha[2]+lam[1]*eta[i]
mu[i,3]<- alpha[3]+xi[i,1]
mu[i,4]<- alpha[4]+lam[2]*xi[i,1]
mu[i,5]<- alpha[5]+xi[i,2]
mu[i,6]<- alpha[6]+lam[3]*xi[i,2]
#構造方程式
xi[i,1:2] ~ dmnorm(u0[1:2],ph[1:2,1:2])
eta[i] ~ dnorm(nu[i], psd)
nu[i]<-gam[1]*xi[i,1]+gam[2]*xi[i,2]+gam[3]*xi[i,1]*xi[i,2]
```

ここで psi[j] は $1/\psi_{\epsilon j}$ を，ph[1:2,1:2] は $\mathbf{\Phi}^{-1}$ を，psd は $1/\psi_\delta$ を表している．u0=[1:2] は固定母数として扱い，その要素は0とする．

**MCMCによる分析**

MCMCの実行ではアルゴリズムの更新を80000回行い，バーンイン期間を5000回として75000個のMCMC標本を発生させた．推定結果は表5.63の通りである．Geweke指標を確認すると，すべての母数でZ値は ±1.96 以内であることから母数の収束は示唆されたと考えられる．

因子負荷の推定値を見ると，$\hat{\lambda}_{21}$, $\hat{\lambda}_{42}$, $\hat{\lambda}_{63}$ の値はすべて1に近い値であった．よって，各潜在変数とその観測変数の間の関連は強いといえる．$\xi_1$ と $\xi_2$ の相関の推定値は $\hat{\phi}_{12} = 0.392$ であり正の相関が見られた．このことから，収容能

力のある大きな車はエンジンの性能が良い傾向にあることが見てとれる．

**表 5.63** 事後統計量

| | 平均 | 標準偏差 | 中央値 | 95%信用区間 | Geweke 指標 |
|---|---|---|---|---|---|
| $\alpha_1$ | -0.148 | 0.112 | -0.151 | [-0.376, 0.080] | 0.542 |
| $\alpha_2$ | -0.134 | 0.111 | -0.136 | [-0.355, 0.087] | 0.544 |
| $\alpha_3$ | -0.005 | 0.106 | -0.004 | [-0.217, 0.204] | 0.497 |
| $\alpha_4$ | -0.004 | 0.105 | -0.004 | [-0.213, 0.201] | 0.504 |
| $\alpha_5$ | -0.013 | 0.111 | -0.013 | [-0.230, 0.207] | 0.274 |
| $\alpha_6$ | -0.012 | 0.109 | -0.012 | [-0.226, 0.203] | 0.036 |
| $\lambda_{21}$ | 0.907 | 0.049 | 0.907 | [0.811, 1.005] | 0.099 |
| $\lambda_{42}$ | 0.914 | 0.087 | 0.913 | [0.748, 1.092] | 0.141 |
| $\lambda_{63}$ | 1.000 | 0.170 | 0.993 | [0.688, 1.355] | -0.900 |
| $\gamma_1$ | 0.888 | 0.124 | 0.887 | [0.645, 1.135] | 0.905 |
| $\gamma_2$ | 0.147 | 0.171 | 0.139 | [-0.171, 0.510] | -0.741 |
| $\gamma_3$ | 0.379 | 0.124 | 0.379 | [0.137, 0.625] | -0.852 |
| $\psi_{\epsilon 1}$ | 0.010 | 0.012 | 0.006 | [0.001, 0.046] | -0.418 |
| $\psi_{\epsilon 2}$ | 0.179 | 0.031 | 0.176 | [0.126, 0.249] | 0.042 |
| $\psi_{\epsilon 3}$ | 0.174 | 0.061 | 0.173 | [0.051, 0.300] | 0.061 |
| $\psi_{\epsilon 4}$ | 0.285 | 0.063 | 0.279 | [0.179, 0.425] | 0.263 |
| $\psi_{\epsilon 5}$ | 0.472 | 0.141 | 0.460 | [0.226, 0.784] | -1.173 |
| $\psi_{\epsilon 6}$ | 0.445 | 0.133 | 0.431 | [0.225, 0.744] | -0.301 |
| $\psi_{\delta}$ | 0.161 | 0.062 | 0.154 | [0.065, 0.301] | 0.322 |
| $\phi_{11}$ | 0.881 | 0.168 | 0.866 | [0.598, 1.255] | -0.711 |
| $\phi_{12}$ | 0.392 | 0.115 | 0.383 | [0.193, 0.643] | -0.335 |
| $\phi_{22}$ | 0.588 | 0.168 | 0.571 | [0.313, 0.964] | 1.388 |

係数の推定値に関しては，95%信用区間から $\hat{\gamma}_1$ と $\hat{\gamma}_3$ は有意であるが，$\hat{\gamma}_2$ は区間が 0 を含んでおり有意でないことが示唆される．よって，エンジン性能が良い車ほど相場は高いが，収容能力の高さは相場に影響しにくいと考えられる．また，非線形な影響を示す $\hat{\gamma}_3$ の値は 0.379 であり正の交互作用が見られた．これは，エンジン性能の良さと収容能力の高さの両方を備えた車は，その相乗効果によって相場がより一層高くなることを示していると解釈される．

# 6

# BRugs 入　門

## 6.1　BUGS と BRugs

BUGS は任意の統計モデルの母数に対して，MCMC によるベイズ推定を行うソフトウェアである．利用される MCMC アルゴリズムには adaptive rejection sampling (Gilks, 1992), slice sampling (Neal,1997) といった，第 1 章で論じられていない汎用的な手法も含まれており，解析的導出が極めて困難な事後分布から，統計モデルとデータ，そして母数に対する事前分布を指定するだけで，MCMC 標本を (そしてその要約統計量を) 容易に得ることができる．

BUGS には様々な亜種が存在しており，例えば Windows 環境に対応した WinBUGS (Spigelhalter et al, 2000) や，そのオープンソース版で Windows, Linux 環境に対応した OpenBUGS が存在する．特にオープンソースという公表形態をとる OpenBUGS は，バグの修正や新機能追加の可能性という点で優れている．また，これらの BUGS を統計解析環境 R 上で扱うためのパッケージとして，WinBUGS 用には R2WinBugs (Sturtz, 2004) が存在する．

R に用意されているパッケージ BRugs (Thomas et al, 2006) は，OpenBUGS の R におけるインターフェース (Windows のみに対応) である*1)．

BRugs は収束判定を行うための R のパッケージ coda との親和性が高く，抽出された MCMC 標本を coda に受け渡すための関数を多数備えている．BRugs と coda に実装されている関数を利用することで，MCMC 標本の抽出と連鎖の収束判定を一元的に行える．

---

*1)　OpenBUGS は Web サイト (http://www.openbugs.net/w/FrontPage) において配布されている最新版を入手し，あらかじめインストールしておく必要がある．

パッケージ BRugs*2)に含まれる関数群を利用するためには，統計モデルを表現するプログラムやデータ，初期値に関する情報を 3 つの外部ファイルとして用意しておかなくてはならない．これら 3 つのファイルは，`model`, `data`, `inits` である．本章では，`model`, `data`, `inits` の作成法についてその基礎を述べるとともに，BRugs における主要な関数の用法を，具体例を参照しながら説明する．

なお，第 5 章を中心として，本書で紹介された BRugs による分析例に関しては，分析に用いた `model`, `data`, `inits` ファイルと，モデル実行のための BRugs 関数によるコードが Web にて公開されている．

## 6.2 "model"

`model` ファイルには統計モデルに関するプログラムを記述する．ここでは単回帰分析モデルと，確認的因子分析モデルを取り上げ，`model` ファイルの記述法について述べる．

### 6.2.1 単回帰モデル

単回帰モデルを

$$y = \alpha_1 + \alpha_2 x + e \tag{6.2.1}$$

とする場合，母数に関する無情報事前分布は例えば以下のように指定する．

$$\alpha_1, \alpha_2 \sim N(0, 10^6)$$
$$\phi \sim G(10^{-6}, 10^{-6})$$

ここで $\phi$ は誤差分散の逆数 $\sigma^{-2}$ を示している．

上記のモデルに対する Bugs のコードは以下となる．

*2) 本章において紹介される分析例は，R 3.1.0, OpenBUGS 3.2.3, BRugs 0.8-3 のバージョン下で実行されたものである．

```
#regmodel.txt の内容
#y[i](基準変数)
#x[i](説明変数)
model{
 for(i in 1:N){
   y[i]~dnorm(mu[i],phi)
   mu[i]<-alpha[1]+alpha[2]*x[i]
   }
 for(j in 1:K){
   #切片と係数の事前分布
   #分散は逆数で指定(BRugs の仕様)
   alpha[j]~dnorm(0,1.0E-6)
   }
   #誤差分散(の逆数)の事前分布
   phi~dgamma(1.0E-6,1.0E-6)
   #誤差分散の定義
   sigma2<-1/phi
}#model 終了
```

このプログラムを元に，基本的なコードの記述法を説明する．まずRに読み込ませる model ファイルには，model{ }と表記したその括弧内にコードが書かれている必要がある．

また for(i in 1:N){ } は，(i in 1:N) の範囲で { } 内のプログラムを繰り返すことを意味している．例えば回帰分析では被験者 $i$ の独立変数の実現値 x[i] が与えられた下での，従属変数 $y$ の条件付き分布の平均 mu[i] を通る回帰直線を求めるのだから，mu[i] は人数分存在することになる．

したがって for(i in 1:N){} という for 文において，mu[i] は $N$ 個定義される．また2つの回帰母数のための事前分布も for 文を利用して表現されている．誤差分散はモデル中に1つのみ定義されるので，for 文には含まれないことになる．

alpha[j]~dnorm(0,1.0E-6) という表記は，母数 alpha[j] の事前分布が

平均 0, 分散 $10^6$ の正規分布であることを意味している. 後述するように, BRugs にはさまざまな事前分布が用意されており, 超母数の設定を工夫することで, 母数に対する事前情報の多少を表現できる. その他, BRugs コードに特有の関数を後述しておく.

BRugs コードは S (R) 言語の記法に準ずる部分が多い. より複雑なモデルの表現のためには, 基礎的な S (R) 言語の知識が必須である. また本書における分析で用いられた BRugs コードを参照することで, 主要な統計モデルの記法を確認することができる.

上述したコードはテキストエディタを利用して作成し, 適当な拡張子でワーキングディレクトリに保存しておく.

### 6.2.2 確認的因子分析モデル (SEM)

次に 1 因子の確認的因子分析の例を挙げる. モデル式は以下である.

$$y_j = \alpha_j + \beta_j f + e_j, \quad j = 1, \cdots, T \tag{6.2.2}$$

ここで $T$ は観測変数の総数とする. 1 因子 4 変数の因子分析モデルの母数に対する無情報事前分布として, 例えば以下のようなものを用意する. ただし観測変数の区別は表現していない.

$$\alpha \sim N(0, 10^6) \quad \text{(切片)}$$
$$\beta \sim N(0, \phi) \quad \text{(因子負荷量)}$$
$$\phi \sim G(10^{-6}, 10^{-6}) \quad \text{(独自性)}$$

ここで $\phi$ は誤差分散の逆数 $\sigma^{-2}$ を示している. また因子の事前分布として次を仮定する.

$$f \sim N(0, 1)$$

以上のモデルを Bugs コードで表現すると以下のようになる.

```
#factmodel.txtの内容
#4変数1因子モデル
model{
  for(i in 1:N){
    for(j in 1:T){
      y[i,j]~dnorm(mu[i,j],phi[j])
    }
    #測定方程式
    mu[i,1]<-alpha[1]+beta[1]*f[i]
    mu[i,2]<-alpha[2]+beta[2]*f[i]
    mu[i,3]<-alpha[3]+beta[3]*f[i]
    mu[i,4]<-alpha[4]+beta[4]*f[i]
    #因子には標準正規分布を仮定
    f[i]~dnorm(0,1)
  }
    #切片の事前分布
 for(j in 1:4){alpha[j]~dnorm(0,1.0E-6)}
    #因子負荷量の事前分布
    beta[1]~dnorm(0,phi[1])
    beta[2]~dnorm(0,phi[2])
    beta[3]~dnorm(0,phi[3])
    beta[4]~dnorm(0,phi[4])
 for(j in 1:T){
    #独自性の事前分布
    phi[j]~dgamma(1.0E-6,1.0E-6)
    sigma[j]<-1/phi[j]
 }
}#model終了
```

測定方程式は，従属変数 y[i,j] の条件付き分布 (因子スコア f[i] を所与とする) の平均 mu[i,j] を個人ごとに定義することで表現される．したがって測定方程式は個人レベルでの反復を示す for(i in 1:N) 内に含まれる．

また因子にはモデルの仮定として，標準正規分布が事前分布として指定されている．

切片には平均が 0，分散が $10^6$ の拡散正規分布を仮定し，因子負荷量には平均 0，分散が当該変数の誤差分散に等しい正規分布が仮定されている．また各変数の誤差分散には拡散ガンマ分布が仮定されている．

作成した `model` のプログラムは適当な拡張子でワーキングディレクトリに保存しておく．

### 6.2.3 利用できる事前分布

`BRugs` には事前分布に関する下記の関数が用意されている．記載されていない事前分布についても，独自に作成することが可能である．また分布の母数が逆数で定義される事前分布 (例えば正規分布の分散など) があるので注意が必要である．詳細についてはマニュアルを参照されたい．

離散型分布
- ベルヌーイ分布　: `r~dbern (p)`
- 2 項分布　: `r~dbin(p, n)`
- カテゴリカル　: `r~dcat(p[])` → 変数が質的である場合，名義的反応をわざわざ 0,1 にコーディングしなおして多項分布を利用しなくてもよくなる．
- 負の 2 項分布　:`x~dnegbin(p, r)`
- ポワソン分布　: `r~dpois(lambda)`

連続型分布
- ベータ分布　: `p~dbeta(a, b)`
- カイ 2 乗分布　: `x~dchisqr(k)`
- 2 重指数分布　: `x~ddexp(mu, tau)`
- 指数分布　: `x~dexp(lambda)`
- ガンマ分布　: `x~dgamma(r, mu)`
- 一般化ガンマ分布　: `x~gen.gamma(r, mu, beta)`
- 対数正規分布　: `x~dlnorm(mu, tau)`
- ロジスティック分布　: `x~dlogis(mu, tau)`
- 正規分布　: `x~dnorm(mu, tau)`
- パレート分布　: `x~dpar(alpha, c)`
- スチューデントの $t$ 分布　: `x~dt(mu, tau, k)`
- 一様分布　: `x~dunif(a, b)`

ワイブル分布　：`x~dweib(v, lambda)`

離散型多変量分布

多項分布　：`x[ ]~dmulti(p[ ],N)`

連続型多変量分布

ディリクレ分布　：`p[ ]~ddirch(alpha[ ])`

多変量正規分布　：`x[ ]~dmnorm(mu[ ], T[,])`

多変量 $t$ 分布　：`x[ ]~dmt(mu[ ], T[,], k)`

ウィシャート分布　：`x[,]~dwish(R[,], k)`

### 6.2.4 利用できる関数

model コード中では，以下の関数を利用することができる．特にプログラム中に表記される方程式のことを logical node という．logical node は<- の左に従属変数，右に独立変数が配置される．従属変数に利用できる関数は，リンク関数 logit(x)(ロジット変換)，probit(x)(プロビット変換)，log(x)(対数変換)，cloglog(x)(2 重対数変換) である．

`abs(x)`　：$|x|$

`cloglog(x)`　：ln(−ln(1-x))，リンク関数として利用できる．

`cos(x)`　：$\cos(x)$

`equals(x1, x2)`　：$x1$ と $x2$ が等しいならば 1 を，そうでないならば 0 を返す．

`exp(x)`　：$\exp[x]$

`inprod(x1, x2)`　：$x1$ と $x2$ の積和を求める．

`inverse(x)`　：対称正定値行列 $x$ の逆行列を求める．

`log(x)`　：$\ln(x)$，リンク関数として利用できる．

`logdet(x)`　：対称正定値行列 $x$ の行列式の自然対数を求める．

`logfact(x)`　：$\ln(x!)$

`loggam(x)`　：$\ln(G(x))$

`logit(x)`　：$\ln(x/(1-x))$，リンク関数として利用できる．

`max(x1, x2)`　：$x1$ よりも $x2$ の方が大きければ $x2$ を，そうでなければ $x1$ を返す.

`mean(x)` ：$x$ の平均値

`min(x1,x2)` ：$x1$ よりも $x2$ の方が小さければ $x2$ を，そうでなければ $x1$ を返す.

`phi(x)` ：$x$ の標準正規分布関数

`pow(x1,x2)` ：$x1^{x2}$

`sin(x)` ：$\sin(x)$

`sqrt(x)` ：$x$ の平方根

`rank(x,s)` ：$x$ の $s$ 番目の要素以下の値をとる要素の数を返す.

`ranked(x,s)` ：$x$ の $s$ 番目に小さい要素を返す.

`round(x)` ：$x$ に最も近い整数を返す.

`sd(x)` ：$x$ の不偏標準偏差を返す.

`sum(x)` ：$x$ の和を返す.

`trunc(x)` ：$x$ と同じか，$x$ 以下の最大値を返す.

**リンク関数●●●**

`logit(x)` ：ロジット変換をするリンク関数であり，ロジカルノードの左辺に用いる．例えば `logit(mu[i]) <- beta0 + beta1 * z1[i] + beta2 * z2[i] + b[i]` などとする.

`probit(x)` ：プロビット変換をするリンク関数.

`log(x)` ：対数変換をするリンク関数.

`cloglog(x)` :2 重対数変換をするリンク関数.

## 6.3 "data"

dataには分析に用いるデータおよび，データの構造を示すプログラムを記述する．先に定義した単回帰モデル，因子分析モデルに対するデータファイルは例えば以下のように指定する.

```
#単回帰分析
#regdata.txt の内容
#N=被験者数 #K=回帰母数の数
#y=基準変数  #x=説明変数
list(N=8, K=2, y=c(72,66,60,58,56,55,52,48),
     x=c(0,10,20,30,40,50,60,70))

:::::::::::::::::::::::::::::::::::::::::::::
#確認的因子分析

#factdata.txt の内容
#N=被験者数
#T=観測変数の数
#y=観測変数の実現値行列

list(N=300,T=4,y=structure(.Data=c(
  2.61,2.4,2.95,1.48,
  2.61,2.09,4.7,2.93,
  4.09,3.16,3.93,4.31,

        (中略)

  4.3,2.82,4.55,3,
  3.2,2,3.09,2.04,
  4.01,2.68,3.8,3.15,
  4.91,1.4,5.11,3.23),.Dim=c(300,4)))
```

data はリスト形式で指定する．まず model において for を利用した場合には，繰り返しの上限を定義する．回帰分析の場合は N=8,K=2, 確認的因子分析の場合は N=300,T=4 となる．

次にデータ行列あるいはベクトルを表現する．単回帰分析の場合は，基準変数と説明変数はそれぞれベクトルで表現されるので，ここでは x と y という実現値を含んだベクトルをリストの中に含めればよい．

確認的因子分析の場合は，観測変数の実現値は行列形式で表現される．この場合にはオブジェクト名の後に関数 structure を用いて，"structure(.Data=c(2.61,2.4,2.95,1.48,・・・・," とデータを記述していく．そして最後に行数と列数を "),.Dim=c(300,4))" として定義する．structure とは.Data として読み込まれるベクトルを.Dim で指定した行数と列数を持つ行列に変換する BRugs の関数である．作成した data のプログラムは適当な拡張子を付けてワーキングディレクトリに保存しておく．

## 6.4 "inits"

inits は母数の初期値を与える命令である．母数に対して初期値の情報がないならば，後に説明するように BRugs が生成したものを利用することができる．その場合 inits の指定は必要ない．ただし事前分布の指定の状況によって初期値が自動生成されないこともある．

inits におけるプログラムの表記は data と同じである．例えば回帰分析モデルと確認的因子分析モデルにおいて初期値を仮定するならば以下のように表現する．

```
#単回帰分析
#reginits.txt の内容

list(alpha=c(1,1),phi=1)

::::::::::::::::::::::::::::::::::::::::::::
#確認的因子分析
#factinits.txt の内容

list(alpha=c(0.5,-0.5,0.5,-0.5),
     beta=c(0.5,-0.5,0.5,-0.5),
     phi=c(0.5,0.5,0.5,0.5))
```

作成した inits のプログラムは適当な拡張子でワーキングディレクトリに保

存しておく.

## 6.5 パッケージ “BRugs”の関数

以上は BRugs による分析の下準備であり，R や外部のテキストエディタなどを利用して行う．以下に説明する BRugs の関数は上述したファイルを元に，MCMC の実行や事後分布の数的要約，MCMC 標本の編集を行うものであり，統計モデル自体に変更を加えるものではない．以下では，BRugs における主要な関数の用法を説明する．サンプリングアルゴリズムの母数にまつわる関数の詳細についてはマニュアルを参照されたい.

### 6.5.1 ヘ ル プ 関 数

**help.WinBUGS()** ：OpenBUGS のマニュアルを表示する関数．R コンソールに help.WinBUGS() と入力することでマニュアルが表示される.

### 6.5.2 モデルの実行までに利用する関数

**modelCheck** ：作成した model が適切であるかを評価する関数.

```
modelCheck(fileName) #fileNameは例えば"model.txt"などと指定.
```

filename の部分には作成した model のファイルを指定する．モデルが適切であれば model is syntactically correct という表示がでる.

**modelData** ：data で作成したデータを読み込む関数.

```
modelData(fileName) #fileNameは例えば"data.txt"などと指定.
```

**modelCompile** ：読み込んだ model と data をコンパイルする関数.

```
modelCompile(numChains = 1) #numChainsは連鎖数を示す.
```

とすると連鎖数が 1 で, モデルをコンパイルすることになる.

**modelInits** ：inits で作成した初期値を読み込む関数. 用法は次の通りである.

```
modelInits(fileName) #fileName は例えば"inits.txt"等とする.
```

**modelGenInits** ：初期値を生成する．R コンソールに modelGenInits() と入力すればよい.

**modelSetRN** ：乱数発生器の初期状態を設定する関数.

```
modelSetRN(state) #state の部分には 1 から 14 までの間の整数を入力.
```

引数 state の部分に与えられる数値が OpenBUGS の乱数発生器の初期状態と連動している．modelCompile() の後，modelGenInits() の前に実行することが望ましい.

**samplesSet** ：MCMC 標本を保存する母数を指定する関数.

```
samplesSet(node) #node の部分には，モデル中の母数を指定.
```

母数が複数ある場合には，node の部分を，c() としてベクトル表記する.

**modelUpdate** ：マルコフ連鎖の反復回数を指定し，標本抽出を実行する関数.

```
modelUpdate(numUpdates, thin=k, overRelax=FALSE)
  #numUpdates  に反復回数を指定.
```

thin は標本抽出の間隔であり，整数 $k$ として指定する．1 つの連鎖につき，numUpdates×$k$ 回の反復が行われる.

**dic** ：モデルの適合度指標である DIC (Deviance Information Criterion) を算出する．これはベイズ推定を行った際の AIC と解釈される．モデル内で母数の事前分布として離散型の分布を仮定している場合には DIC は算出されない.

```
dicSet() #modelUpdate 以前に指定.
dicStats() #modelUpdate が終了したら指定.
```

MCMC 反復の前に dicSet() によって DIC の計算の準備をする．任意の反復回数が終了したら dicStats() と入力することで DIC を算出する.

**BRugsFit** ：最初に作成した3つのファイル (model, data, inits) の読み込みから，標本抽出および結果の出力までの一連の流れを，以下の関数でまとめて実行することができる.

```
BRugsFit(modelFile, data, inits, numChains = 3,
parametersToSave, nBurnin = 1000, nIter = 1000,
nThin = 1, coda = FALSE, DIC = TRUE,
working.directory = NULL, digits = 5, seed=NULL,
BRugsVerbose = getOption("BRugsVerbose"))
```

modelFile, data, inits にはそれぞれ，作成した model, data, inits のファイルを指定し，parametersToSave で MCMC 標本を保存する母数をベクトル形式で指定する．nBurnin でバーンイン期間を，nIter でバーンイン期間を除いた反復回数を指定する．seed は modelRN と同様に，1 から 14 までの整数で，乱数発生器の初期状態を与える．DIC = TRUE によって DIC の算出および出力を行う．また，digits では結果を出力する際の小数点以下の有効桁数を指定することができる.

### 6.5.3 MCMC 標本の操作を行う関数

**samplesSample** ：任意の母数に対してそれぞれ保存されている MCMC 標本を返す関数.

```
samplesSample(node)    #node に参照したい母数名を指定.
```

とすることで特定の node の，保存されている標本が返される.

**samplesSetting** ： 事後統計量算出の際に利用する MCMC 標本の指定を行う関数.

```
samplesSetBeg(begIt)    #始点の指定
samplesSetEnd(endIt)    #終点の指定
samplesSetThin(thin)    #抽出間隔の指定
samplesSetFirstChain(first)    #利用する最初の連鎖
samplesSetLastChain(last)    #利用する最後の連鎖
```

samplesSetBeg(begIt) は事後統計量の算出に利用する MCMC 標本

の始点を決める関数であり，引数の begIt によって始点を指定する．samplesSetEnd() は，事後統計量の算出に利用する MCMC 標本の終点を決定する関数であり，引数 endIt によって終点を指定する．samplesSetThin(thin) は MCMC 標本を抽出する間隔を設定する関数である．引数 thin でその間隔を決定する．samplesSetFirstChain(first) は利用する最初の連鎖を設定する関数である．first は始点となる連鎖を指定する．また samplesSetLastChain(last) は最後の連鎖の数を設定する関数である．last は終点となる連鎖を指定する．

**samplesSize**　：保存されている標本数を返す関数.

```
samplesSize(node)    #node に参照したい母数名を指定.
```

**samplesClear**　：保存された MCMC 標本を破棄する．用法は以下の通り．

```
samplesClear(node)    #node に参照したい母数名を指定.
```

### 6.5.4　結果の評価を行う関数

**samplesStats**　：母数の要約統計量を算出する関数．用法は以下の通り．

```
samplesStats(node, beg = samplesGetBeg(),
         end = samplesGetEnd(),
         firstChain = samplesGetFirstChain(),
         lastChain = samplesGetLastChain(),
         thin = samplesGetThin())
```

node の部分に"*"と入力すると，すべての母数に関して MCMC 標本の要約統計量が算出される．

**samplesDensity** ：複数の母数の事後分布を同時に出力する.

```
samplesDensity(node, beg = samplesGetBeg(),
       end = samplesGetEnd(),
       firstChain = samplesGetFirstChain(),
       lastChain = samplesGetLastChain(),
       thin = samplesGetThin(), plot = TRUE,
       mfrow = c(3, 2), ask=NULL, ann=TRUE, ...)
```

利用する標本を反復の区間 beg と end で指定することができる.

**samplesHistory** ：各母数の MCMC のトレース図をプロットする関数. プロットに用いる標本を区間指定できる. 用法は以下の通り.

```
samplesHistory(node, beg = samplesGetBeg(),
     end = samplesGetEnd(),
     firstChain = samplesGetFirstChain(),
     lastChain = samplesGetLastChain(),
     thin = samplesGetThin(),plot = TRUE,
     mfrow = c(3, 1),ask=NULL,ann=TRUE, ...)
```

利用する標本を反復の区間 beg と end で指定することができる.

**samplesAutoC** ：標本の自己相関をラグ毎にプロットする関数.

```
samplesAutoC(node, chain, beg = samplesGetBeg(),
      end=samplesGetEnd(),thin=samplesGetThin(),
      plot = TRUE,mfrow = c(3,2),ask = NULL,
      ann = TRUE, ...)
```

利用する標本を反復の区間 beg と end で指定することができる.

**samplesBgr** ：Gelman-Rubin 収束統計量をプロットする関数.

```
samplesBgr(node, beg = samplesGetBeg(),
         end = samplesGetEnd(),
         firstChain = samplesGetFirstChain(),
         lastChain = samplesGetLastChain(),
         thin = samplesGetThin(),
         bins = 50, plot = TRUE, mfrow = c(3, 2),
         ask = NULL, ann = TRUE, ...)
```

**samplesCorrel** ：母数間の相関係数を求める関数. 用法は以下の通り.

```
samplesCorrel(node0, node1,
       beg = samplesGetBeg(),
       end = samplesGetEnd(),
       firstChain = samplesGetFirstChain(),
       lastChain = samplesGetLastChain(),
       thin = samplesGetThin())
```

node0, node1 で母数を指定する.

### 6.5.5 パッケージ "coda"への受け渡しを行う関数

BRugs によって生成されたマルコフ連鎖の収束判定については, 例えば samplesBgr, samplesHistory, samplesDensity を参照して検討できる. しかし第 2 章で論じられた収束統計量の多くは, BRugs には含まれてはいない. この点に関して, パッケージ coda には各種収束統計量が実装されているばかりではなく, 経験的事後分布の各種要約統計量の算出, 図的要約が可能である.

BRugs で生成された MCMC 標本を coda で評価するために, 以下の BRugs 関数を利用することができる.

**buildMCMC** ：coda 用の MCMC リストオブジェクトを生成する関数.

```
buildMCMC(node, beg = samplesGetBeg(),
        end = samplesGetEnd(),
        firstChain = samplesGetFirstChain(),
        lastChain = samplesGetLastChain(),
        thin = samplesGetThin())
```

引数 node に"*"を与えると，全ての母数の MCMC 標本が coda が読める形で R コンソールに出力される．ベクトル形式で，参照したい母数名のみを指定することもできる．buildMCMC を実行した結果をオブジェクトとして用意しておくと，coda で利用することができる．

**samplesCoda** ：coda に渡すデータを作成する関数.

```
samplesCoda(node, stem, beg = samplesGetBeg(),
      end = samplesGetEnd(),
      firstChain = samplesGetFirstChain(),
      lastChain = samplesGetLastChain(),
      thin = samplesGetThin())
```

引数 node に"*"を与えると，全ての母数の MCMC 標本が coda が読める形でワーキングディレクトリに出力される．ベクトル形式で，参照したい母数名のみを指定することもできる．stem では，生成される coda ファイルのファイル名の最初の文字列を任意に設定する．

## 6.6 BRugs の使用例

ここでは冒頭で作成した単回帰分析モデルについて，BRugs による母数推定を実習する．

まずパッケージ BRugs を読み込む．

```
library(BRugs)
```

続いて，BRugsFit() を用いて，3 つのファイルの読み込みから，分析の実行，結果の出力までを一気に行う．

```
BRugsFit(modelFile = "regmodel.txt",
data = "regdata.txt", inits = "reginits.txt",
numChains = 1, parametersToSave = c("alpha","sigma2"),
nBurnin = 1000, nIter = 4000, DIC = FALSE, seed=1)
```

numChains = 1 とし，連鎖数を 1 にした．parametersToSave では，統計量を算出したい (モニターしたい) 母数の指定を行う．ここでは，単回帰モデルの 2 つの回帰母数"alpha"と，誤差分散"sigma2"をモニターする．さらに，nBurnin = 1000, nIter = 4000 とすることで，全部で 5000 回の標本抽出を繰り返し，そのうち 1000 回をバーンイン期間として設定している．また，今回はモデル比較は行わないので DIC = FALSE とした．なお，BRugsFit() を用いると，inits ファイルで明示的に与えらえていない母数の初期値は自動的に生成される．

この結果，以下のような出力が得られた．

```
model is syntactically correct
data loaded
model compiled
[1] "reginits.txt"
Initializing chain 1:
model is initialized
model is already initialized
1000 updates took 0 s
monitor set for variable 'alpha'
monitor set for variable 'sigma2'
4000 updates took 0 s

$Stats
              mean      sd MC_error val2.5pc  median val97.5pc start sample
alpha[1] 69.0100 1.65400 0.061820  65.8500 69.0400   71.9500  1001   4000
alpha[2] -0.3042 0.03909 0.001412  -0.3761 -0.3048   -0.2272  1001   4000
sigma2    6.0880 6.62700 0.236900   1.6950  4.6400   19.0300  1001   4000
```

$Stats の部分が結果の出力であり，MCMC 標本の経験的事後分布の平均値 (mean)，標準偏差 (sd)，MCMC を利用したことによる誤差 (MC_error)，中央

値 (median)，信用区間の上限 (val2.5pc)・下限 (val97.5pc) が表示される．

最後の start と sample は，計算に用いられた MCMC 標本の始点と，総数をそれぞれ意味している．MC_error は MCMC による事後分布のシミュレーション精度の指標であり，値が 0 に近いことが望まれる．具体的には，MCMC 標本を幾つかのまとまり (バッチ) に分割したときの，バッチ平均の標準誤差として定義される指標である．詳細については豊田 (2007, 13 章) を参照されたい．

次に MCMC 標本のグラフィカルな表示を行う．例えば切片と回帰係数の MCMC 反復の履歴をプロットさせたい場合には関数 samplesHistory を用いて以下のように命令する．またその出力も併記した．

```
samplesHistory("alpha", mfrow = c(1, 2))
```

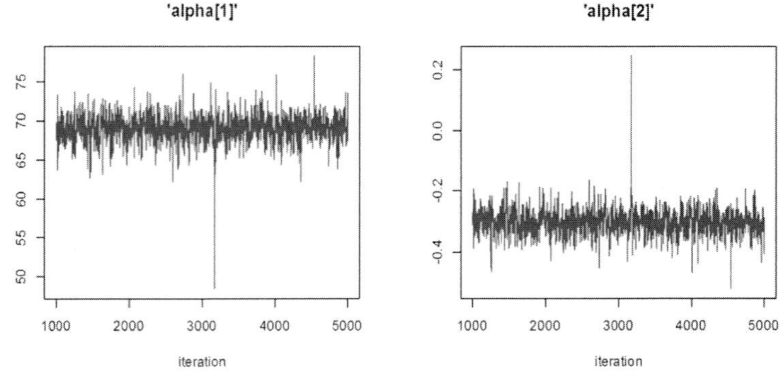


図 6.1 切片と回帰係数のトレース図

繰り返しが 3000 回を超えたところで一度，大きく外れた値をとっているものの，連鎖はホワイトノイズの様相を示し，単峰の事後分布に収束していくことが伺える．

MCMC 標本の経験密度は samplesDensity を用いて以下のように指定する．またその出力も併記した．

```
samplesDensity("alpha", mfrow = c(1, 2))
```

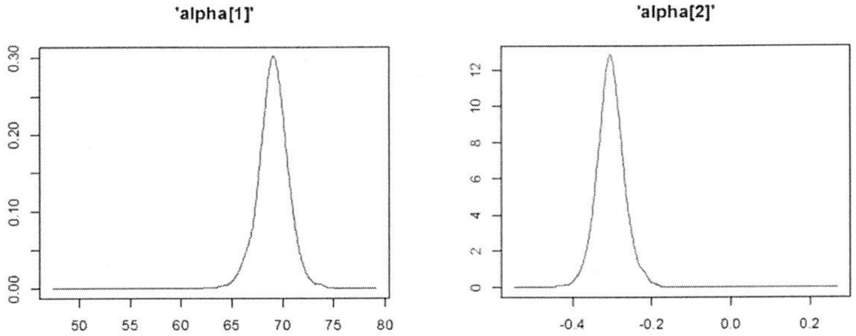

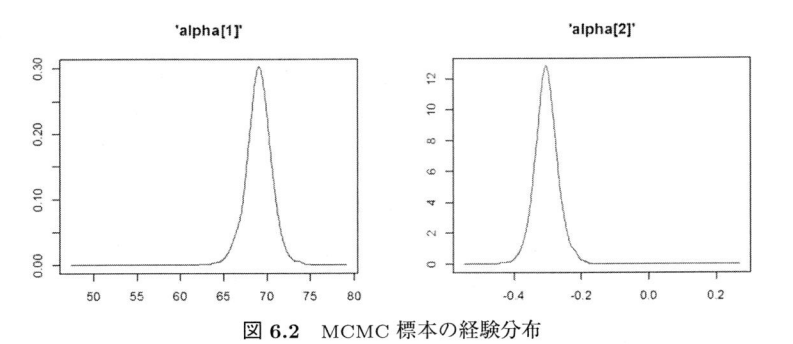

図 **6.2** MCMC 標本の経験分布

MCMC 標本の経験分布は散らばりの小さな単峰の分布となっており，単一の標本空間からほぼ満遍なく標本抽出が行なわれたことを示唆している．

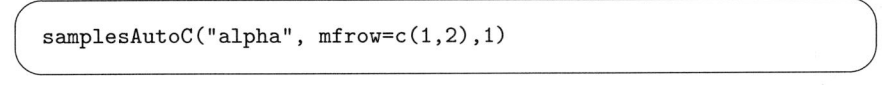

母数ごとに標本自己相関をプロットするには関数 samplesAutoC を利用する．

```
samplesAutoC("alpha", mfrow=c(1,2),1)
```

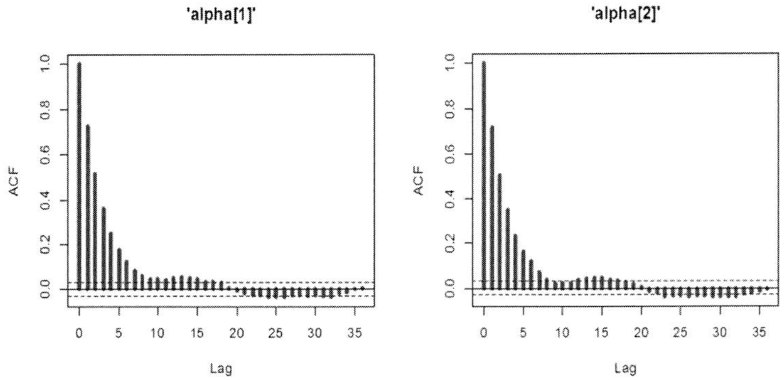


図 **6.3** 自己相関のプロット

ラグが大きくなると自己相関が低くなり，標本が初期値に依存しなくなり，連鎖が事後分布に収束していく傾向が示唆された．

次にパッケージ coda を利用して，連鎖の収束判定を行う．本節では説明のため，BRugsFit で最初から事後統計量の算出を行なったが，本来は連鎖の収束が確認された後に事後統計量の検討を行うべきであり，この点に留意されたい．

まずパッケージ coda を読み込む.

```
library(coda)
```

その後に, coda に受け渡す 2 種類のファイルを関数 samplesCoda によって生成する.

```
samplesCoda("*", stem="reg")
```

このプログラムを実行すると, ワーキングディレクトリに regCODAchain1 と, regCODAindex という 2 種類のファイルが生成される.

次に coda パッケージの関数 read.openbugs によって, 生成された 2 つの coda ファイルを R に読み込む.

```
codadata<-read.openbugs(stem="reg") #reg という文字列を含んだ coda
ファイルを読みこむ
```

codadata が定義されたら, 以下の手順で read.openbugs で作成されたデータを coda に読み込ませる.

```
#1.codamenu() を呼ぶ
> codamenu()
CODA startup menu

1: Read BUGS output files
2: Use an mcmc object
3: Quit

#2.CODA startup menu で 2 を選択する
Selection: 2

#3.R コンソールに codadata と入力する
Enter name of saved object (or type "exit" to quit)
1:codadata
```

ここで連鎖の更新回数が足りない場合，下記のように警告される．

```
Checking effective sample size ...
*******************************************
WARNING !!!
Some variables have an effective sample
size of less than 200 in at least one
chain.
This is too small, and may cause errors
in the diagnostic tests
HINT:
Look at plots first to identify variables
with slow mixing.  (Choose menu Output
Analysis then Plots)
Re-run your chain with a larger sample
size and thinning interval. If possible,
reparameterize your model to improve mixing
*******************************************
```

今回の分析では，以下のように表示され，標本数の観点から信頼に足る収束判定が可能であり，次のステップに進んでもよいことが示される．

```
Checking effective sample size ...OK
CODA Main Menu

1: Output Analysis
2: Diagnostics
3: List/Change Options
4: Quit
```

母数の収束判定を行うために 2：Diagnostics から，1：Geweke を選択する．

```
GEWEKE CONVERGENCE DIAGNOSTIC (Z-score)
========================================


Iterations used = 1001:5000
Thinning interval = 1
Sample size per chain = 4000

$chain1


Fraction in 1st window = 0.1
Fraction in 2nd window = 0.5

alpha[1] alpha[2]   sigma2
 -0.6609   0.7944  -0.3542
```

Geweke の Z スコアが ±1.96 以下に収まる母数は収束していると判断できるので，全ての母数に関して収束状況が良いことが示唆された.

# 7

# ベイズ推定における古典的枠組み

本書ではこれまでさまざまな統計モデルの MCMC による母数推定を示し，従来のベイズ推測については詳しく論じてこなかった．本章では正規モデルおよび回帰モデルという単純なモデルに対して，共役事前分布を用いた事後分布の導出を実際に行う．なお，本章の事後分布の導出については，和合 (2005) に基づき説明する．これら単純なモデルにおいても事後分布の導出は煩雑であり，結果として MCMC の有用性が示される．

## 7.1　正 規 モ デ ル

本節では，母集団が正規分布に従う場合のベイズ推測について論じる．この時，正規分布の平均 $\mu$ と分散 $\sigma^2$ が未知か既知かによって，3 つのケースが考えられる．それぞれのケースにおいて，実際に母数の事後分布を導出してみよう．

### 7.1.1　平均 $\mu$ 未知・分散 $\sigma^2$ 既知の正規モデル

まずはじめに，正規分布の平均 $\mu$ と分散 $\sigma^2$ のうち，分散 $\sigma^2$ については過去の知識が累積しているためにすでにわかっており，平均 $\mu$ の値にのみ関心がある場合を考える．観測される変数 $x_i$ に関しては，以下のように仮定する．

$$x_i \sim N(\mu, \sigma^2) \tag{7.1.1}$$

ただし，平均 $\mu$ は未知，分散 $\sigma^2$ は既知とする．

まず，$\mu$ に対する共役事前分布は正規分布であるので，$\mu \sim N(\mu_0, \sigma_0^2)$ となる．$\mu_0$ と $\sigma_0^2$ は，事前分布の平均と分散で，分析者が事前に定める既知の定数とする．よって，$\mu$ の事前分布 $\pi(\mu)$ は，平均 $\mu_0$，分散 $\sigma_0^2$ の正規分布となる．

$$\pi(\mu) = \phi(\mu|\mu_0, \sigma_0^2) = \frac{1}{\sqrt{2\pi}\sigma_0}\exp\left\{-\frac{(\mu-\mu_0)^2}{2\sigma_0^2}\right\} \tag{7.1.2}$$

ここで，$\phi(\cdot|\mu, \sigma^2)$ は，平均 $\mu$，分散 $\sigma^2$ の正規分布の確率密度関数を表すものとする．

そして，$\boldsymbol{x} = (x_1, \cdots, x_I)'$ が与えられたときの尤度関数 $\pi(\boldsymbol{x}|\mu)$ は，

$$\begin{aligned}\pi(\boldsymbol{x}|\mu) &= \prod_{i=1}^{I}\phi(x_i|\mu, \sigma^2)\\ &= \prod_{i=1}^{I}\frac{1}{\sqrt{2\pi}\sigma}\exp\left\{-\frac{(x_i-\mu)^2}{2\sigma^2}\right\}\\ &= \left(\frac{1}{\sqrt{2\pi}\sigma}\right)^I\exp\left\{-\frac{\sum_{i=1}^{I}(x_i-\mu)^2}{2\sigma^2}\right\}\end{aligned} \tag{7.1.3}$$

となる．

したがって，共役事前分布の下での $\mu$ の事後分布 $\pi(\mu|\boldsymbol{x})$ は，ベイズの定理より (7.1.2) 式と (7.1.3) 式を乗じて，以下のように得られる．

$$\begin{aligned}\pi(\mu|\boldsymbol{x}) &\propto \frac{1}{\sqrt{2\pi}\sigma_0}\exp\left\{-\frac{(\mu-\mu_0)^2}{2\sigma_0^2}\right\}\left(\frac{1}{\sqrt{2\pi}\sigma}\right)^I\exp\left\{-\frac{\sum_{i=1}^{I}(x_i-\mu)^2}{2\sigma^2}\right\}\\ &\propto \exp\left[-\frac{1}{2}\left\{\frac{1}{\sigma_0^2}(\mu-\mu_0)^2+\frac{1}{\sigma^2}\sum_{i=1}^{I}(x_i-\mu)^2\right\}\right]\\ &\qquad [\bar{x} = \tfrac{1}{I}\textstyle\sum_{i=1}^{I}x_i \text{ を用いて変形する．}]\\ &= \exp\left[-\frac{1}{2}\left\{\frac{1}{\sigma_0^2}(\mu-\mu_0)^2+\frac{I}{\sigma^2}(\bar{x}-\mu)^2\right\}\right]\\ &\qquad [\text{展開し，}\mu\text{ について整理する．}]\\ &\propto \exp\left[-\frac{1}{2}\left\{\left(\frac{1}{\sigma_0^2}+\frac{I}{\sigma^2}\right)\mu^2-2\left(\frac{\mu_0}{\sigma_0^2}+\frac{I\bar{x}}{\sigma^2}\right)\mu\right\}\right]\\ &\qquad [\mu\text{ について平方の形にまとめる．}]\\ &\propto \exp\left[-\frac{1}{2}\left(\frac{1}{\sigma_0^2}+\frac{I}{\sigma^2}\right)\left\{\mu^2-2\left(\frac{1}{\sigma_0^2}+\frac{I}{\sigma^2}\right)^{-1}\left(\frac{\mu_0}{\sigma_0^2}+\frac{I\bar{x}}{\sigma^2}\right)\mu\right\}\right]\end{aligned}$$

$$\propto \exp\left[-\frac{1}{2}\underbrace{\left(\frac{1}{\sigma_0^2}+\frac{I}{\sigma^2}\right)}_{\frac{1}{\sigma_*^2}}\left\{\mu-\underbrace{\left(\frac{1}{\sigma_0^2}+\frac{I}{\sigma^2}\right)^{-1}\left(\frac{\mu_0}{\sigma_0^2}+\frac{I\bar{x}}{\sigma^2}\right)}_{u_*}\right\}^2\right]$$

[$\sigma_*^2, \mu_*$ を用いて整理する.]

$$\propto \exp\left\{-\frac{(\mu-\mu_*)^2}{2\sigma_*^2}\right\} \tag{7.1.4}$$

(7.1.4) 式より，事後分布は正規分布 $N(\mu_*, \sigma_*^2)$ であることがわかる.

ただし，$\bar{x} = \frac{1}{I}\Sigma_{i=1}^I x_i$ であり，$\mu_* = \frac{\frac{1}{\sigma_0^2}}{\frac{1}{\sigma_0^2}+\frac{I}{\sigma^2}}\mu_0 + \frac{\frac{1}{\sigma^2}}{\frac{1}{\sigma_0^2}+\frac{I}{\sigma^2}}I\bar{x}$，$\sigma_*^2 = \frac{1}{\frac{1}{\sigma_0^2}+\frac{I}{\sigma^2}}$ である.

### 7.1.2 平均 $\mu$ 既知・分散 $\sigma^2$ 未知の正規モデル

本項では，(7.1.1) 式と同様に，観測される変数 $x_i$ に関して，$x_i \sim N(\mu, \sigma^2)$ と仮定する．ただし，平均 $\mu$ は既知，分散 $\sigma^2$ は未知とする.

分散 $\sigma^2$ に対する共役事前分布は，逆ガンマ分布であることが知られており，$\sigma^2 \sim IG(\alpha, \beta)$ である．$IG(\alpha, \beta)$ は逆ガンマ分布を示しており，$\alpha, \beta$ は分析者が事前に定める既知の定数とする*1)．よって，$\sigma^2$ の事前分布は，

$$\pi(\sigma^2) = \frac{\beta^\alpha}{\Gamma(\alpha)}(\sigma^2)^{-(\alpha+1)}\exp\left(-\frac{\beta}{\sigma^2}\right), \quad \sigma^2 > 0 \tag{7.1.5}$$

と与えられる.

次に，尤度関数 $\pi(\boldsymbol{x}|\sigma^2)$ を求める．$x_i|\sigma^2$ の確率密度関数が,

$$\pi(x_i|\sigma^2) = \phi(x_i|\mu, \sigma^2) = (2\pi\sigma^2)^{-\frac{1}{2}}\exp\left\{-\frac{(x_i-\mu)^2}{2\sigma^2}\right\}$$

であるので，$\boldsymbol{x} = (x_1, \cdots, x_I)'$ が与えられたときの尤度関数 $\pi(\boldsymbol{x}|\sigma^2)$ は,

---

*1) 逆ガンマ分布の既知の定数 $\alpha, \beta$ はともに正の値をとる．さらに，$\alpha$ に関しては，$E[\sigma^2] = \frac{\beta}{\alpha-1}$，$\alpha > 1$ と，$VAR[\sigma^2] = \frac{\beta^2}{(\alpha-1)^2(\alpha-2)}$，$\alpha > 2$ のパラメータ制約が必要となる．よって，値を事前に定める際には注意が必要である.

$$\begin{aligned}\pi(\boldsymbol{x}|\sigma^2) &\propto \prod_{i=1}^{I}(\sigma^2)^{-\frac{1}{2}}\exp\left\{-\frac{(x_i-\mu)^2}{2\sigma^2}\right\}\\ &\propto (\sigma^2)^{-\frac{I}{2}}\exp\left\{-\frac{\sum_{i=1}^{I}(x_i-\mu)^2}{2\sigma^2}\right\}\\ &= (\sigma^2)^{-\frac{I}{2}}\exp\left[-\frac{I}{2\sigma^2}\underbrace{\left\{\frac{1}{I}\sum_{i=1}^{I}(x_i-\mu)^2\right\}}_{S_1}\right]\end{aligned}$$

[$S_1$ を用いて整理して,]

$$= (\sigma^2)^{-\frac{I}{2}}\exp\left\{-\frac{IS_1}{2\sigma^2}\right\} \tag{7.1.6}$$

となる．ただし，$S_1=\frac{1}{I}\sum_{i=1}^{I}(x_i-\mu)^2$ である．

したがって，共役事前分布の下での $\sigma^2$ の事後分布は，(7.1.5) 式と (7.1.6) 式を乗じることで次のように得られる．

$$\begin{aligned}\pi(\sigma^2|\boldsymbol{x}) &\propto \pi(\boldsymbol{x}|\sigma^2)\pi(\sigma^2)\\ &= (\sigma^2)^{-\frac{I}{2}}\exp\left\{-\frac{IS_1}{2\sigma^2}\right\}\frac{\beta^\alpha}{\Gamma(\alpha)}(\sigma^2)^{-(\alpha+1)}\exp\left(-\frac{\beta}{\sigma^2}\right)\\ &\propto (\sigma^2)^{-\{(\alpha+\frac{I}{2})+1\}}\exp\left(-\frac{\frac{IS_1}{2}}{\sigma^2}\right)\exp\left(-\frac{\beta}{\sigma^2}\right)\\ &= (\sigma^2)^{-\{(\alpha+\frac{I}{2})+1\}}\exp\left\{-\frac{(\beta+\frac{IS_1}{2})}{\sigma^2}\right\}\end{aligned} \tag{7.1.7}$$

よって，事後分布は逆ガンマ分布 $IG(\alpha+\frac{I}{2},\beta+\frac{IS_1}{2})$ である．

### 7.1.3 平均 $\mu$ 未知・分散 $\sigma^2$ 未知の正規モデル

本項でも，観測される変数 $x_i$ を $x_i \sim N(\mu,\sigma^2)$ とし，平均 $\mu$ と分散 $\sigma^2$ をともに未知と仮定する．

$\mu$，$\sigma^2$ がともに未知であるため，$\mu$ と $\sigma^2$ の同時事前分布 $\pi(\mu,\sigma^2)$ は，$\sigma^2$ が与えられたときの $\mu$ の条件付事前分布 $\pi(\mu|\sigma^2)$ と，$\sigma^2$ の周辺事前分布 $\pi(\sigma^2)$ を乗じることで定められる．事前分布に共役事前分布を用いるならば，$\pi(\mu|\sigma^2)$ と $\pi(\sigma^2)$ は，それぞれ次のようになることが知られている．

$$\mu|\sigma^2 \sim N\left(\mu_0, \frac{\sigma^2}{\kappa_0}\right), \quad \sigma^2 \sim IG\left(\frac{n_0}{2}, \frac{n_0 S_0}{2}\right)$$

ちなみに，逆ガンマ分布 $IG\left(\frac{n_0}{2}, \frac{n_0 S_0}{2}\right)$ は，$n_0$ が正の整数のとき，自由度 $n_0$ の尺度化逆カイ 2 乗分布といわれ，$\text{Inv-}\chi^2(n_0, S_0)$ と表記する．$\mu_0, \kappa_0, n_0, S_0$ の 4 つの母数は，事前に分析者が定めなければならない．

以上より，$\mu$ と $\sigma^2$ の同時事前分布は，

$$\begin{aligned}
\pi(\mu, \sigma^2) &= \pi(\mu|\sigma^2)\pi(\sigma^2) \\
&\propto \left(\frac{\sigma^2}{\kappa_0}\right)^{-\frac{1}{2}} \exp\left\{-\frac{\kappa_0(\mu-\mu_0)^2}{2\sigma^2}\right\} (\sigma^2)^{-\frac{n_0}{2}-1} \exp\left(-\frac{n_0 S_0}{2\sigma^2}\right) \\
&\propto (\sigma^2)^{-\frac{1}{2}(n_0+1)-1} \exp\left[-\frac{1}{2\sigma^2}\left\{\kappa_0(\mu-\mu_0)^2 + n_0 S_0\right\}\right] \qquad (7.1.8)
\end{aligned}$$

となる．これを $N\text{-}IG(\mu_0, \kappa_0; \frac{n_0}{2}, \frac{n_0 S_0}{2})$，もしくは，$N\text{-Inv-}\chi^2(\mu_0, \kappa_0; n_0, S_0)$ と表記する．

そして，$\boldsymbol{x} = (x_1, \cdots, x_I)'$ が与えられたときの尤度関数 $\pi(\boldsymbol{x}|\mu, \sigma^2)$ は，以下のように与えられる．

$$\begin{aligned}
\pi(\boldsymbol{x}|\mu, \sigma^2) &= \prod_{i=1}^{I} \phi(x_i|\mu, \sigma^2) \\
&= \prod_{i=1}^{I} \left[(2\pi\sigma^2)^{-\frac{1}{2}} \exp\left\{-\frac{(x_i-\mu)^2}{2\sigma^2}\right\}\right] \\
&\propto (\sigma^2)^{-\frac{I}{2}} \exp\left\{-\frac{\sum_{i=1}^{I}(x_i-\mu)^2}{2\sigma^2}\right\}
\end{aligned}$$

$\left[\bar{x} = \frac{1}{I}\sum_{i=1}^{I} x_i\right.$ を用いて変形する．$\left.\right]$

$$\begin{aligned}
&= (\sigma^2)^{-\frac{I}{2}} \exp\left\{-\frac{1}{2\sigma^2}\sum_{i=1}^{I}(x_i - \bar{x} + \bar{x} - \mu)^2\right\} \\
&\propto (\sigma^2)^{-\frac{I}{2}} \exp\left[-\frac{1}{2\sigma^2}\left\{\sum_{i=1}^{I}(x_i-\bar{x})^2 + I(\bar{x}-\mu)^2\right\}\right]
\end{aligned}$$

$\left[s^2 = \frac{1}{I-1}\sum_{i=1}^{I}(x_i-\bar{x})^2\right.$ を用いて変形する．$\left.\right]$

$$= (\sigma^2)^{-\frac{I}{2}} \exp\left[-\frac{1}{2\sigma^2}\left\{(I-1)s^2 + I(\bar{x}-\mu)^2\right\}\right] \qquad (7.1.9)$$

したがって，$\mu$ と $\sigma^2$ の事後分布 $\pi(\mu, \sigma^2|\boldsymbol{x})$ は，ベイズの定理から (7.1.8) 式

と (7.1.9) 式を乗じて，次のように求められる．

$$\begin{aligned}\pi(\mu,\sigma^2|\boldsymbol{x}) &\propto \pi(\mu,\sigma^2)\pi(\boldsymbol{x}|\mu,\sigma^2)\\ &= (\sigma^2)^{-\frac{1}{2}(n_0+1)-1}\exp\left[-\frac{1}{2\sigma^2}\left\{n_0S_0+\kappa_0(\mu-\mu_0)^2\right\}\right]\\ &\quad\times(\sigma^2)^{-\frac{I}{2}}\exp\left[-\frac{1}{2\sigma^2}\left\{(I-1)s^2+I(\bar{x}-\mu)^2\right\}\right]\\ &= (\sigma^2)^{-\overbrace{\frac{(n_0+I+1)}{2}}^{\nu_*}-1}\exp\left[-\frac{1}{2\sigma^2}\left\{n_0S_0+\kappa_0(\mu-\mu_0)^2\right.\right.\\ &\quad\left.\left.+(I-1)s^2+I(\bar{x}-\mu)^2\right\}\right] \qquad (7.1.10)\end{aligned}$$

ここで，(7.1.10) 式中の $n_0S_0+\kappa_0(\mu-\mu_0)^2+(I-1)s^2+I(\bar{x}-\mu)^2$ の部分を取り出し，整理する．

$$\begin{aligned}&n_0S_0+\kappa_0(\mu-\mu_0)^2+(I-1)s^2+I(\bar{x}-\mu)^2\\ &=n_0S_0+(I-1)s^2+\kappa_0(\mu^2-2\mu\mu_0+\mu_0^2)+I(\bar{x}^2-2\bar{x}\mu+\mu^2)\end{aligned}$$

[第 3・4 項に関して，$\mu$ について整理する．]

$$=n_0S_0+(I-1)s^2+(\kappa_0+I)\mu^2-2(\kappa_0\mu_0+I\bar{x})\mu+\kappa_0\mu_0^2+I\bar{x}^2$$

[$\mu$ について平方の形にまとめる．]

$$\begin{aligned}&=n_0S_0+(I-1)s^2+(\kappa_0+I)\left\{\mu-\left(\frac{\kappa_0\mu_0+I\bar{x}}{\kappa_0+I}\right)\right\}^2\\ &\quad-\frac{(\kappa_0\mu_0+I\bar{x})^2}{\kappa_0+I}+\kappa_0\mu_0^2+I\bar{x}^2\end{aligned}$$

[第 4・5・6 項に関して，$\bar{x}$ について整理する．]

$$\begin{aligned}&=n_0S_0+(I-1)s^2+(\kappa_0+I)\left\{\mu-\left(\frac{\kappa_0\mu_0+I\bar{x}}{\kappa_0+I}\right)\right\}^2\\ &\quad+\left\{\frac{-I^2+I(\kappa_0+I)}{\kappa_0+I}\right\}\bar{x}^2-\frac{2\kappa_0\mu_0I}{\kappa_0+I}\bar{x}+\frac{\kappa_0\mu_0^2(\kappa_0+I)-\kappa_0^2\mu_0^2}{\kappa_0+I}\end{aligned}$$

[$\bar{x}$ について平方の形にまとめる．]

$$=n_0S_0+(I-1)s^2+(\kappa_0+I)\left\{\mu-\left(\frac{\kappa_0\mu_0+I\bar{x}}{\kappa_0+I}\right)\right\}^2+\frac{I\kappa_0}{\kappa_0+I}(\bar{x}-\mu_0)^2$$

$$= \underbrace{n_0S_0 + (I-1)s^2 + \frac{I\kappa_0}{\kappa_0+I}(\bar{x}-\mu_0)^2}_{\nu_* S_*} + \underbrace{(\kappa_0+I)}_{\kappa_*}\left\{\mu - \underbrace{\left(\frac{\kappa_0\mu_0 + I\bar{x}}{\kappa_0+I}\right)}_{\mu_*}\right\}^2 \tag{7.1.11}$$

(7.1.11) 式を (7.1.10) 式に戻し整理すると，事後分布 $\pi(\mu,\sigma^2|\boldsymbol{x})$ は，

$$\pi(\mu,\sigma^2|\boldsymbol{x}) \propto \left(\sigma^2\right)^{-\frac{(\nu_*+1)}{2}-1}\exp\left[-\frac{1}{2\sigma^2}\left\{\nu_*S_* + \kappa_*(\mu-\mu_*)^2\right\}\right] \tag{7.1.12}$$

と与えられる．ただし，$\mu_* = \frac{\kappa_0}{\kappa_0+I}\mu_0 + \frac{I}{\kappa_0+I}\bar{x}$，$\kappa_* = \kappa_0 + I$，$\nu_* = n_0 + I$，$\nu_*S_* = n_0S_0 + (I-1)s^2 + \frac{\kappa_0 I}{\kappa_0+I}(\bar{x}-\mu_0)^2$ である．(7.1.12) 式より，$(\mu,\sigma^2)$ の同時事後分布は，$N\text{-Inv-}\chi^2(\mu_*,\kappa_*;\nu_*,S_*)$ であることがわかる．

また，同時事後分布から，各母数の周辺事後分布も導くことができる．$\sigma^2$ の周辺事後分布 $\pi(\sigma^2|\boldsymbol{x})$ は，同時事後分布 $\pi(\mu,\sigma^2|\boldsymbol{x})$ を $\mu$ に関して積分消去することで，

$$\begin{aligned}
&\pi(\sigma^2|\boldsymbol{x}) \\
&\quad = \int_{-\infty}^{\infty}\pi(\mu,\sigma^2|\boldsymbol{x})d\mu \\
&\quad \propto \left(\sigma^2\right)^{-\frac{(\nu_*+1)}{2}-1}\exp\left[-\frac{1}{2\sigma^2}\left\{\nu_*S_* + \kappa_*(\mu-\mu_*)^2\right\}\right]d\mu \\
&\quad \propto \frac{1}{\sigma}\left(\sigma^2\right)^{-(\frac{\nu_*}{2}+1)}\exp\left(-\frac{\nu_*S_*}{2\sigma^2}\right)\exp\left\{-\frac{\kappa_*(\mu-\mu_*)^2}{2\sigma^2}\right\}d\mu
\end{aligned}$$

[定数を繰り出し，比例の記号で省略された尺度を調節して]

$$\propto \left(\sigma^2\right)^{(-\frac{\nu_*}{2}+1)}\exp\left(-\frac{\nu_*S_*}{2\sigma^2}\right)\int_{-\infty}^{\infty}\frac{1}{\sqrt{2\pi\frac{\sigma^2}{\kappa_*}}}\exp\left\{-\frac{1}{2\frac{\sigma^2}{\kappa_*}}(\mu-\mu_*)^2\right\}d\mu$$

[積の部分は $N(\mu_*,\sigma^2/\kappa_*)$ の全範囲にわたるものであり，その値が 1 より]

$$\propto \left(\sigma^2\right)^{(-\frac{\nu_*}{2}+1)}\exp\left(-\frac{\nu_*S_*}{2\sigma^2}\right) \tag{7.1.13}$$

と得られる．したがって，$\sigma^2$ の周辺事後分布 $\pi(\sigma^2|\boldsymbol{x})$ は自由度 $\nu_*$ の尺度化逆カイ 2 乗分布となる．同様に，$\mu$ に対する周辺事後分布 $\pi(\mu|\boldsymbol{x})$ も，同時事後分布を $\sigma^2$ に関して積分することで与えられる．

$$
\begin{aligned}
\pi(\mu|\boldsymbol{x}) &\propto \int_0^\infty \pi(\mu,\sigma^2|\boldsymbol{x})d\sigma^2 \\
&\propto \int_0^\infty (\sigma^2)^{-\frac{(\nu_*+1)}{2}-1}\exp\left[-\frac{1}{2\sigma^2}\left\{\nu_*S_*+\kappa_*(\mu-\mu_*)^2\right\}\right]d\sigma^2
\end{aligned}
$$

［ここで $a>0,b>0,p>0$ のとき，$\int_0^\infty t^{-(p+1)}\exp(-at^{-b})dt=\frac{1}{b}a^{-\frac{p}{b}}\Gamma(\frac{p}{b})$ を用いて，上式を $\sigma^2=t,-\frac{(\nu_*+1)}{2}=p,a=-\frac{1}{2}\left\{\nu_*S_*+\kappa_*(\mu-\mu_*)^2\right\},b=1$ と考える．］

$$
\begin{aligned}
&\propto \left\{\nu_*S_*+\kappa_*(\mu-\mu_*)^2\right\}^{-\frac{(\nu_*+1)}{2}} \\
&\propto \left\{1+\frac{\kappa_*(\mu-\mu_*)^2}{\nu_*S_*}\right\}^{-\frac{(\nu_*+1)}{2}} \qquad (7.1.14)
\end{aligned}
$$

よって，$\mu$ の周辺事後分布 $\pi(\mu|\boldsymbol{x})$ は，自由度 $\nu_*$ の $t$ 分布 $t(\mu|\mu_*,\frac{S_*}{\kappa_*})$ となる．

以上のように，ベイズ推定の古典的枠組みの中で，母数の事後分布を導出することができた．本項のように母数が複数存在すると，事後分布が多変量分布となるため，特定の母数の周辺事後分布を導出する際には，多重積分を解かなければならない．通常，多くのモデルにおいて母数は複数存在するため，母数が増えれば増えるほど，数値積分による方法は複雑なものとなり，実用的ではないことがわかる．

## 7.2 回帰モデルにおけるベイズ分析

2.2 節で論じた回帰モデルについて，従来のベイズ推定の枠組みに基づいて事後分布の導出を行う．モデルの表記については 2.2 節を参照されたい．

### 7.2.1 事前分布と尤度

まず回帰係数 $\boldsymbol{\beta}$ と誤差項の分散 $\sigma^2$ に事前分布をおく．この場合，共役な事前分布は以下である．

$$
\boldsymbol{\beta}|\sigma^2 \sim N(\boldsymbol{b}_0,\sigma^2\boldsymbol{B}_0)\ , \quad \sigma^2\sim IG\left(\frac{n_0}{2},\frac{n_0S_0}{2}\right)
$$

ここで，$\sigma^2$ をパラメータ $\phi=\sigma^{-2}$ ，すなわち $\sigma^2=\phi^{-1}$ で置き換えると，事前分布は

$$
\boldsymbol{\beta}|\phi \sim N(\boldsymbol{b}_0,\phi^{-1}\boldsymbol{B}_0)\ , \quad \phi\sim G\left(\frac{n_0}{2},\frac{n_0S_0}{2}\right)
$$

となり，これを正規－ガンマ分布という．その密度関数は以下のようになる．

$$\pi(\boldsymbol{\beta},\phi)=\pi(\boldsymbol{\beta}|\phi)\pi(\phi)$$

［同時分布の密度関数は条件付分布の密度関数と周辺密度関数との積］

$$=\underbrace{(2\pi)^{-K/2}\phi^{-1/2}\exp\left[-\frac{1}{2}(\boldsymbol{\beta}-\boldsymbol{b}_0)'(\phi^{-1}\boldsymbol{B}_0)^{-1}(\boldsymbol{\beta}-\boldsymbol{b}_0)\right]}_{\pi(\boldsymbol{\beta}|\phi)(\text{正規分布})}$$

$$\times\underbrace{\frac{(\frac{n_0S_0}{2})^{n_0/2}}{\Gamma(\frac{n_0}{2})}\phi^{(n_0/2)-1}\exp\left[-\frac{n_0S_0}{2}\phi\right]}_{\pi(\phi)(\text{ガンマ分布})}$$

$$\propto\phi^{K/2}\exp\left[-\frac{\phi}{2}(\boldsymbol{\beta}-\boldsymbol{b}_0)'\boldsymbol{B}_0^{-1}(\boldsymbol{\beta}-\boldsymbol{b}_0)\right]\phi^{(n_0/2)-1}\exp\left[-\frac{\phi}{2}n_0S_0\right]$$

$$\propto\phi^{[(n_0+K)/2]-1}\exp\left[-\frac{\phi}{2}\{n_0S_0+(\boldsymbol{\beta}-\boldsymbol{b}_0)'\boldsymbol{B}_0^{-1}(\boldsymbol{\beta}-\boldsymbol{b}_0)\}\right] \tag{7.2.1}$$

尤度は $[\boldsymbol{y}|\boldsymbol{\beta},\phi,\boldsymbol{X}]\sim N(\boldsymbol{X}\boldsymbol{\beta},\phi^{-1}\boldsymbol{I}_I)$ より，

$$\pi(\boldsymbol{y}|\boldsymbol{\beta},\phi,\boldsymbol{X})\propto\phi^{I/2}\exp\left[-\frac{\phi}{2}(\boldsymbol{y}-\boldsymbol{X}\boldsymbol{\beta})'(\boldsymbol{y}-\boldsymbol{X}\boldsymbol{\beta})\right] \tag{7.2.2}$$

と表せる．ここで，(7.2.2) 式の $(\boldsymbol{y}-\boldsymbol{X}\boldsymbol{\beta})'(\boldsymbol{y}-\boldsymbol{X}\boldsymbol{\beta})$ について

$$(\boldsymbol{\beta}'\boldsymbol{X}'-\boldsymbol{y}')(\boldsymbol{X}\boldsymbol{\beta}-\boldsymbol{y})$$

$[(A+B)'=A'+B'\text{，}(AB)'=B'A']$

$$=(\boldsymbol{\beta}'\boldsymbol{X}'-\boldsymbol{y}'(\boldsymbol{X}\boldsymbol{X}^{-1})')(\boldsymbol{X}\boldsymbol{\beta}-\boldsymbol{X}\boldsymbol{X}^{-1}\boldsymbol{y})+(\boldsymbol{y}'-\boldsymbol{y}')(\boldsymbol{y}-\boldsymbol{y})$$

$[\boldsymbol{X}\boldsymbol{X}^{-1}$ は単位行列$]$

$$=\underbrace{(\boldsymbol{\beta}'-\boldsymbol{y}'(\boldsymbol{X}^{-1})')\boldsymbol{X}'}_{\boldsymbol{X}'\text{ でまとめた}}\underbrace{\boldsymbol{X}(\boldsymbol{\beta}-\boldsymbol{X}^{-1}\boldsymbol{y})}_{\boldsymbol{X}\text{ でまとめた}}+\underbrace{(\boldsymbol{y}'-\boldsymbol{y}'(\boldsymbol{X}^{-1})'\boldsymbol{X}')}_{(\boldsymbol{X}\boldsymbol{X}^{-1})'=(\boldsymbol{X}^{-1})'\boldsymbol{X}'}(\boldsymbol{y}-\boldsymbol{X}\boldsymbol{X}^{-1}\boldsymbol{y})$$

$$=\underbrace{(\boldsymbol{\beta}-\boldsymbol{X}^{-1}\boldsymbol{y})'}\boldsymbol{X}'\boldsymbol{X}(\boldsymbol{\beta}-\boldsymbol{X}^{-1}\boldsymbol{y})+\underbrace{(\boldsymbol{y}-\boldsymbol{X}\boldsymbol{X}^{-1}\boldsymbol{y})'}(\boldsymbol{y}-\boldsymbol{X}\boldsymbol{X}^{-1}\boldsymbol{y})$$

$\begin{bmatrix}(A'-C'B')=(A'-(BC)')=(A-BC)',\\(A'-A'C'B')=(A'-(BCA)')=(A-BCA)'\end{bmatrix}$

$$=(\boldsymbol{\beta}-\boldsymbol{X}^{-1}\underbrace{(\boldsymbol{X}')^{-1}\boldsymbol{X}'}_{\text{単位行列}}\boldsymbol{y})'\boldsymbol{X}'\boldsymbol{X}(\boldsymbol{\beta}-\boldsymbol{X}^{-1}\underbrace{(\boldsymbol{X}')^{-1}\boldsymbol{X}'}_{\text{単位行列}}\boldsymbol{y})$$

$$+(\boldsymbol{y}-\boldsymbol{X}\boldsymbol{X}^{-1}\underbrace{(\boldsymbol{X}')^{-1}\boldsymbol{X}'}_{\text{単位行列}}\boldsymbol{y})'(\boldsymbol{y}-\boldsymbol{X}\boldsymbol{X}^{-1}\underbrace{(\boldsymbol{X}')^{-1}\boldsymbol{X}'}_{\text{単位行列}}\boldsymbol{y})$$

$$= (\boldsymbol{\beta}-\underbrace{(\boldsymbol{X}'\boldsymbol{X})^{-1}\boldsymbol{X}'\boldsymbol{y}}_{\hat{\boldsymbol{\beta}}})'\boldsymbol{X}'\boldsymbol{X}(\boldsymbol{\beta}-\underbrace{(\boldsymbol{X}'\boldsymbol{X})^{-1}\boldsymbol{X}'\boldsymbol{y}}_{\hat{\boldsymbol{\beta}}})$$

$$+(\boldsymbol{y}-\boldsymbol{X}\underbrace{(\boldsymbol{X}'\boldsymbol{X})^{-1}\boldsymbol{X}'\boldsymbol{y}}_{\hat{\boldsymbol{\beta}}})'(\boldsymbol{y}-\boldsymbol{X}\underbrace{(\boldsymbol{X}'\boldsymbol{X})^{-1}\boldsymbol{X}'\boldsymbol{y}}_{\hat{\boldsymbol{\beta}}})$$

$$= \underbrace{(\boldsymbol{\beta}-\hat{\boldsymbol{\beta}})'\boldsymbol{X}'\boldsymbol{X}(\boldsymbol{\beta}-\hat{\boldsymbol{\beta}})}_{Q(\boldsymbol{\beta})}+\underbrace{(\boldsymbol{y}-\boldsymbol{X}\hat{\boldsymbol{\beta}})'(\boldsymbol{y}-\boldsymbol{X}\hat{\boldsymbol{\beta}})}_{S_e=\sum_{i=1}^{I}e_i^2}$$

$$= Q(\boldsymbol{\beta})+S_e \tag{7.2.3}$$

よって，(7.2.2) 式は

$$\pi(\boldsymbol{y}|\boldsymbol{\beta},\phi,\boldsymbol{X}) \propto \phi^{I/2}\exp\left[-\frac{\phi}{2}(Q(\boldsymbol{\beta})+S_e)\right] \tag{7.2.4}$$

と表現することができる.

### 7.2.2　事後分布の導出

次に (7.2.1) 式の事前分布と (7.2.4) 式の尤度関数の積を計算することで，以下の事後分布を得ることができる.

$$\pi(\boldsymbol{\beta},\phi|\boldsymbol{y})$$
$$\propto \pi(\boldsymbol{y}|\boldsymbol{\beta},\phi)\pi(\boldsymbol{\beta},\phi)$$
$$\propto \phi^{[(n_0+I+K)/2]-1}\exp\left[-\frac{\phi}{2}\{n_0S_0+S_e+(\boldsymbol{\beta}-\boldsymbol{b}_0)'B_0^{-1}(\boldsymbol{\beta}-\boldsymbol{b}_0)+Q(\boldsymbol{\beta})\}\right]$$
$$\propto \phi^{K/2}\phi^{[(n_0+I)/2]-1}\exp\left[-\frac{\phi}{2}\{n_0S_0+S_e+(\boldsymbol{\beta}-\boldsymbol{b}_0)'B_0^{-1}(\boldsymbol{\beta}-\boldsymbol{b}_0)+Q(\boldsymbol{\beta})\}\right]$$

［ここで，指数部のうち，$(\boldsymbol{\beta}-\boldsymbol{b}_0)'B_0^{-1}(\boldsymbol{\beta}-\boldsymbol{b}_0)+Q(\boldsymbol{\beta})$ は
$(\boldsymbol{\beta}-\boldsymbol{b}_1)'(B_0^{-1}+\boldsymbol{X}'\boldsymbol{X})(\boldsymbol{\beta}-\boldsymbol{b}_1)+\underbrace{(\boldsymbol{b}_0-\hat{\boldsymbol{\beta}})'B_0^{-1}(\boldsymbol{B}_0^{-1}+\boldsymbol{X}'\boldsymbol{X})^{-1}\boldsymbol{X}'\boldsymbol{X}(\boldsymbol{b}_0-\boldsymbol{\beta})}_{(*)}$
と変形できる．ただし，$\boldsymbol{b}_1=(\boldsymbol{B}_0^{-1}+\boldsymbol{X}'\boldsymbol{X})^{-1}(\boldsymbol{B}_0^{-1}\boldsymbol{b}_0+\boldsymbol{X}'\boldsymbol{X}\hat{\boldsymbol{\beta}})$］

上記の式のうち，$n_1S_1=n_0S_0+S_e+(*)$ とおくと，$n_1S_1=n_0S_0+(\boldsymbol{y}-$

$\boldsymbol{X}\boldsymbol{b}_1)'\boldsymbol{y} + (\boldsymbol{b}_0 - \boldsymbol{b}_1)'\boldsymbol{B}_0^{-1}\boldsymbol{b}_0$ となる．よって，最終的に事後分布は，

$$\begin{aligned}
&\pi(\boldsymbol{\beta}, \phi|\boldsymbol{y}) \\
&\quad \propto \phi^{K/2} \exp\left[-\frac{\phi}{2}(\boldsymbol{\beta} - \boldsymbol{b}_1)'\boldsymbol{B}_1^{-1}(\boldsymbol{\beta} - \boldsymbol{b}_1)\right] \phi^{(n1/2)-1} \exp\left[-\frac{\phi}{2}n_1 S_1\right]
\end{aligned} \tag{7.2.5}$$

となる．ただし，

$$\begin{aligned}
&n_1 = n_0 + n, \quad n_1 S_1 = n_0 S_0 + (\boldsymbol{y} - \boldsymbol{X}\boldsymbol{b}_1)'\boldsymbol{y} + (\boldsymbol{b}_0 - \boldsymbol{b}_1)'\boldsymbol{B}_0^{-1}\boldsymbol{b}_0 \\
&\boldsymbol{b}_1 = \boldsymbol{B}_1(\boldsymbol{B}_0^{-1}\boldsymbol{b}_0 + \boldsymbol{X}'\boldsymbol{y})\ , \quad \boldsymbol{B}_1^{-1} = \boldsymbol{B}_0^{-1} + \boldsymbol{X}'\boldsymbol{X}
\end{aligned}$$

である．したがって，事後分布は

$$[\boldsymbol{\beta}|\phi, \boldsymbol{X}, \boldsymbol{y}] \sim N(\boldsymbol{b}_1, \phi^{-1}\boldsymbol{B}_1)\ , \quad [\phi|\boldsymbol{\beta}, \boldsymbol{X}, \boldsymbol{y}] \sim G\left(\frac{n_1}{2}, \frac{n_1 S_1}{2}\right)$$

である．ここで，事前分布である (7.2.1) 式と事後分布である (7.2.5) 式を比較すると，両式とも正規－ガンマ分布であることが確認できる．

最後に $\phi^{-1} = \sigma^2$ より，以下の事後分布が導かれる．

$$[\boldsymbol{\beta}|\sigma^2, \boldsymbol{X}, \boldsymbol{y}] \sim N(\boldsymbol{b}_1, \sigma^2\boldsymbol{B}_1)\ , \quad [\sigma^2|\boldsymbol{\beta}, \boldsymbol{X}, \boldsymbol{y}] \sim IG\left(\frac{n_1}{2}, \frac{n_1 S_1}{2}\right)$$

# 文　献


Agresti, A. (1990). *Categorical Data Analysis.* New York: Wiley.

Albert, J.H. & Chib, S. (1993). Bayesian analysis of binary and polychotomous response data. *Journal of the American Statistical Association*, **88**(422), 669–679.

Amemiya, T. (1984). Tobit models: A survey. *Journal of Econometrics*, **24**(1-2), 3–61.

Andersen, P. K. & Gill, R. D. (1982). Cox's Regression model for counting processes: A Large sample study. *The Annals of Statistics*, **10**(4), 1100–1120.

Andrich, D. A. (1978a). A binomial latent tirait model for the study of Likert-style attitude questionnaires. *British Journal of Mathematical and Statistical Psychology*, **31**, 84–98.

Andrich, D. A. (1978b). A rating formulation for ordered response categories. *Psychometrika*, **43**, 561–573.

Arbuckle, J. L. (1996). Full information estimation in the presence of incomplete data. In G. A. Marcoulides and R. E. Schumacker (Eds.), *Advanced Structural Equation Modeling.* Mahwah, NJ: Lawrence Erlbaum.

Bennett, K. P. & Mangasarian, O. L. (1992). Neural network training via linear programming. in P. M. Pardalos (Ed.), *Advances in Optimization and Parallel Computing.* Amsterdam: North-Holland. 56–67.

Bock, R. D. (1972). Estimating item parameters and latent ability when responses are scored in two or more nominal categories. *Psychometrika*, **37**, 29–51.

Bolt, D. M., Cohen, A. S. & Wollack, J. A. (2001). A mixture item response model for multiple-choice data. *Journal of Educational and Behavioral Statistics*, **26**(4), 381–409.

Bolt, D. M. & Lall, V. F. (2003). Estimation of compensatory and noncompensatory multidimensional item response models using Markov chain Monte Carlo. *Applied Psychological Measurement*, **27**, 395–414.

Borooah, V. K. (2002). *Logit and Probit: Ordered and Multinomial Models.* New York: Sage.

Box, G. E. P. & Tiao, G. C. (1973). *Bayesian Inference in Statistical Analysis.* Cambridge, Mass.: Addison-Wesley

Breen, R. (1996). *Regression Models: Censored, Sample-Selected, or Truncated Data.* New York: Sage.

Brennan, L. (2001). *Generalizability Theory.* New York: Springer.

Brook, L., Taylor, B. & Prior, G. (1991). British social attitudes, 1990, Survey, London: SCPR.

Brooks, S. P. & Roberts, G. O. (1999). On quantile estimation and Markov chain Monte Carlo convergence. *Biometrika*, **86**, 710–717.

Clayton, D. G. (1991). A Monte Carlo method for Bayesian inference in frailty models. *Biometrics*, **47**(2), 467–485.

Cowles, M. K. (1996). Accelerating Monte Carlo Markov chain convergence for cumulative-link generalized linear models, *Statistics and Computing*, **6**, 101–111.

Cowles, M. K. & Carlin, B. P. (1996). Markov chain Monte Carlo convergence diagnostics: A comparative review. *Journal of the American Statistical Association*, **91**, 883–904.

Cowles, M. K., Roberts, G. O. & Rosenthal, J. S. (1999). Possible bias induced by MCMC convergence diagnostics. *Journal of the American Statistical Association*, **91**, 883–904.

Crowder, M. & Hand, D. (1990). *Analysis of Repeated Measures.* London: Chapman & Hall.

DiCiccio, T. J., Kass, R. E., Raftery, A. E. & Wasserman, L. (1997). Computing Bayes factors by combining simulation and asymptotic approximations. *Journal of the American Statistical Association*, **92**, 903–915.

Dobson, A. (2002). *An Introduction to Generalized Linear Models*, London: Chapman & Hall.

Fair, R. C. (1978). A theory of extramarital affairs. *Journal of Political Economy*, **86**(1), 45–61.

Flury, B. & Riedwyl, H. (1988). *Multivariate Statistics: A Practical Approach.* London: Chapman & Hall.

Fox, J. (1997). *Applied Regression, Linear Models, and Related Methods.* New

York: Sage.

Friendly, M. (2000). *Visualizing Categorical Data.* Cary, NC : SAS Institute.

Frühwirth-Schnatter, S. (2001). Markov chain Monte Carlo estimation of classical and dynamic switching and mixture models. *Journal of the American Statistical Association*, **96**. 194–208.

Gail, M.H., Santner, T. J. & Brown, C. C. (1980). An analysis of comparative carcinogenesis experiments based on multiple times to tumor. *Biometrics*, **36**(2), 255–266.

Gelman, A. (1996). Inference and monitoring convergence. In W. R. Gilks, S. Richardson & D. J. Spiegelhalter (Eds.), *Markov Chain Monte Carlo in Practice.* London: Chapman & Hall.131–143.

Gelman, A., Carlin, J. B., Stern, H. & Rubin, D. B. (2003). *Bayesian Data Analysis*, (2nd ed.). London: Chapman & Hall / CRC.

Gelman, A. & Meng, X.-L. (1998). Simulating normalizing constants: From importance sampling to bridge sampling to path sampling. *Statistical Science*, **13**, 163–185.

Gelman, A., Meng, X.-L. & Stern, H. (1996). Posterior predictive assessment of model fitness via realized discrepancies. *Statistica Sinica*, **6**, 733–807.

Gelman, A. & Rubin, D. B. (1992). Inference from iterative simulation using multiple sequences (with discussion). *Statistical Science*, **7**, 457–511.

Geweke, J. (1989). Bayesian inference in econometric models Monte Carlo integration. *Econometrica*, **57**, 1317–1340.

Geweke, J. (1992). Evaluating the accuracy of sampling-based approaches to the calculation of posterior moments. In J. M. Bernerdo, J. O. Berger, A. P. Dawid & A. F. Smith (Eds.), *Bayesian Statistics 4*. Oxford, NY: Oxford University Press.169–193.

Gilks, W.R. & Wild, P. (1992). Adaptive rejection sampling for Gibbs sampling. *Appl. Statist*, **41**, 337–348.

Goldstein, H., Rasbash, J., Yang, M., Woodhouse, G., Pan, H., Nuttall, D. & Thomas, S. (1993). A multilevel analysis of school examination results, *Oxford Review of Education*, **19**(4), 425–433.

Heidelberger, P. & Welch, P. D. (1983). Simulation run length control in the presence of an initial transit. *Operations Research*, **31**, 1109–1144.

Holland, P. W. & Wainer, H. (1993). *Differential Item Functioning.* Hillsdale,

NJ: Lawrence Erlbaum Associates.

Jöreskog, K. G. & Sörbom, D. (1996). *LISREL 8: Structural Equation Modeling with the SIMPLIS Command Language.* Hove and London: Scientific Software International.

Joyner, W. B., Boore, D. M. & Porcella, R. D. (1981). *Peak Horizontal Acceleration and Velocity from Strong-Motion Records Including Records from the 1979 Imperial Valley, California earthquake* (USGS Open File Rep. No. 81–365). Menlo Park, CA: USGS.

Jun, S., Liu, J. S., Wong, W. H. & Kong, A. (1994). Covariance structure of the Gibbs sampler with applications to the comparisons of estimators and augmentation schemes. *Biometrika*, **81**(1), 27–40.

Karlheinz, R. & Melich, A. (1992). Euro-Barometer 38.1: *Consumer Protection and Perceptions of Science and Technology.* INRA (Europe), Brussels.

Kass, R. E. & Raftery, A. E. (1995). Bayes factors. *Journal of the American Statictial Association*, **90**, 773–795.

Kim, J.-S. & Bolt, D. M. (2007). Estimating item response theory models using Markov chain Monte Carlo methods. *Educational Measurement: Issues and Practice*, **26**(4), 38–51.

Kirk, R. E. (1982). *Experimental Design: Procedures for the Behavioral Sciences.* Monterey, CA: Brooks/Cole.

Kreft, G. G. & De Leeuw, J. (1998). *Introducing Multilevel Modeling (Introducing Statistical Methods).* New York: Sage.

Lancaster, T. (2004). *An Introduction to Modern Bayesian Econometrics.* Oxford: Blackwell.

Lee, S. Y. & Song, X. Y. (2003). Bayesian model selection for mixtures of structural equation models with an unknown number of components. *British Journal of Mathematical and Statistical Psychology*, **56**, 145–165.

Lee, S. Y. & Song, X. Y. (2004a). Evaluation of the Bayesian and maximum likelihood approaches in analyzing structural equation models with small sample sizes. *Multivariate Behavioral Research*, **39**(4), 653–686.

Lee, S. Y. & Song, X. Y. (2004b). Bayesian model comparison of nonlinear latent variable models with missing continuous and ordinal categorical data. *British Journal of Mathematical and Statistical Psychology*, **57**, 131–150.

Lee, S. Y. & Tang, N. S. (2006). Bayesian analysis of nonlinear structural equation models with nonignorable missing data. *Psychometrika*, **71**(3), 541–564.

Lee, S.Y. (2007). *Structural Equation Modeling: A Bayesian Approach.* Hoboken, NJ : Wiley.

Lentner, M. & Bishop, T. (1986). *Experimental Design and Analysis.* Blacksburg, VA: Valley Book Company

Lindley, D. V. & Smith, A. F. M. (1972). Bayes estimates for the linear model (with discussion). *Journal of the Royal Statistical Society, Series B*, **34**, 1–42.

Liu, J. S., Wong, W. H. & Kong, Augustine. (1994). Covariance structure of the Gibbs sampler with applications to the comparison of estimators and augmentation schemes. *Biometrika*, **81**(1), 27–40.

Lock, R.H. (1993). 1993 new car data. *Journal of Statistics Education*, **1**.

Gail, M.H., Santner, T. J. & Brown, C. C. (1980). An analysis of comparative carcinogenesis experiments based on multiple times to tumor. *Biometrics*, **36**, 255–266.

Masters, G.N. (1982). A Rasch model for partial credit scoring, *Psychometrika*, **47**(2), 149–174.

McCullagh, P. & Nelder, J. A. (1989). *Generalized Linear Models*(2nd ed.). Chapman & Hall.

Meng, X.-L. (1994). Posterior predivtive $p$-values. *The Annals of Statistics*, **33**, 1142–1160.

Meng, X.-L. & Wong, W. H. (1996). Approximate Bayesian inference by the weighted likelihood bootstrap (with discussion). *Journal of the Royal Statistical Society, Series B*, **56**, 3–48.

Mengersen, K. L., Robert, C. P. & Guihenneuc-Jouyaux, C. (1999). MCMC convergence diagnostics: A review In J. M. Bernerdo, J. O. Berger, A. P. Dawid & A. F. Smith (Eds.), *Bayesian Statistics 6.* Oxford, NY: Oxford University Press. 415–440.

Muraki, E. (1992). A generalized partial credit model: *Application of an EM algorithm, Applied Psychological Measurement*, **16**, 159–176.

Neal, R. M. (1997). Slice sampling, *The Annals of Statistics*, **31**(3), 705–741.

Patz, R. J. & Junker, B. W. (1999). A straightforward approach to Markov chain Monte Carlo methods for item response models. *Journal of Educational and Behavioral Statistics*, **24**, 146–178.

Raftery, A. E. & Lewis, S. (1992a). How many iterations in the Gibbs sampler? In J. M. Bernerdo, J. O. Berger, A. P. Dawid & A. F. Smith (Eds.), *Bayesian Statistics 4*. Oxford, NY: Oxford University Press. 763–773.

Raftery, A. E. & Lewis, S. (1992b). One long run with diagnostics: Implementation strategies for Markov chain Monte Carlo. *Statistical Science*, **7**, 493–497.

Robert, C. P. & Casella, G. (2004). *Monte Carlo Statistical Methods* (2nd ed.). New York: Springer.

Rossi, P.H., Berk, R.A. & Lenihan, K.J. (1980). *Money, Work and Crime: Experimental Evidence*. New York: Academic Press.

Rubin, D. B. (1984). Bayesianly justifiable and relevant frequency calculations for the applied statistician. *The Annals of Statistics*, **12**, 1151–1172.

Samejima, F. (1973). Homogeneous case of the continuous response model. *Psychometrika*, **38**, 203–219.

Shaban, S. A. (1980). Change point problem and two-phase regression: An annotated bibliography. *International Statistical Review / Revue Internationale de Statistique*, **48**, 83–93.

Schwarz, G. (1978). Estimating the dimension of a model. *The Annals of Statistics*, **6**, 461–464.

Smith, B. J. (2005). Bayesian output analysis program BOA (Version 1.1.5) [Computer software]. University of Iowa.

Song, X. Y. & Lee, S. Y. (2001). Bayesian estimation and test for factor analysis model with continuous and polytomous data in several populations. *British Journal of Mathematical and Statistical Psychology*, **54**, 237–263.

Spiegelhalter, D. J., Thomas, A., Best, N. G. & Lunn, D. (2003). *WinBUGS User Manual. Bersion 1.4*. Cambridge, UK: MRC Biostatistics Unit.

Spiegelhalter, D., Thomas, A. & Best, N. (2000). WinBUGS version 1.3, Cambridge, UK: MRC Biostatistics Unit, Institute of Public Health.

Sturtz, S., Ligges, U. & Gelman, A. (2005). R2WinBUGS: A package for running WinBUGS from R. *Journal of Statistical Software*, **12**(3), 1–16.

Tanner, M. A. & Wong, W. H. (1987). The calculation of posterior distributions by data augmentation(with discussion). *Journal of the American Statistical Association*, **82**, 528–550.

Thissen, D., Steinberg, L. & Wainer, H. (1993). Detection of differential item functioning using the parameters of item response models. In P.W. Holland & H. Wainer (Eds.), *Differential Item Functioning.* Hillsdale, NJ: Lawrence Erlbaum Associates. 67–113.

Thomas, A., O'Hara, B., Ligges, U. & Sturtz, S. (2006). Making BUGS Open. *R News* **6**(1), 12–17.

Zhang, Z., Hamagami, F., Wang, L., Nesselroade, J. R. & Grimm, K. J. (2007). Bayesian analysis of longitudinal data using growth curve models. *International Journal of Behavioral Development*, **31**(4). 374–383.

生沢雅夫 (1977). 実験計画. 新曜社.

池田　央 (1994). 現代テスト理論. 朝倉書店.

岩崎　学・中西寛子・時岡規夫 (2004). 実用　統計用語事典. オーム社.

岩原信九郎 (1965). 教育と心理のための推計学. 日本文化科学社.

大橋靖雄・浜田知久馬 (1995). 生存時間解析——SASによる生物統計　東京大学出版会.

佐藤俊哉 (2005). 岩波科学ライブラリー114　宇宙怪人しまりす医療統計を学ぶ. 岩波書店.

芝　祐順 (1991). 項目反応理論——基礎と応用. 東京大学出版会.

竹内　啓 (編) (1989). 統計学辞典. 東洋経済新報社.

丹後俊郎 (2002). 医学統計シリーズ4　メタ・アナリシス入門——エビデンスの統合をめざす統計手法. 朝倉書店.

丹後俊郎・山岡和枝・高木晴良 (1996). ロジスティック回帰分析——SASを利用した統計解析の実際. 朝倉書店.

張　一平 (2007). 確信度テスト法と項目反応理論——新たなモデルと実践的応用. 東京大学出版会.

豊田秀樹 (1994). 違いを見抜く統計学——実験計画法と分散分析入門. 講談社ブルーバックス.

豊田秀樹 (1998). 共分散構造分析 [入門編]——構造方程式モデリング. 朝倉書店.

豊田秀樹 (2000). 共分散構造分析 [応用編]——構造方程式モデリング. 朝倉書店.

豊田秀樹 (2002). 項目反応理論 [入門編]——テストと測定の科学. 朝倉書店.

豊田秀樹 (2005). 項目反応理論 [理論編]——テストの数理. 朝倉書店.

豊田秀樹 (2007). 共分散構造分析 [Amos 編]. 東京図書.

豊田秀樹編著 (2006). 購買心理を読み解く統計学　実例で見る心理・調査データ28, 東京図書.

中村　剛 (2001). Cox 比例ハザードモデル. 朝倉書店.

服部　環 (2006). 説明変数のある多母集団連続反応モデル. 日本心理学会第 70 回大会発表論文集, 444.

松田紀之 (1988). 質的情報の多変量解析. 朝倉書店.

蓑谷千凰彦 (2003). 統計分布ハンドブック. 朝倉書店.

和合　肇 (2005). ベイズ計量経済分析――マルコフ連鎖モンテカルロ法とその応用. 東洋経済新報社.

渡辺直登・野口裕之 (1999). 組織心理測定論――項目反応理論のフロンティア. 白桃書房.

# 索　　引



## ア　行

## カ 行



## サ 行

## タ　行

## ナ　行



## ハ　行



## マ　行

## ヤ　行



## ラ　行



## ワ　行

## 編著者略歴


豊田秀樹（とよだ ひでき）

1961 年　東京都に生まれる
1989 年　東京大学大学院教育学研究科博士課程修了（教育学博士）
現　在　早稲田大学文学学術院教授


〈主な著書〉

『項目反応理論［入門編］—テストと測定の科学—』（朝倉書店）
『項目反応理論［事例編］—新しい心理テストの構成法—』（編著）（朝倉書店）
『項目反応理論［理論編］—テストの数理—』（編著）（朝倉書店）
『共分散構造分析［入門編］—構造方程式モデリング—』（朝倉書店）
『共分散構造分析［応用編］—構造方程式モデリング—』（朝倉書店）
『共分散構造分析［技術編］—構造方程式モデリング—』（編著）（朝倉書店）
『共分散構造分析［疑問編］—構造方程式モデリング—』（編著）（朝倉書店）
『共分散構造分析［理論編］—構造方程式モデリング—』（朝倉書店）
『共分散構造分析［事例編］—構造方程式モデリング—』（編著）（北大路書房）
『共分散構造分析［Amos 編］—構造方程式モデリング—』（編著）（東京図書）
『SAS による共分散構造分析』（東京大学出版会）
『調査法講義』（朝倉書店）
『原因を探る統計学—共分散構造分析入門—』（共著）（講談社ブルーバックス）
『違いを見ぬく統計学—実験計画と分散分析入門—』（講談社ブルーバックス）


統計ライブラリー
**マルコフ連鎖モンテカルロ法**　　定価はカバーに表示

2008 年 5 月 25 日　初版第 1 刷
2020 年 6 月 25 日　　　第 8 刷

編著者　豊　田　秀　樹
発行者　朝　倉　誠　造
発行所　株式会社　朝　倉　書　店
東京都新宿区新小川町 6-29
郵便番号　162-8707
電　話　03(3260)0141
FAX　03(3260)0180
http://www.asakura.co.jp

〈検印省略〉





中央印刷・渡辺製本

ISBN 978-4-254-12697-6　C 3341　　Printed in Japan